Springer-Lehrbuch

Alois Breiing • Manfred Flemming

Theorie und Methoden des Konstruierens

Mit 184 Abbildungen und 3 Tabellen

Springer-Verlag
Berlin Heidelberg New York
London Paris Tokyo
Hong Kong Barcelona Budapest

Dr. sc. techn. Alois Breiing
Prof. Dr.-Ing. Manfred Flemming

Institut für Konstruktion und Bauweisen, ETH Zürich
ETH-Zentrum
CH-8092 Zürich

ISBN-13:978-3-540-56177-4   e-ISBN-13:978-3-642-84864-3
DOI: 10.1007/978-3-642-84864-3

Die Wiedergabe von Gebrauchsnamen, Handelsnamen, Warenbezeichnungen usw. in diesem Buch berechtigt auch ohne besondere Kennzeichnung nicht zu der Annahme, daß solche Namen im Sinne der Warenzeichen- und Markenschutz-Gesetzgebung als frei zu betrachten wären und daher von jedermann benutzt werden dürften.

Sollte in diesem Werk direkt oder indirekt auf Gesetze, Vorschriften oder Richtlinien (z.B. DIN, VDI, VDE) Bezug genommen oder aus ihnen zitiert worden sein, so kann der Verlag keine Gewähr für Richtigkeit, Vollständigkeit oder Aktualität übernehmen. Es empfiehlt sich, gegebenenfalls für die eigenen Arbeiten die vollständigen Vorschriften oder Richtlinien in der jeweils gültigen Fassung hinzuzuziehen.

Satz: Reproduktionsfertige Vorlage der Autoren

62/3020   5 4 3 2 1 0   Gedruckt auf säurefreiem Papier

Vorwort

Dieses Buch ist Bestandteil einer Folge von Lehrbüchern, in denen die wesentlichen Grundlagen des Konstruierens und die wichtigsten technologischen, ökologischen und ökonomischen Gesichtspunkte behandelt werden, deren Kentnisse für die Entwicklung und insbesondere für die Konstruktion technischer Systeme im weitestgehenden Sinn, also maschinenbauliche, medizinische, elektrische, elektronische und alle diesbezüglich miteinander verknüpften hybriden Systeme, erforderlich sind.

Aufbauend auf den im Grundstudium vermittelten konventionellen und rechnergestützten Methoden der Konstruktionstechnik sowie den Gestaltungs- und Berechnungsgrundlagen ausgewählter Konstruktionselemente vermittelt dieses Buch die praxisbewährte und wissenschaftlich begründete Vorgehensweise des Konstruierens.

Konstruktion und Fertigung bilden die Schwerpunkte im Entstehungsgang technischer Systeme. Im Rahmen der Konstruktion werden dabei Eigenschaften und Gestalt in allen Einzelheiten festgelegt. Eine gute Konstruktion muß jedoch nicht nur ihre Funktion erfüllen sowie technisch und wirtschaftlich herstellbar sein, sondern in weit wichtigerem Maße ohne schädigende Neben- und Nachwirkungen betriebs- und volkswirtschaftlichen Nutzen bringen.

Da die neuzeitlichen Produkte immer komplexer und hybrider werden, sind auch die konstruktiven Aufgaben nicht mehr rein intuitiv zu lösen. Denkmodelle und Methoden zu deren Bewältigung halten mehr und mehr Einzug in die Praxis und sind deshalb als Grundbestandteil der Ingenieurausbildung besonders wichtig.

Im vertieften Studium der Konstruktionslehre, dessen Inhalte dieses Buch vermittelt, steht das als Konstruktionsprozeß zusammengefaßte Vorgehen bei der Lösung von Konstruktionsaufgaben im Vordergrund, ergänzt durch fundamentale Maßnahmen für die Lösung immer wiederkehrender Einzelprobleme wie beispielsweise die Anwendung heuristischer Methoden, die Berechnung der Herstellkosten, die Bewertung von Lösungsvarianten und Maßnahmen zur Absicherung von zu treffenden Entscheidungen. Außerdem ist der Nutzung der elektronischen Datenverarbeitung durch den gesamten Konstruktionsprozeß ein zusammenfassendes Kapitel gewidmet.

Dieses Buch ist damit eine wichtige, mit vielen Beispielen ausgestattete Lernhilfe für alle Studentinnen und Studenten, die in der Entwicklung und insbesondere der Konstruktion technischer Systeme unmittelbar oder mittelbar, d. h. schöpferisch oder beratend, verwaltend, verkaufend usw., tätig werden wollen.

Es hilft aber auch allen im Beruf stehenden Ingenieurinnen und Ingenieuren, die unbesehen der breits gesammelten praktischen Erfahrungen bei der Lösung konstruktiver oder konstruktionsbegleitender Aufgaben immer wieder in Situationen kommen können, in denen sie das richtige Mittel für den richtigen Weg finden müssen.

Beide Autoren dieses Buches haben ihr Wissen und ihre praktischen Erfahrungen aus über 25 Jahren erfolgreicher Industrietätigkeit in Konstruktion, Entwicklung und Management - vornehmlich in Luft- und Raumfahrt - sowie siebenjähriger Arbeit in Forschung und Lehre an der ETH Zürich in diesen Buch zusammengestellt.

Herrn Dr. sc. techn. Paolo Ermanni und Herrn Dipl.-Ing. Robert Montau danken wir für ihre Mitarbeit bei der Bearbeitung der rechnergestützten Herstellkostenberechnung (Kapitel 3.3).

Alois Breiing

Zürich, im Frühjahr 1993   Manfred Flemming

Inhaltsverzeichnis

1 Der Konstruktionsprozeß

1.1 Zweck und Begründung

Grundsätzlich wird ein begabter und erfahrener Konstrukteur bewußt oder unbewußt ein schrittweises logisches Vorgehen bei allen zu bearbeitenden Konstruktionsaufgaben anstreben. Dieses Vorgehen beruht auf intuitiven, d. h. durch unmittelbare Anschauung erkennbaren, und diskursiven, d. h. mit logischer Notwendigkeit von einer Vorstellung zur nächsten fortschreitenden, Denkprozessen eines jeden schöpferisch tätigen Menschen.

Um jedoch eine von Berufserfahrung, Informationsdichte und Tagesverfassung des Konstrukteurs unabhängige Konstruktionsgüte zu erreichen, wurden die verschiedenen, erfahrungsgemäß sich immer wiederholenden Arbeitsschritte, die sich durch einen jeweiligen Anfangs- und Endzustand beschreiben lassen, in einzelne Prozeßphasen zusammengefaßt und ihre Inhalte folgerichtig aneinandergereiht.

Diese Prozeßphasen wurden theoretisch begründet, definiert und in der Folge ihrer Arbeitsschritte formal zum sogenannten *Konstruktionsprozeß* zusammengefaßt. Damit wurde eine Voraussetzung geschaffen, die einerseits mit hoher Wahrscheinlichkeit zu bestmöglichen Konstruktionsergebnissen führt, andererseits eine einheitliche fachliche Verständigung zwischen allen Beteiligten auf den Gebieten der Konstruktionslehre, -wissenschaft und -praxis ermöglicht. Darüberhinaus zeigt der Konstruktionsprozeß auf,

— mit welcher Logik der Konstrukteur normalerweise vorgeht,
— welchen Gesetzmäßigkeiten er dabei unterworfen ist,
— welche Auswirkungen durch unvollständiges oder fehlerhaftes Denken bzw. Vorgehen des Konstrukteurs vorauszusehen und damit vermeidbar sind.

1.2 Abgrenzung und Gliederung

Der Konstruktionsprozeß steht nicht für sich alleine, sondern ist Bestandteil eines entwicklungstechnischen Gesamtprozesses, auch *industrieller Produktionsprozeß* genannt, dessen grundsätzlicher Ablauf in Bild 1.1 dargestellt ist, jedoch in Abhängigkeit von der Unternehmensstruktur und der Komplexität des zu entwickelnden Produktes in seiner Ausführlichkeit abweichen kann.

Am Anfang steht das
Vorhaben.

Es leitet sich ab entweder aus den Erkenntnissen einer Marktanalyse oder eines Auftraggeberwunsches. Es wird also unterschieden zwischen

freier Entwicklung   -   Auftragsentwicklung

Das Vorhaben wird abgegrenzt und beschrieben
sowie zeit- und kostenmäßig abgeschätzt und führt zur
Produktplanung.

Aus dieser entsteht der
Entwicklungsauftrag

(oder, falls bereits entwickelte Produkte vorliegen, der
Produktionsauftrag).

Er beschreibt die durchzuführende

Produktentwicklung
in Umfang, Zeitplan und Kosten.

Die Produktentwicklung beginnt mit der Untersuchung auf technologische Realisierbarkeit sowie auf die Notwendigkeit vorhergehender theoretischer und experimenteller Grundlagen-Untersuchungen oder erforderlicher Grundlagenbeschaffung.

Anschließend erfolgt der
Konstruktionsauftrag
als Startpunkt für den eigentlichen

Konstruktionsprozeß.

Er schließt ab mit der Bereitstellung aller Informationen, die eine Fertigung des geplanten Produktes ermöglichen, also mit Dokumenten in Form von Zeichnungen, Listen, Plänen und Beschreibungen. Diese sind Grundlage der anschließenden

Fertigungsplanung,
in der aus den Teilplanungen
Fertigungsablaufplanung,
Fertigungsmittelplanung,
Materialplanung
auch alle notwendigen Informationen für die
Konstruktion und Fertigung der Fertigungsmittel
sowie die Erstellung erforderlicher
Fertigungs- und Montagevorschriften
hervorgehen, die - je nach Produkt - erforderlich sind für die

Fertigung
und der zwischen- und nachgeschalteten
Montage,

erster *Erprobungsmuster* für eine betriebsinterne Erprobung oder der *Qualifikationsmuster* für Qualifikationen im Interesse öffentlicher Auftraggeber oder aber der *Prototypen*, deren erfolgreiche Erprobung schließlich zur Serienreifmachung der Fertigungsunterlagen und nach deren endgültiger Freigabe zur

Produktion
führt.

Bild 1.1. Entwicklungstechnischer Gesamtprozeß

Selbstverständlich geht dieser Prozeßablauf nicht ohne Wechselbeziehungen und evtl. erforderlicher Wiederholungen einzelner Arbeitsschritte vor sich.

Ebenso wie der Gesamtprozeß läßt sich der darin eingebettete Konstruktionsprozeß in der in Bild 1.2 gezeigten Ausführlichkeit als Maximalprozeß verstehen und ist sowohl in seinem Umfang als auch in seinem Ablauf eingeschränkt abänderbar. Ferner geht auch dieser Prozeßablauf nicht ohne Wechselbeziehungen und evtl. erforderliche Wiederholungen einzelner Arbeitsschritte vor sich.

Diese Wiederholungen sind von den Ergebnissen der in dieser Darstellung nicht ausgewiesenen Bewertungen abhängig. Diese Bewertungen sind überall dort erforderlich, wo eine Entscheidung zwischen mehreren vorliegenden Zwischenergebnissen erforderlich wird und deren Weiterverfolgung einen nicht mehr vertretbaren Aufwand bedeuten würde.

Der Konstruktionsprozeß läßt sich also in folgende vier Hauptphasen gliedern:

— Klären des Konstruktionsauftrages, d. h. Erarbeiten aller für die Auftragserfüllung erforderlichen Informationen.
— Konzipieren, d. h. Erarbeiten der prinzipiellen, also qualitativen konstruktiven Lösung.
— Entwerfen, d. h. Erarbeiten der gestalterischen, also quantitativen konstruktiven Lösung.
— Ausarbeiten, d. h. Erarbeiten der herstellungstechnischen konstruktiven Lösung.

Jede konstruktive Phase beginnt nach Vorlage der geprüften, bewerteten und nach getroffener Entscheidung freigegebenen Ergebnisse der vorangegangenen Phase. Da prinzipielle Lösungen oft erst bewertbar sind, wenn sie konkrete Gestalt annehmen, beispielsweise durch die Wahl der Werkstoffart, der Bauweise oder durch eine erste Bemessung, müssen die Lösungsvorschläge bis zur Auswahl der weiter zu verfolgenden Lösung in allen eine Bewertung beeinflussenden Einzelheiten bereits gestaltet werden.

Dieser Arbeitsschritt gehört jedoch bereits zur Phase des *Entwerfens*, also der quantitativen Festlegung der konstruktiven Lösung. Häufig müssen auch während der Entwurfsphase infolge gestalterischer Probleme neue prinzipielle Lösungen gefunden werden. Dieser Arbeitsschritt gehört jedoch wiederum in die Phase des Konzipierens.

Da diese Wechselbeziehungen eine besondere Denk- und Arbeitsweise erfordern, finden sich in Unternehmen mit vorwiegend komplexen Entwicklungsaufgaben häufig die getrennt organisierten, allerdings fachlich eng zusammenarbeitenden Bereiche „Entwurf" und „Konstruktion". In dieser Organisationsform ist der „Entwurf" auch verantwortlich für die Berücksichtigung aller funktionsbestimmenden Ergebnisse aus den an der Entwicklung beteiligten Fachgruppen *Statik, Dynamik, Steuer- und Regeltechnik* usw. sowie für die Ermittlung der konstruktiven Istdaten und deren Weiter- bzw. Rückleitung an jene Fachgruppen. Da diese Ergebnisse in der Regel nicht nur funktions-, sondern auch gestaltbestimmend sind, ist der Übergang zwischen Grob- und Feingestaltung und damit zwischen „Entwurf" und „Konstruktion" fließend und richtet sich jeweils nach der Freigabe funktionell festgelegter *Konstruktionsbereiche.*

Nach Eingang des **Konstruktionsauftrages** erfolgt als erste Phase die

Klärung des Konstruktionsauftrages

Sie beinhaltet die Arbeitsschritte
Analyse der Aufgabenstellung,
Bereinigung oder Erstellung der Anforderungsliste,
Überprüfung der Kostenvorgaben,
Überprüfung der Terminvorgaben,
Planung des Konstruktionsablaufs
und dient der Festlegung aller erforderlichen Informationen.

Damit sind die Voraussetzungen für die Verwirklichung der gestellten Aufgabe geschaffen. Sie dienen zunächst der qualitativen Festlegung des prinzipiellen Lösungskonzeptes innerhalb der

Konzeptphase.

Diese beginnt mit der
Ermittlung der zu erfüllenden Funktionen
als Voraussetzung für die
Bestimmung der Funktionsstruktur
und damit als Grundlage für die
Erstellung der Entwurfskonzepte,
in denen die Mittel zur Funktionserfüllung qualitativ sichtbar gemacht werden.
Sie endet mit der
Ermittlung des optimalen Entwurfskonzeptes.

Die Ergebnisse sind die Ausgangsbasis für die quantitative Grobgestaltung innerhalb
der

Entwurfsphase.

In ihrem Verlauf erfolgen die
Gestaltung,
Strukturierung,
Vordimensionierung,
Ausarbeitung von Gesamtentwürfen,
Ermittlung des optimalen Gesamtentwurfes.

Das Ergebnis bildet die Grundlage für die Feingestaltung innerhalb der

Ausarbeitungsphase

in der die nunmehr klar umrissenen, den Anforderungen gerecht werdenden Lösungen in Form von Fertigungsunterlagen erstellt werden. Dazu gehören die quantitative Feingestaltung bei der
Erstellung des (maßstäblichen) Konstruktionsentwurfs,
die funktions- und belastungssichernde
Dimensionierung,
die alle zur Fertigung und Prüfung erforderlichen Informationen umfassende
Erstellung der Fertigungsunterlagen
und die den Konstruktionsauftrag sichernde und dokumentierende
Verwaltung der Fertigungsunterlagen.

Bild 1.2. Konstruktionsprozeß

Unter Berücksichtigung der organisatorischen Abläufe in Entwicklungsunternehmen ergibt sich der in Bild 1.3 dargestellte Ablauf des vollständigen Konstruktionsprozesses. In ihm sind die Entscheidungsmarken „prüfen - bewerten - entscheiden" eingefügt, damit das Entwicklungsrisiko von möglichst vielen sachkompetenten Stellen mitgetragen und damit klein gehalten werden kann.

Um den beschriebenen Wechselbeziehungen und der daraus sich ergebenden Arbeitsweise gerecht zu werden, folgt die Beschreibung der einzelnen Prozeßphasen in Kapitel 1.4 diesem Ablauf.

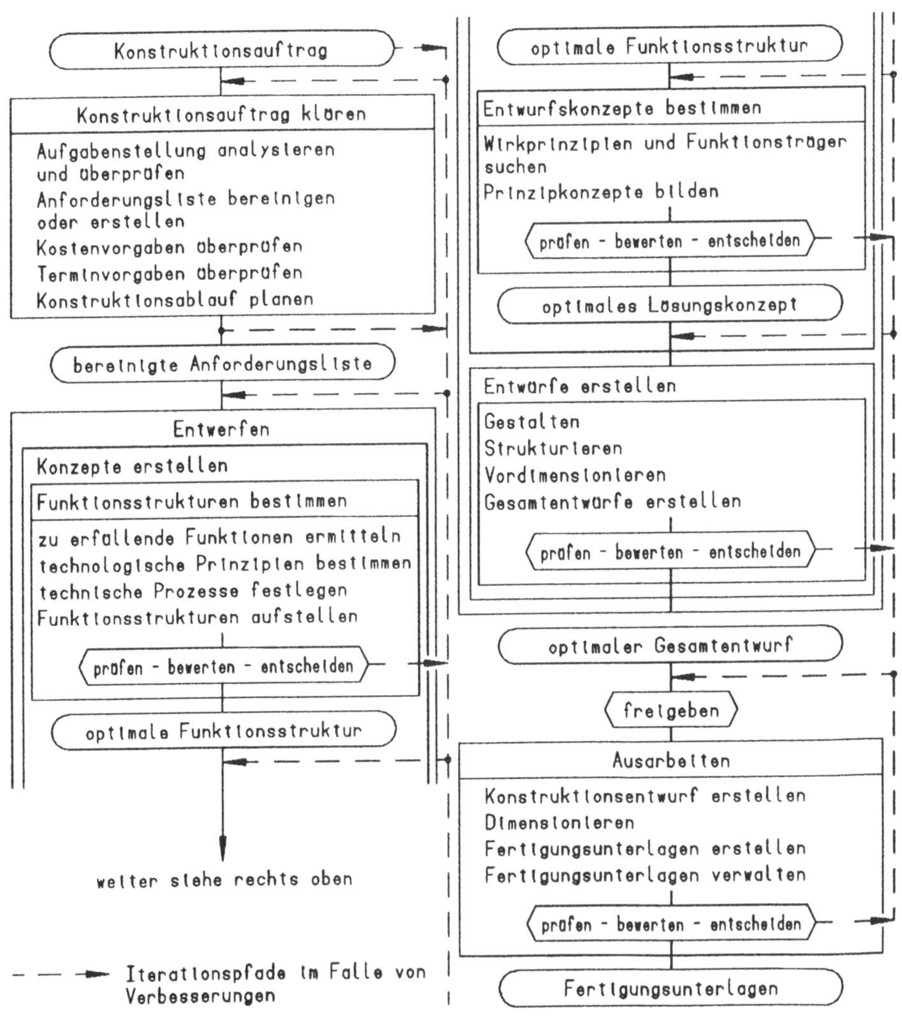

Bild 1.3. Ablaufdiagramm des vollständigen Konstruktionsprozesses

1.3 Anwendung und deren Ausführlichkeit

Die wichtigsten Gesichtspunkte zur Anwendung des Konstruktionsprozesses sind in Bild 1.4 zusammengefaßt.

Gültigkeit:	grundsätzlich immer
Formen:	- diskursiv - formal

Vereinfachungen:	- bei absoluter Eindeutigkeit der Aufgabenstellung
	- bei vorliegenden Erfahrungen durch gleichartige Aufgaben-
	  stellungen
	- bei Anpassungs- oder Änderungskonstruktionen
	- bei Variantenkonstruktionen
	  wie z. B. Baureihen- und Baukastenkonstruktionen

Voraussetzungen:	Selbstverständnis durch die gesamte Unternehmenshierarchie
Vorteile:	- mindert Fehler und Unterlassungen - macht weitgehend unabhängig von der jeweiligen Verfassung des Personals
Nachteile:	die optimale Bearbeitungstiefe (d. h. das richtige Verhältnis von Aufwand zu Nutzen) ist nicht immer einschätzbar

Bild 1.4. Gesichtspunkte zur Anwendbarkeit des Konstruktionsprozesses

Inwieweit und in welcher Ausführlichkeit die einzelnen Prozeßphasen anwendbar sind, hängt ab vom Umfang der Aufgabenstellung, von möglicherweise vorgegebenen Auftraggeber-Richtlinien, betriebsinternen Organisationsstrukturen und von der Berücksichtigung bereits vorhandener administrativer Steuerungsprogramme. Außerdem können die eine oder andere Prozeßphase oder einzelne, darin enthaltene Arbeitsschritte in Abhängigkeit von Umfang und Schwierigkeitsgrad der gestellten Aufgabe übersprungen werden und zwar aufgrund

— eines absolut eindeutig formulierten Konstruktionsauftrages,
— der durch den Konstruktionsauftrag bedingten Konstruktionsart,
— langjähriger Erfahrung bei der Lösung ähnlicher oder gleichgelagerter Konstruktionsaufgaben,
— vorgegebener Auftraggeber-Richtlinien.

Die Ausführlichkeit des Konstruktionsprozesses ist also zunächst abhängig von der durch die Aufgabenstellung bestimmten Konstruktionsart, d. h., der vollständige Konstruktionsprozeß ist nur für *Neukonstruktionen* notwendig, während bei *Anpassungs-* oder *Variantenkonstruktionen* einzelne Prozeßschritte entfallen können.

Eine Neukonstruktion aber gehört immer zu einem Entwicklungsprozeß, während Anpassungs- bzw. Änderungskonstruktion und Variantenkonstruktion durchaus reine Konstruktionsarbeiten sein können.

Bild 1.5 zeigt, welche der Prozeßschritte in Abhängigkeit von der Konstruktionsart eingehalten werden sollten, wobei für Neukonstruktionen alle Arbeitsphasen durchlaufen und zumindest auf deren Anwendbarkeit hin geprüft werden müssen.

Neukonstruktion	Anpassungs-konstruktion	Varianten-konstruktion
Konstruktionsauftrag klären	■	■
Aufgabenstellung analysieren und überprüfen	■	■
Anforderungsliste bereinigen oder erstellen	■	■
Kostenvorgaben überprüfen	■	■
Terminvorgaben überprüfen	■	■
Konstruktionsablauf planen	■	■
Entwerfen		
Konzepte erstellen		
Funktionsstrukturen bestimmen		
Zu erfüllende Funktionen ermitteln		
Technologische Prinzipien bestimmen		
Technische Prozesse festlegen		
Funktionsstrukturen aufstellen	■	
Optimale Funktionsstrukturen ermitteln	■	
Entwurfskonzepte bestimmen	■	
Wirkprinzipien und Funktionsträger suchen	■	
Prinzipkonzepte bilden	■	
Optimale Lösungskonzepte ermitteln	■	
Entwürfe erstellen	■	■
Gestalten	■	■
Strukturieren	■	■
Vordimensionieren	■	■
Gesamtentwürfe ausarbeiten	■	■
Optimalen Gesamtentwurf ermitteln	■	■
Ausarbeiten	■	■
Konstruktionsentwurf erstellen	■	■
Dimensionieren	■	■
Fertigungsunterlagen erstellen	■	■
Fertigungsunterlagen verwalten	■	■

Bild 1.5. Unterschiedliche Anwendung der drei Konstruktionsarten

Bei allen drei Konstruktionsarten muß die weitestgehende Verwendung von verfügbaren Bauteilen, die sich bei ähnlichen Anwendungen und längerer Betreibung unter üblichen Belastungen bewährt haben, selbstverständlich sein. Die Erreichung der verlangten Funktion hat jedoch den Vorrang vor allen anderen Forderungen, es sei denn, ein Kompromiß mindert zwar die Funktion, aber auch gleichzeitig die Kosten.

Bezüglich der erwähnten langjährigen Erfahrung ist Umsicht geboten, denn angeblich bewährte Konstruktionslösungen können durch neue technologische Erkenntnisse überholt und auf dem Markt nicht mehr gefragt sein.

Auftraggeber-Richtlinien können immer dann Abweichungen vom hier vorgestellten Konstruktionsprozeß bedeuten, wenn die Auftraggeber-Organisation Teile des Konstruktionsprozesses bereits in Vorstudienphasen, Durchführbarkeitsstudien und Projektdefinitionsphasen (vgl. Kapitel 1.4.1) vorgeklärt oder als separate Aufträge vergeben hat. Indirekt würden dadurch jedoch die Prozeß-Stadien nicht entfallen, sondern nur verlagert und vielleicht sogar vervielfacht.

Voraussetzung für die Einstufung der Konstruktionsaufgabe entweder als Anpassungs- oder als Variantenkonstruktion ist eine vorhergehende Ermittlung aller Vor- und Nachteile der zugrundegelegten vorhandenen Konstruktion, unterstützt durch die Erkundung des Standes der Technik auf diesem Gebiet (Studium der Patentschriften, Beobachtung der Konkurrenz, Besuch von Ausstellungen und Vorträgen sowie Studium der entsprechenden Fachzeitschriften) und anschließender Bewertung bei eventuellem Vergleich mit einer zu definierenden Idealkonstruktion.

1.4 Die Prozeßphasen

1.4.1 Die Entstehung eines Konstruktionsauftrages

Ein Konstruktionsauftrag entsteht ursprünglich aus den Beweggründen des Menschen, Mittel zu besitzen, die ihm zu seinem Schutz, zur Erfüllung seiner Bedürfnisse oder zur Unterstützung seiner körperlichen und geistigen Fähigkeiten dienen. Diese Beweggründe sind zwar ursächlich erhalten geblieben, eignen sich aber heute infolge des gesellschaftlichen Strukturwandels in dieser Form nicht mehr zu ihrer ausschließlichen Erklärung. Vielmehr sind Industrie und Handel infolge ihrer Verselbständigung die treibende Kraft für die Entwicklung von Produkten und somit die Veranlasser von Konstruktionsaufträgen, die schließlich

— durch Wahrnehmung eines Verbraucherwunsches, d. h. durch Erkennen von bestehenden Marktlücken,
— durch gezielte Weckung eines Verbraucherwunsches,
— durch Verbesserung eines bestehenden Produktes aufgrund neuer technologischer Ergebnisse,
— durch Anpassung eines bestehenden Produktes an die fortschreitende Entwicklung des Zeitgeschmacks,
— durch Änderung eines bestehenden Produktes aufgrund einer geänderten oder neuen Gesetzgebung,
— durch erfolgreiche Bewerbung aufgrund einer Ausschreibung,
— durch direkten Auftrag eines Kunden

oder ähnliche Gründe entstehen.

Die Aufgabenstellung wird entsprechend dieser Veranlassungsgründe entweder von einem externen Kunden oder aber von der Geschäftsleitung bzw. den ihr zuarbeitenden Bereichen Marketing, Vertrieb usw. formuliert. Die möglichen Initiatoren werden nachfolgend unter dem Begriff *Auftraggeber* zusammengefaßt.

Um eine einwandfreie Aufgabenstellung formulieren zu können, müssen vor der Entwicklung technischer Systeme oftmals Vorarbeiten in Form unterschiedlichster Studien geleistet werden. Diese Arbeiten bilden den sogenannten *Phasenvorlauf* eines entwicklungstechnischen Gesamtprozesses. Bei Vorhaben öffentlich rechtlicher Auftraggeber (z. B. Regierungsbehörden, Kommunalbehörden, gemeinnützige Verbände ...) sind dies hauptsächlich

— Vorstudienphasen; in ihnen wird das Entwicklungsvorhaben begründet,
— Durchführbarkeitsstudien; sie dienen der Untersuchung technischer und wirtschaftlicher Durchführbarkeit,
— Projektdefinitionsphasen; sie fassen die bewerteten Ergebnisse aus den Vorstudienphasen bzw. Durchführbarkeitsstudien zusammen und beinhalten eine Empfehlung für das weitere Vorgehen innerhalb der eigentlichen Produktentwicklung.

1.4.2 Der Eingang des Konstruktionsauftrages

Der Eingang des Konstruktionsauftrages gehört noch nicht zum eigentlichen Konstruktionsprozeß, sondern steht als Prozeßstufe des entwicklungstechnischen Gesamtprozesses sozusagen als Startpunkt davor. Er beinhaltet die formlos beschriebene Aufgabenstellung, eine Auflistung technischer Anforderungen, bekannt als Anforderungsliste, sowie die kostenmäßigen und terminlichen Vorgaben, innerhalb denen die gestellte Konstruktionsaufgabe zu erfüllen ist.

Die Aufgabenstellung fordert die konstruktive Lösung eines herstellbaren und anwendbaren Produktes. Sie kann sich je nach Umfang der Konstruktionsaufgabe in mehrere Teile gliedern, von denen viele mit der eigentlichen Konstruktionsaufgabe nichts mehr zu tun haben und eher die administrative Steuerung des Entwicklungsauftrages unterstützen sollen. Solche Teilaufgaben können sein:

— Erstellung unterschiedlichster Kosten- und Terminberichte,
— terminlich zu erstellende Zwischenberichte über den technischen Entwicklungsstand,
— Ergebnisberichte von Zwischentests mit Entwicklungsmodellen,
— Änderungsanträge, -freigaben und -durchführungsmitteilungen.

Die Anforderungen an die Entwicklung eines technischen Systems werden in der Regel in einer Anforderungsliste, auch *Pflichtenheft*, *Lastenheft* oder *Spezifikation* genannt, niedergeschrieben.

Die Anforderungsliste beschreibt, unter welchen Bedingungen die in der Aufgabenstellung geforderte Lösung funktions- und betriebsfähig sein muß. Sie ist damit das wichtigste Dokument in der Entwicklungsphase eines technischen Objektes. Je sorgfältiger sie vom Auftraggeber aufgestellt und vom Auftragnehmer gelesen, geprüft und bereinigt wird, desto reibungsloser verläuft die Entwicklungsphase während Konzipierung, Entwurf, Auslegungsberechnung, Konstruktion, Herstellung und Test. Sie sollte Bestandteil des Entwicklungsvertrages zwischen Auftraggeber und Auftragnehmer sein und außerdem im *Änderungsdienst* sowohl im Entwicklungsunternehmen als auch beim Auftraggeber eingebettet werden.

Für den Konstrukteur ist die Anforderungsliste besonders wichtig, da in ihr alle an das zu entwickelnde Produkt gestellten Anforderungen enthalten sind. Sie bildet damit auch die Grundlage für die spätere Abnahme des Produktes durch die betriebliche Qualitätskontrolle, durch den Auftraggeber sowie durch staatlich beauftragte Prüfstellen, letztere immer dann, wenn ein Fehler oder ein Versagen des Produktes Menschen oder Vermögenswerte gefährden könnten.

Es versteht sich von selbst, daß diese Liste von Fall zu Fall an den Umfang des Entwicklungsgegenstandes angepaßt werden muß. Es darf keine Anforderung vergessen werden, welche das Entwicklungsziel in Frage stellt, es darf aber auch keine Anforderung zuviel gestellt werden, durch die Wirtschaftlichkeit und Verkaufbarkeit herabgesetzt werden.

Zur Aufgabenstellung gehören auch der finanzielle und zeitliche Rahmen, in denen die Aufgabe gelöst werden muß.

Die Kostenvorgabe gibt die finanziellen Mittel vor, die für die in der Aufgabenstellung geforderte Lösung verbraucht werden dürfen.

Die Terminvorgabe gibt den zeitlichen Rahmen vor, innerhalb dessen die in der Aufgabenstellung geforderte Lösung erarbeitet werden muß.

Die Kosten- und Terminvorgaben entsprechen in der Regel den vor Auftragserteilung geplanten, dem Auftraggeber angebotenen bzw. ausgehandelten und von diesem anerkannten Kosten und Terminen. Sind diese vom Auftraggeber abgegrenzt, so sind sie unter Zugrundelegung der Anforderungen (Schwierigkeitsgrad, Unsicherheitsgrad) und in Anlehnung an die administrativen und organisatorischen Vorgaben zu überprüfen. In jedem Fall ist - auch im Interesse der Konstruktionsablaufplanung - eine betriebsinterne Kosten- und Terminabschätzung zur Lösung der Aufgabe durchzuführen.

Damit der hier beschriebene Konstruktionsprozeß allgemeinverständlich und nachvollziehbar bleibt, wird die Umsetzung der theoretischen Aussagen zu den einzelnen Projektphasen anhand einer bis zum Ende der Entwurfsphase durchgängig bearbeiteten Konstruktionsaufgabe, gekennzeichnet durch den fettgesruckten Schriftzug **Beispiel**, gezeigt.

Beispiel: Verschlußmechanismus eines Autoklavdeckels

Im Rahmen der Entwicklung eines Autoklaven wird für die Konstruktion des Verschlußmechanismus ein Konstruktionsauftrag erteilt mit folgender

Aufgabenstellung:

Für einen vertikal stehenden Autoklaven ist der Verschlußmechanismus des Autoklavdeckels zu konstruieren (vgl. Bild 1.6).

Schließen und Öffnen des Autoklaven erfolgen durch vertikales Heben und Senken des Deckels über ein Hubgestänge.

Der Deckel muß aus Sicherheitsgründen automatisch geschlossen und geöffnet werden können. Dazu stehen sowohl Druckluft mit 25 bar als auch elektrischer Strom von 380 V, 50 - 60 Hz zur Verfügung. Bei Ausfall von Druckluft oder Strom muß der Deckel bis zum Erreichen des atmosphärischen Druckes und der Raumtemperatur gasdicht verschlossen bleiben. Anschließend muß er manuell geöffnet werden können.

Anforderungsliste

geometrische Daten:	gemäß Bild 1.6
Autoklav-Druckbereich:	10^{-3} bis 25 bar
maximale Arbeitstemperatur:	$+400°$ C
maximale Schließzeit:	10 s
maximale Öffnungszeit:	10 s
geplante Stückzahl:	20

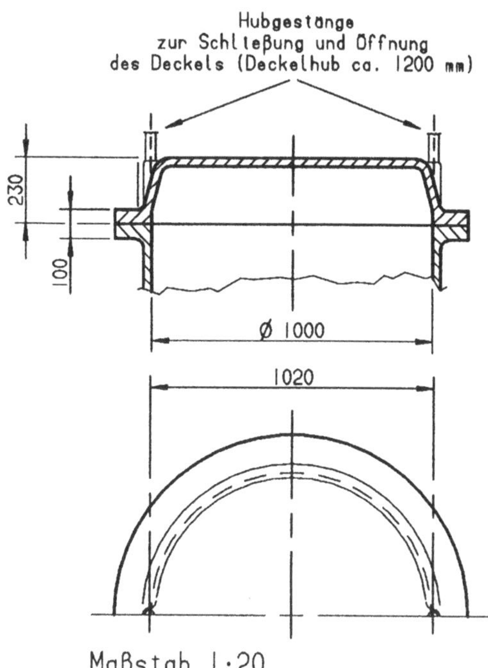

Bild 1.6. Geometrische Daten des Verschlußbereiches

1.4.3 Die Klärung des Konstruktionsauftrages

1.4.3.1 Übersicht

Die Klärung des Konstruktionsauftrages ist der für das vom Auftragnehmer einzugehende und deshalb besonders herabzumindernde Entwicklungs- oder Konstruktionsrisiko wichtigste Arbeitsschritt. Er wird häufig vergessen und führt dann in vielen Fällen zu erheblichen Verlusten, deren Folgen gravierend sein können und aus der Wirtschaftsszene ausreichend bekannt sind. Um dieses zu vermeiden, erfolgt die Prüfung des Konstruktionsauftrages in fünf Prozeßphasen. Es sind dies:

— **Aufgabenstellung analysieren und überprüfen**
— **Anforderungsliste bereinigen oder erstellen**
— **Kostenvorgaben überprüfen**
— **Terminvorgaben überprüfen**
— **Konstruktionsablauf planen**

1.4.3.2 Aufgabenstellung analysieren und überprüfen

Die *Aufgabenstellung* muß vom Konstrukteur vor Beginn der eigentlichen Konstruktionstätigkeit gewissenhaft analysiert werden. Diese Analyse besteht im wesentlichen aus Rücksprachen mit dem Auftraggeber, aus der Durchführung naturwissenschaftlicher Einzeluntersuchungen sowie aus Literatur- und Patentrecherchen innerhalb und außerhalb des Unternehmens und beruht auf folgenden drei Fragen:

1. Geht aus der Formulierung der Aufgabenstellung eindeutig die Zielsetzung, d. h. das gewünschte Ergebnis, hervor?
2. Ist die Aufgabe im naturwissenschaftlichen Sinn überhaupt lösbar?
3. Wurden, und wenn ja, wie wurden ähnliche Aufgaben bereits anderswo gelöst? (Stand der Technik ermitteln, bestehende Patente beachten)

Als besondere Hilfe zur Erkennung der Zielsetzung hat sich das Abstrahieren der Aufgabenstellung bis auf ihre naturwissenschaftlich-technisch zu erfüllende Funktionsanforderung, bewährt (vgl. Kapitel 1.4.4.2).

Oftmals ist die Aufgabenstellung bereits so weit definiert, daß der Auftraggeber bereits eine konkrete Lösung ins Auge gefaßt hat. Dieser Umstand nimmt jedoch dem Konstrukteur die Chance, das Grundproblem optimal zu lösen und diese Lösung dem Auftraggeber anzubieten, um dessen Markterfolg zu sichern.

Die Frage danach, ob die Aufgabe im naturwissenschaftlichen Sinne überhaupt lösbar ist, wird hauptsächlich bei Neukonstruktionen zu stellen sein. Diese Frage aber ist nicht allein innerhalb der Konstruktion lösbar, sondern verlangt die Einschaltung aller der Konstruktion zuarbeitenden technischen Disziplinen, also des gesamten *Entwicklungsbereiches*.

Liegt eine Änderungs- oder Variantenkonstruktion vor, so ist die Aufgabenstellung auch in diesem Fall so weit zu abstrahieren, daß sich das Grundproblem darstellt und darauf aufbauend eine optimale Lösung gefunden werden kann.

Werden naturwissenschaftliche Grenzen durch das geplante Entwicklungsziel überschritten, ist das Vorhaben nicht durchführbar und deshalb abzubrechen. Kann diese Frage nicht mit Sicherheit beantwortet werden, wächst das Entwicklungsrisiko beträchtlich und die Entwicklung sollte solange zurückgestellt werden, bis ein zwischenzuschaltender, wirtschaftlich vertretbarer Studienauftrag die Unsicherheiten überschaubar gemacht und sicher beseitigt hat.

Beispiel: Aufgabenstellung analysieren und überprüfen

a. Das konstruktive Umfeld

Entsprechend der Erkenntnis, daß eine umfassende Information über das Umfeld eines Entwicklungsobjektes

— den Konstrukteur motiviert,
— dem besseren Verständnis des Einsatzbereiches und der daraus sich ergebenden Funktion dient und
— zu verbesserten oder neuen Lösungen führen kann,

folgt hier eine kurze Beschreibung des technischen Systems *Autoklav*:

Autoklaven sind gasdicht verschließbare Behälter, in denen Druck, Temperatur und je nach Ausstattung auch weitere Umgebungsbedingungen erzeugt und geregelt verändert werden können.

Sie werden hauptsächlich für Herstellverfahren eingesetzt, bei denen Druck- und Temperaturverläufe zur Veränderung der Eigenschaften von Werkstoffen erforderlich sind. Ein bekanntes Beispiel ist der Aushärteprozeß bei Faserverbundwerkstoffen. Bild 1.7 zeigt

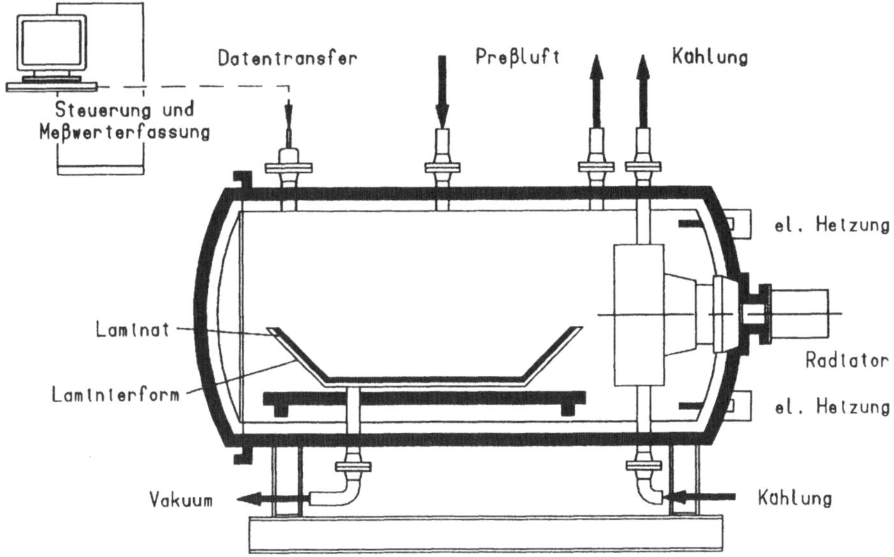

Bild 1.7. Schematischer Aufbau eines Industrieautoklaven

den schematischen Aufbau eines horizontal liegenden Autoklaven für die Herstellung von Faserverbundbauteilen. Außerdem werden Autoklaven in der Prüftechnik eingesetzt, um die verschiedenartigsten Umgebungsbedingungen für Werkstoffproben oder ein zu prüfendes Bauteil zu erzeugen.

b. Der Konstruktionsbereich und Randbedingungen

Der Konstruktionsbereich des Verschlußmechanismus, also der vom Konstrukteur zu bearbeitende und aufgrund eventuell möglicher Raumverhältnisse einzuhaltende Bereich, ist in Bild 1.8 dargestellt.

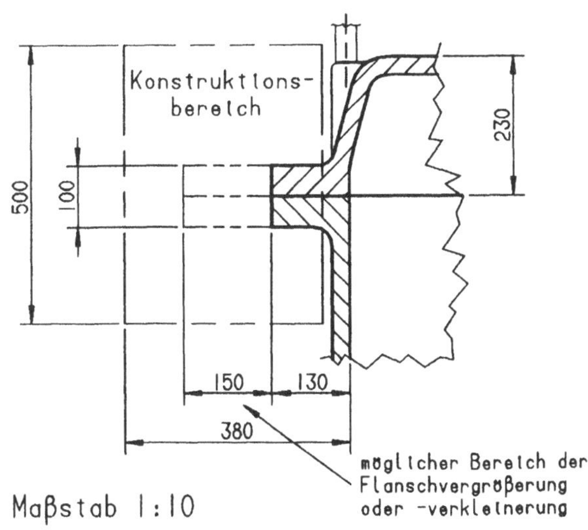

Bild 1.8. Konstruktionsbereich des Deckelverschlusses   Maßstab 1:10

Aus der Aufgabenstellung lassen sich außer den bereits vorgegebenen Anforderungen folgende weitere Randbedingungen entnehmen:

— Aufgrund des Hubgestänges läßt sich der Deckel *nicht* um die vertikale Achse drehen.
— Als maximal zu erwartende Erwärmung des Deckelflansches sowie der Deckeldichtung sind infolge Wärmeleitung +200° C anzunehmen.

1.4.3.3 Anforderungsliste bereinigen oder erstellen

Die Anforderungsliste ist das ausschlaggebende Dokument für die erfolgreiche Erfüllung eines Konstruktionsauftrages. Sie ist für den Konstrukteur besonders wichtig, da in ihr alle an das zu entwickelnde technische System gestellten Anforderungen enthalten sind. Damit bildet sie auch die Grundlage für die Bewertung und spätere Abnahme des Produktes durch die betriebliche Qualitätskontrolle, durch den Auftraggeber sowie durch staatliche Prüfstellen, die immer dann beauftragt werden, wenn eine Störung oder ein Versagen des Produktes Menschen oder Vermögenswerte gefährden könnten.

Es darf keine Anforderung vergessen werden, die das Entwicklungsziel in Frage stellt, es darf aber auch keine Anforderung zuviel gestellt werden, durch die sich Wirtschaftlichkeit und Verkaufbarkeit mindern.

In gleichem Maße, mit dem die Aufgabenstellung im Hinblick auf die Verminderung eines Risikos analysiert und überprüft werden muß, ist auch die Anforderungsliste zu analysieren, zu prüfen, zu ergänzen oder auch in unbestimmt ausgedrückten Bereichen in Frage zu stellen. Denn einerseits ist sie nicht immer einwandfrei formuliert (z. B. wenn der Auftraggeber fachlich nicht in der Lage ist, die physikalischen, chemischen, biologischen, ökonomischen oder ökologischen Anforderungen zu präzisieren), andererseits liegen häufig nur unvollständige Anforderungen vor. Dieser Fall tritt immer dann auf, wenn der Auftraggeber noch kein endgültiges Bild vom Entwicklungsumfang bzw. den dazu führenden notwendigen Einzelheiten hat, wie das bei komplexen Entwicklungsvorhaben durchaus der Fall sein kann.

Selbstverständlich muß die Anforderungsliste im Verlauf der Entwicklung an den jeweiligen Stand der Erkenntnisse angepaßt, d. h. ergänzt oder geändert werden.

Zunächst ist zu unterscheiden zwischen zwei Anforderungs*klassen*, nämlich den ausdrücklich an ein zu entwickelndes bzw. zu konstruierendes technisches System gestellten Anforderungen, den sogenannten *expliziten Anforderungen*, und den aus den naturwissenschaftlichen Gesetzen und ihren Randbedingungen (Gültigkeitsbereiche, Einschränkungen usw.) herleitbaren Anforderungen, den sogenannten *impliziten Anforderungen*.

Die expliziten Anforderungen werden vom Auftraggeber vorgegeben. Dieser legt Wert auf eine einwandfreie Funktion, eine sichere Handhabung, einen angemessenen Preis und einen wirtschaftlichen Betrieb. Außerdem muß ihm das Produkt gefallen, und nicht selten liegt ihm daran, daß ihm der Erwerb dieses Produktes durch einen bestimmten Kundenkreis zu Ansehen verhilft.

Die Einhaltung dieser Anforderungen sind auch für den Auftragnehmer die wichtigsten, da ihm dies Anerkennung und weitere Aufträge garantiert.

Die expliziten Anforderungen beschreiben also unmittelbar die Zielvorstellung von dem zu entwickelnden bzw. zu konstruierenden technischen System. Sie lassen sich grundsätzlich einteilen in zwei Anforderungs*typen*, den sogenannten *Festforderungen*, deren Einhaltung unabdingbar ist, und den *tolerierten Anforderungen*, die einen gewissen Toleranzbereich in ihrer Erfüllung zulassen.

Zu den Festforderungen gehören alle Anforderungen, deren Nichterfüllung die geforderte Gesamtfunktion in Frage stellt. Tolerierte Anforderungen müssen entweder eine obere *und* eine untere Grenze besitzen oder im Falle relationaler Angaben durch entsprechende Gegenforderungen eingegrenzt werden.

Beispiel: Bei der Entwicklung eines Umschlagkranes muß die Anforderung *Sinkgeschwindigkeit* > 6 m/s durch die Gegenforderung *Bremsverzögerung* $\leq$ 2g eingegrenzt werden.

Wünsche dürfen innerhalb einer zur Entwicklung bzw. Konstruktion freigegebenen Anforderungsliste nicht vorkommen. Sie würden der Forderung der in Arbeitskreisen des *Vereins Deutscher Ingenieure* (VDI) definierten systematischen Arbeitsmethode der *Wertanalyse* (vgl. Kapitel 5) widersprechen, die darin besteht, daß die Erfüllung einer Funktion durch ein technisches System mit minimalem Aufwand zu erreichen ist und deren Leitsatz lautet:

Nicht so gut als möglich, sondern so gut wie nötig!

Damit *müssen* Auftraggeberwünsche auf ihre Wertbeeinflussung geprüft und gegebenenfalls in Anforderungen umgewandelt werden.

Wünsche dürfen nur im Rahmen des bereits erwähnten Phasenvorlaufs vor einem Entwicklungsvorhaben definiert werden. Sobald jedoch der Konstruktionsauftrag zum Bestandteil eines Vertrages zwischen Auftraggeber und -nehmer wird, sind die technisch, wirtschaftlich und psychologisch begründbaren Wünsche in Anforderungen umzuschreiben. Eine Berücksichtigung ihrer Wichtigkeit gegenüber anderen Anforderungen erfolgt innerhalb der vorzusehenden Bewertungsphasen.

Beispiel: Der Wunsch nach „möglichst geringem Kraftstoffverbrauch" ist in die Anforderung „maximaler Kraftstoffverbrauch [g/kWh]" umzuwandeln.

Desweiteren lassen sich die Anforderungen abhängig davon, ob es sich um wert- und dimensionsbehaftete oder um rangmäßig verbal beurteilbare Anforderungen handelt, in die beiden Anforderungs*arten*

— quantitativ erfaßbare (zähl-, meß-, wäg- und vergleichbare) Anforderungen,

— qualitativ erfaßbare (rangmäßig beurteilbare) Anforderungen

einteilen.

Jede dieser Anforderungsarten läßt sich entsprechend der vorrangigen Gesichtspunkte der jeweiligen Anforderungen in eine oder mehrere der folgenden Anforderungs*gruppen* aufteilen:

— Technische Anforderungen
— wirtschaftliche Anforderungen
— psychologische Anforderungen

Der Begriff *psychologische Anforderungen* steht hier als erweiterter Begriff für die in der Literatur häufig anzutreffende Gruppe der *geltungswertigen* Anforderungen. Gemeint sind alle sich aus einer *Mensch-Produkt-Beziehung* ergebenden, meistens auch aus der menschlichen Psyche hergeleiteten, oftmals nicht mit technischer oder wirtschaftlicher Vernunft begründbaren, Anforderungen.

Schließlich werden die einzelnen Anforderungen (*Einzelanforderungen*) aus Gründen der Übersichtlichkeit in Anforderungs*familien* zusammengefaßt (vgl. Bild 1.9).

Die impliziten Anforderungen beinhalten das Wissen um die Mittel, mit denen die Zielvorstellung erreicht werden kann.

Dieses Wissen aber ist zusammengefaßt in der eigentlichen Gestaltungslehre, welche die Kenntnis sowohl der Maschinenelemente als auch der Richtlinien für das freie Gestalten durch Urform-, Umform- und Fügeverfahren oder spanende Bearbeitung und das Behandeln zur Verbesserung der Eigenschaften gestalteter Werkstücke umfaßt.

Dabei handelt es sich beispielsweise um folgende, nach Anforderungsgruppen geordnete Anforderungen:

Technische Anforderungen

- funktionsgerecht
- formgestaltungsgerecht
- beanspruchungsgerecht
- formänderungsgerecht
- stabilitätsgerecht
- resonanzgerecht
- ausdehnungsgerecht
- korrosionsgerecht
- verschleißgerecht

wirtschaftliche Anforderungen

- preisgerecht
- termingerecht
- fertigungsgerecht
- kontrollgerecht
- wartungsgerecht
- instandsetzungsgerecht
- energieverbrauchsgerecht
- verwertungsgerecht

psychologische Anforderungen

- sicherheitsgerecht
- ergonomiegerecht
- gebrauchsgerecht
- endlagerungsgerecht
- beseitigungsgerecht

Darüberhinaus beinhalten die impliziten Anforderungen alle Gesichtspunkte, die zwar nicht ausdrücklich vom Auftraggeber oder durch unmittelbar anwendbare Gesetze vorgegeben sind, sich jedoch auf alle Folgen beziehen, die sich aus Herstellung, Verteilung, Betrieb und Entsorgung des technischen Systems ergeben. Diese

Folgen können unmittelbar auftreten wie z. B. Störung gesellschaftlicher Zusammenkünfte durch Lärmbelästigung, oder sie können mittelbarer und deshalb schwer erkennbar sein wie z. B. Zerfall von Gesellschaftsstrukturen durch mangelhaft besuchte Zusammenkünfte infolge Lärmbelästigung.

Diesbezügliche Anforderungen lassen sich ebenfalls als Mensch-Produkt-Beziehungen verstehen und gehören deshalb mittelbar zu den psychologischen Anforderungen. Sie betreffen insbesondere:

— Betriebsort (biologische und morphologische Umwelt)
— Betriebsbereich (biologische und morphologische Umwelt)
— energiesparende Entsorgung
  – energiesparende Wiederverwertung (*Recycling*)
  – energiesparende Beseitigung (*Liquidation*)
— umweltschonende Entsorgung
  – umweltschonende Wiederverwertung
  – umweltschonende Beseitigung
— Abschätzung technologisch bedingter Spätfolgen (*Technikfolgen-Abschätzung*)
  – mögliche unmittelbare Folgen (*Secondary Effects*)
  – mögliche mittelbare Folgen (*Tertiary Effects*)

Die Einflüsse dieser Anforderungen auf Auslegung und Gestaltung eines technischen Systems sind in den meisten Fällen zunächst nicht erkennbar und werden deshalb unberücksichtigt gelassen. Sie müssen aber trotzdem ein großes Anliegen des Konstrukteurs sein und zwar insbesondere dann, wenn er in leitender Stellung ist und für die Produktplanung innerhalb eines Unternehmens mitverantwortlich zeichnet. Außerdem gehört ein derartiges Verantwortungsgefühl zum Berufsethos des Ingenieurs, da - wenn überhaupt - dann nur *er* ausschließlich aufgrund seiner umfassenden Ausbildung die Auswirkungen eines von ihm entwickelten Produktes bereits im frühesten Stadium erkennen kann.

Die impliziten Anforderungen gehören nicht in eine Anforderungsliste, es sei denn, daß aus ökonomischen oder ökologischen Erwägungen heraus bestimmte physikalische, chemische oder biologische Auswirkungen wie etwa Schall, explosive Atmosphäre oder Gerüche zwar nicht erwünscht sind, sich aber technologisch nicht ganz vermeiden lassen. In solchen Fällen sind die gesetzmäßigen, d. h. von politischen und damit gesellschaftlichen Standpunkten heraus festgelegten Grenzwerte in die explizite Anforderungsliste aufzunehmen.

Rein faktisch stellt das technische System keine Anforderungen. Im Volksmund aber besitzt es Gefühle (... stolzer Wagen, ... eigenwilliges Fahrverhalten) und Bedürfnisse (... verlangt nach Öl). In der Tat braucht das technische System zur Erbringung seiner Leistung Betriebsmittel, Ersatzteile und Pflege. Auch diese Anforderungen sind impliziter Natur, denn ihre Kenntnis gehört zum Grundwissen des Konstrukteurs.

Sachgemäß sind implizite Anforderungen nicht quantifizierbar und damit auch nicht tolerierbar. Also lassen sie sich als Festforderungen verstehen, deren Einhaltung ebenso unabdingbar ist wie die der expliziten Festforderungen. Allerdings ist es sehr schwer, bei der Entwicklung neuer technischer Systeme alle impliziten Festforderungen zu erfassen und während der Entwicklung einzuhalten.

Implizite Anforderungen können also aufgrund der vorangegangenen Feststellungen nur als qualitative Anforderungen behandelt werden. Ihre Einteilung in Anforderungsgruppen, -familien und Einzelanforderungen entspricht jedoch derjenigen der expliziten Anforderungen (vgl. Bild 1.10).

Üblicherweise werden die Anforderungen jeweils innerhalb der Anforderungsgruppen und -arten eingeteilt nach den Gesichtspunkten der zu erfüllenden Funktionen im geforderten *betrieblichen Umfeld* unter Berücksichtigung entwicklungstechnischer Kundenwünsche und gesetzlicher Bestimmungen und zwar bei definierten *Umweltbedingungen.*

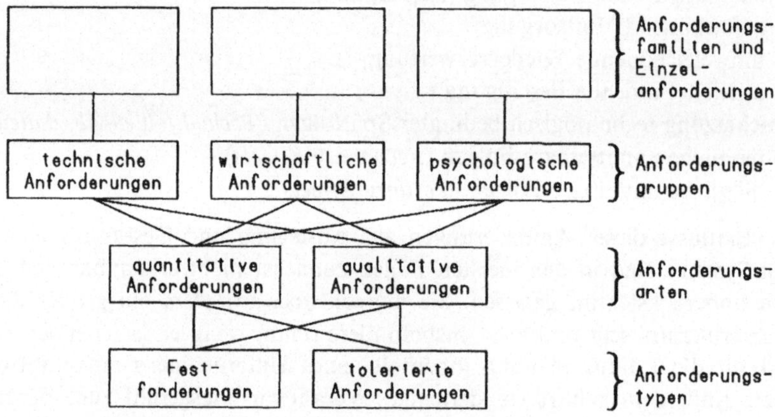

Bild 1.9. Gliederung der Klasse der expliziten Anforderungen

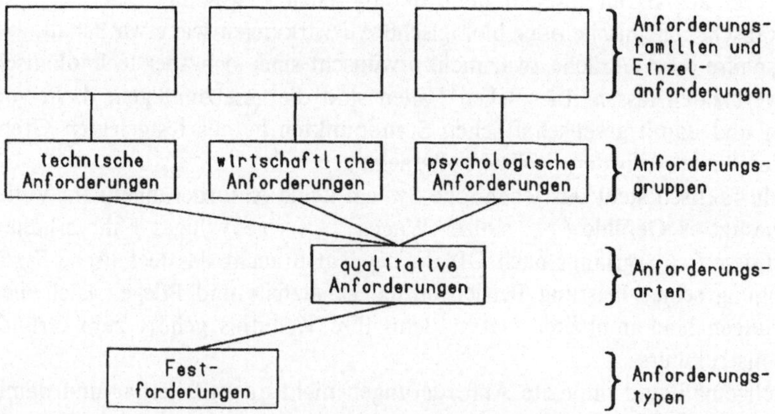

Bild 1.10. Gliederung der Klasse der impliziten Anforderungen

Aus allen vorangegangenen Überlegungen ergeben sich folgende

Anforderungen an eine Anforderungsliste:

1. Die Anforderungen müssen naturwissenschaftlich erfüllbar sein.

2. Die Anforderungen müssen gesellschaftlich und gesetzlich vertretbar sein.

3. Die Anforderungen müssen präzise formulierbar sein.

4. Die Anforderungen müssen im Einklang mit der verbal formulierten Aufgabenstellung stehen. Wenn möglich, muß eine verbal beschriebene Aufgabenstellung in präzisierte Anforderungen umgewandelt werden.

5. Eine Anforderungsliste soll möglichst quantitative, d. h. zähl-, meß-, wäg- oder vergleichbare Anforderungen beinhalten.

   Vergleichbar bedeutet z. B. optisch vergleichbar (Farben, Formen), akustisch vergleichbar (Töne, Intensität) usw..

6. Zähl-, meß-, wäg- oder vergleichbare Anforderungen müssen prüfbar, d. h. nachweisbar sein.

7. Qualitative Anforderungen sollen im Laufe der Entwicklungen in quantitative, d. h. zähl-, meß-, wäg- oder vergleichbare Anforderungen umwandelbar sein.

   Diese Umwandlung geht einher mit der Konkretisierung der Lösung.

8. Qualitative Anforderungen, die sich nicht in quantitative Anforderungen umwandeln lassen, sollen rangmäßig beurteilbar sein (gut, ausreichend, ungenügend).

9. Quantitative und, wenn möglich, auch qualitative Anforderungen sollen mit Toleranzen versehen oder relational (z. B. „gleich wie", „größer als", „kleiner als" ...) bzw. als mathematisch-logische Anforderungen (z. B. „ja/nein", „und", „oder" ...) ausgewiesen sein.

   Tolerierte Anforderungen müssen entweder einen oberen *und* einen unteren Grenzwert besitzen oder im Falle relationaler Angaben durch ausreichende Gegenforderungen eingegrenzt sein.

10. Die Anforderungen müssen - spätestens zur Bewertung vor der endgültigen Ausscheidung von Konstruktionsvarianten bzw. -alternativen (vgl. Kapitel 4.5) - als Bewertungsgrundlagen heranziehbar sein.

Es folgen zwei allgemeingültige, nach Anforderungsfamilien gegliederte und beschriebene Musterlisten mit beispielhaft aufgeführten Einzelanforderungen. Sie sind selbstverständlich jeder Aufgabenstellung anzupassen und stellen lediglich eine Orientierungshilfe dar.

Eine eindeutige Zuordnung der Anforderungen zu den Anforderungsgruppen ist oftmals schwierig, da sich jeder technische Vorzug auch meistens wirtschaftlich auswirkt. Außerdem sind Änderungen, insbesondere zwischen den Anforderungsarten, im Verlauf einer Entwicklung möglich.

Beispiel: Bei einer Getriebeentwicklung gehört die Anforderung „geringer Wartungsaufwand" zunächst zu den technisch qualitativen Anforderungen, da der Konstrukteur durch die Wahl von wartungsarmen Wälzlagern dieser Anforderung technologisch gerecht werden kann. Während des späteren Betriebes ist diese Anforderung jedoch eher wirtschaftlich quantitativ, da die Frage nach den Kosten der Wartung Vorrang vor deren technische Durchführbarkeit hat.

Die erste Musterliste zeigt eine nach Hauptmerkmalen für die Konstruktion gegliederte Anforderungsleitlinie (vgl. Bild 1.11).

Die zweite Musterliste ist im weitestgehenden Sinn nach fachspezifischen Gesichtspunkten geordnet. Dies hat den Vorteil, daß die Anforderungen in der meisten Fällen entsprechend der jeweiligen Fachkompetenz im Verlaufe einer Entwicklung, insbesondere komplexer technischer Systeme, aufgestellt, geprüft und bereinigt werden können.

a. Nach Hauptmerkmalen geordnete Anforderungsleitlinie

Geometrie	Größe, Höhe, Breite, Länge, Durchmesser, Raumbedarf, Form, Anzahl, Anordnung, Anschluß, Ausbau und Erweiterung
Kinematik	Bewegungsart, Bewegungsrichtung, Geschwindigkeit, Beschleunigung
Statik, Dynamik, Elastomechanik	Kraftrichtung, -größe, -häufigkeit, Gewicht, Last, Verformung, Steifigkeit, Federeigenschaften, Kräfte, Stabilität, Resonanzlage
Energie	Leistung, Wirkungsgrad, Verlust, Reibung, Ventilation, Zustand, Druck, Temperatur, Erwärmung, Kühlung, Anschlußenergie, Speicherung, Arbeitsaufnahme, Energieumformung, Materialfluß und Materialtransport
Stoff	physikalische und chemische Eigenschaften des Ein- und Ausgangsproduktes, Hilfsstoffe, vorgeschriebene Werkstoffe (Nahrungsmittelgesetz u. ä.)
Signal	Ein- und Ausgangsmeßwerte, Anzeige, Betriebs- und Überwachungsgeräte
Ergonomie	Mensch-Maschine: Bedienung, Bedienungshöhe, Bedienungsart, Formgestaltung, Übersichtlichkeit, Sitzkomfort, Beleuchtung, Arbeitssicherheit, Umweltschutz
Herstellung und Herstellungskontrolle	Einschränkungen durch Produktionsstätte: Größte herstellbare Abmessung, bevorzugtes Herstellverfahren, mögliche Qualität und Toleranzen; Ausschußquote, Meß- und Prüfmöglichkeit, besondere Vorschriften und Verfahren (DIN, VSM, ISO, VSM, ASME ...)
Montage und Transport	besondere Montagevorschriften, auch für Transport und Fundamentierung, Begrenzung durch Hebezeuge, Bahnprofil, Wege nach Größe und Gewicht
Gebrauch und Wartung	Geräuscharmut, Verschleißrate, Anwendung und Absatzgebiet, Einsatzort (z. B. schwefelige Atmosphäre, Tropen ...); Wartungsfreiheit bzw. Anzahl und Zeitbedarf der Wartung, Anstrich, Säuberung, Austausch und Reparatur
Kosten	zul. Herstellkosten, Werkzeugkosten, Amortisation, Aufwendungen
Termin	Ende der Entwicklung, Netzplan für Zwischenschritte, Lieferzeit

Bild 1.11. Anforderungsleitlinie nach [1], [14] bzw. [26]

b. Nach Anforderungsfamilien geordnete Musteranforderungsliste

1. Funktionsanforderungen

Funktionsanforderungen beinhalten sämtliche Anforderungen, die die geforderte Funktion eines technischen Systems gewährleisten, also *nur* zur Funktionserfüllung erforderlich sind. Im einzelnen handelt es sich beispielsweise um folgende Anforderungen:

— Funktionsablauf in Abhängigkeit von Zeit, Weg, Belastungen oder Leistung
— Belastungsdaten
— Bewegungsdaten
— Leistungsdaten
— Freiheitsgrade
— Wirkungsgrade
— funktionelle Nahtstellen

  Hierbei handelt es sich um Anforderungen an die Nahtstellen zu benachbarten technischen Systemen, deren Nichteinhaltung die Erfüllung der geforderten Funktion verhindern.

— Funktionelle Grenzdaten

  Hierbei handelt es sich um Anforderungen, deren Überschreitung die Erfüllung der geforderten Funktionen verhindern. Es sind dies beispielsweise:
  - Maximalgewicht
  - zul. Schwerpunktlagenbereich
  - Standsicherheit
  - maximale Feldstärke

2. Betriebsanforderungen

Betriebsanforderungen beinhalten sämtliche Anforderungen, die die geforderte Funktion eines technischen Systems von der Inbetriebnahme bis zur endgültigen Stillsetzung aufrechterhalten, also *nur* zur Betriebserfüllung erforderlich sind. Im einzelnen handelt es sich beispielsweise um folgende Anforderungen:

— Gebrauchsdauer
— Betriebszeit
— Einsatzdauer
— Einschaltdauer
— Verfügbarkeit
— Zuverlässigkeit
— Handhabbarkeit
— Bedienbarkeit
— Wartbarkeit
— Instandsetzbarkeit
— Sicherheit
  - gegen Verletzungsgefahr
  - gegen Fehlbedienung
  - gegen physikalische Störfälle
  - gegen chemische Störfälle
  - gegen biologische Störfälle
  - gegen nukleare Störfälle
  - gegen Beschädigung und Ausfall durch Gleichgültigkeit
  - gegen Beschädigung und Ausfall durch Unvorsichtigkeit
  - gegen Beschädigung und Ausfall durch Vandalismus
  - gegen Beschädigung und Ausfall durch Terrorismus
  usw.
— Verpackbarkeit
— Transportierbarkeit
— Lagerbarkeit
— Kennzeichnung

3. Anforderungen an Konstruktion und Herstellung

Anforderungen an Konstruktion und Herstellung beinhalten sämtliche Anforderungen einschließlich Vorschriften, die zur rechnerischen Auslegung und zur konstruktiven Gestaltung in Bezug auf die Herstellbarkeit und die Lebensdauer von der Beschaffung bis zur Entsorgung erforderlich sind, also *nur* abhängig von zu erfüllenden Funktionen und technologischen Prinzipien.

Da die *Herstellung* entsprechend den Vorgaben der Konstruktion zu erfolgen hat, bestehen in der Regel keine ausdrücklichen, also expliziten Anforderungen an die Herstellung. Vielmehr müssen die Anforderungen an energiesparende und umweltschonende Fertigungsverfahren vom Konstrukteur berücksichtigt werden. Im einzelnen handelt es sich beispielsweise um folgende Anforderungen:

- Auslegung (z. B. Beachtung von Gesetzen und Vorschriften)
- energiesparende Nutzung
- Ausführung (z. B. Bauweisen)
- Schweißbarkeit
- Verfahren (z. B. geforderte Schweißverfahren)
- Gefügestruktur (z. B. von Guß- und Schmiedeteilen)
- Lärmdämpfung
- Schwingungsdämpfung
- Materialauswahl
- Konstruktionselemente (Festlegungen bzw. Einschränkungen)
- Normteile (Einschränkungen oder Festlegungen)
- Handelsteile (Einschränkungen oder Festlegungen)
- gestaltungstechnische Nahtstellenanforderungen (als Datensatz oder geometrische Darstellungen)
  - mechanisch (vgl. Kapitel 1.4.4.3)
    - Wirklinien
    - Wirkflächen
    - Wirkräume
  - hydraulisch
  - pneumatisch
  - magnetisch
  - thermisch
  - optisch
  - akustisch
  - elektrisch
  - elektromagnetisch
  - elektronisch
  - nuklear
- Austauschbarkeit
- Ersetzbarkeit
- Verschleiß
- Dichtigkeit
- Magnetisierbarkeit
- Absorbierverhalten
- Bearbeitungsgüte
- mechanisch bedingte Längentoleranzen
- thermisch bedingte Längentoleranzen
- mechanisch bedingte Formtoleranzen
- thermisch bedingte Formtoleranzen
- mechanisch bedingte Lagetoleranzen
- thermisch bedingte Lagetoleranzen
- Oberflächenschutz
- Schutz gegen korrosionsfördernde Kontakte
- Schutzanstrich
- Schmuckanstrich
- Kennzeichnung (z. B. Typenschilder, Wartungshinweise usw.)
- Markierung (z. B. Gefahrenzonen, Aufbockpunkte usw.)

4. Umweltbedingte Anforderungen

Umweltbedingte Anforderungen beinhalten sämtliche Umwelteinflüsse, denen das technische System während der gesamten Lebensdauer von der Beschaffung bis zur Stillsetzung standhalten muß, die also sowohl zur Betriebserfüllung als auch während Transport und Lagerung (Beschaffung und Verlegung von Einsatzorten) zu berücksichtigen sind. Im einzelnen handelt es sich beispielsweise um folgende Anforderungen:

a. Klimatische Belastungen

— Definition des Klimaraumes
  (z. B. mitteleuropäischer Einsatzraum,
  Atmosphäre nach DIN 5450)
— Kälte (Tieftemperatur)
— trockene Wärme (Höchsttemperatur)
— Temperaturschock (Gradient)
— Temperatur bei Langzeitlagerung
— Sonnenschein (Strahlungsleistung und
  -dauer)
— Feuchtigkeit
— Feuchtigkeit bei Langzeitlagerung
— atmosphärischer Druck
— Temperatur-Feuchte-Druck-Kombina-
  tion
— Sand und Staub (Korngrößenbereich)
— Regen (mittlere Niederschlagsmenge)
— Hagel (mittlere Niederschlagsmenge,
  Korngrößenbereich)
— Schnee (mittlere Niederschlagsmenge)
— Eis (maximal zu erwartender Eisansatz)
— Wind (maximal zu erwartende kon-
  stante Windstärke)
— Böen (maximal zu erwartende Böenge-
  schwindigkeit)
— korrosionsfördernde Atmosphäre

b. Mechanische Belastungen

— Beschleunigungen
— mechanischer Schock
— Vibration
— freier Fall (maximal zulässige Fallhöhe)
— Beschallung
— Blitzschlag
— Abrieb

— Erosion
  usw.

c. Chemische Belastungen

— Säuren
— Laugen
— Lösungsmittel
— Schmiermittel
— Benzin
— Benzol
  usw.

d. Thermische Belastungen

— Betriebstemperaturbereich
— Betriebstemperaturzyklen
— Temperatur-Sicherheitsgrenze
— Schweltemperatur
— Zündtemperatur
— Siedetemperatur
  usw.

e. Biologische Belastungen

— Pilzbefall
— Termiten
— Nagetiere
  usw.

f. Elektrische und elektronische
  Belastungen

— elektrische Störbeeinflussung
  - Induktion
  - Funken
  usw.
— elektronische Störbeeinflussung
— elektromagnetischer Puls
— nuklearer elektromagnetischer Puls

5. Anforderungen zur Umweltentlastung

Anforderungen zur Umweltentlastung beinhalten alle Anforderungen, die einer
Entlastung der ökologischen und gesellschaftlichen Umwelt im übergeordneten Sinne dienen. Es handelt sich um sogenannte *Umwelt-Produkt-Beziehungen*. Darunter
sind auch die Anforderungen zur Erhaltung der Ethik sowie technologisch bedingter ökologischer, ökonomischer und humanitärer Spätfolgen zu verstehen. Im
einzelnen handelt es sich beispielsweise um folgende Anforderungen:

— rohstoffsparende Werkstoffe (Versorgung)
— umweltschonende Werkstoffe (Betrieb und Entsorgung)
  - Trennbarkeit verschiedenartiger Werkstoffe
  - Sorteneinschränkung bei der Werkstoffauswahl
  - entgasungsfreie Werkstoffe

- wiederverwendbare Werkstoffe
- langzeit-unschädliche Werkstoffe
— rohstoffsparende Hilfsstoffe (Versorgung)
— umweltschonende Hilfsstoffe (Betrieb und Entsorgung)
— rohstoffsparende Betriebsstoffe (Versorgung)
— umweltschonende Betriebsstoffe (Betrieb und Entsorgung)

6. Anforderungen an Prüfverfahren und -mittel

Anforderungen an Prüfverfahren und -mittel beinhalten alle Anforderungen, die
den abschließenden Funktions- und Leistungsnachweisen unter den geforderten Betriebsanforderungen und Anforderungen durch Umwelteinflüsse dienen. Im einzelnen handelt es sich beispielsweise um folgende Anforderungen:

— anzuwendende Prüfverfahren
— anzuwendende Prüfmittel

7. Anforderungen an die Markteinführung

Anforderungen an die Markteinführung beinhalten alle Anforderungen, die ein
technisches System neben allen anderen Anforderungen leisten muß, um einen er-
folgreichen Einzug in den Markt zu gewährleisten.

Im einzelnen handelt es sich beispielsweise um folgende Anforderungen:

— Interesse weckend
— Ansehen (*Image*) fördernd
— Ästhetik ansprechend (Erscheinungsbild, Modetrend usw.)
— Wohlbefinden steigernd
— Gemütlichkeit steigernd
— Aufwand bei der Inbetriebnahme
— Aufwand bei Wartung und Instandsetzung

Die Anforderungsliste ist nicht nur Ausgangspunkt für die Entwicklung, sondern, wie bereits erwähnt, auch für die in Kapitel 4 eingehend behandelte Bewertung und darüber hinaus für die qualitätssichernden Zwischenprüfungen und die
Endabnahme. Deshalb muß sie spätestens zur Bewertung vor der endgültigen Ausscheidung von Varianten bzw. Alternativen als Bewertungsgrundlage und als
Grundlage für die Abnahme des Produktes heranziehbar sein.

Bei der Bereinigung einer Anforderungsliste sind auch die Abhängigkeitsverhält-
nisse der Anforderungen, die sogenannten Anforderungs*relationen* untereinander zu
prüfen. Dabei wird in

— unabhängige,
— unterstützende,
— gegenläufige oder
— widersprüchliche

Anforderungen unterschieden.

Während die unabhängigen und die sich gegenseitig unterstützenden Anforderungen bedenkenlos in die Anforderungsliste aufgenommen werden können, ist bei
gegenläufigen und widersprüchlichen Anforderungen eine der folgenden Maßnahmen zu ergreifen:

1. Bei gegenläufigen Anforderungen:

  — Aufteilung in je eine Festforderung und eine tolerierte Anforderung (nur möglich bei quantitativen Anforderungen);
  — Vergabe von je einem Mindest- und einem Höchstwert (nur möglich bei quantitativen Anforderungen);
  — gegeneinander gewichten, und die geringer gewichtete Anforderung streichen.

2. Bei widersprüchlichen Anforderungen sind diese gegeneinander zu gewichten, um die geringer gewichtete Anforderung zu streichen.

Ein einfach zu handhabendes Mittel zur Überprüfung der Relationen der einzelnen Anforderungen zueinander ist die *Relationenprüfmatrix* (vgl. Bild 1.12), auch bekannt unter der Bezeichnung *Zielrelationenmatrix*, da die Erfüllung einer Anforderung auch der Erreichung eines Zieles gleichkommt. Zur Prüfung der Relationen wird jede Anforderung mit jeder anderen verglichen. Entsprechend der gefundenen Relation wird einer der folgenden Kennbuchstaben in das jeweils gemeinsame Feld eingetragen. Dabei bedeutet

i = unabhängig (*indifferent*)
u = unterstützend
g = gegenläufig
w = widersprüchlich

Beispiel: Bild 1.12 zeigt einige Anforderungen und die ihr zugewiesenen geforderten qualitativen Eigenschaften zur Bewertung von Personenkraftwagen.

Aus der Matrix geht hervor, daß die geforderte hohe Sicherheit gegenüber den Forderungen nach großem Komfort, niedrigem Kaufpreis, niedrigen Betriebskosten usw. keinen Einfluß hat, also unabhängig ist. Die geforderte hohe Leistung hingegen unterstützt die Sicherheit und den Komfort, wirkt jedoch gegenläufig gegenüber dem geforderten niedrigen Kaufpreis und ist sogar widersprüchlich gegenüber der Forderung nach niedrigen Betriebskosten.

Ordn. Nr.	Bewertungskriterium	Eigenschaft
01	Sicherheit	hoch
02	Leistung	groß
03	Komfort	groß
04	Kaufpreis	niedrig
05	Betriegskosten	niedrig
06	Entsorgbarkeit	gut

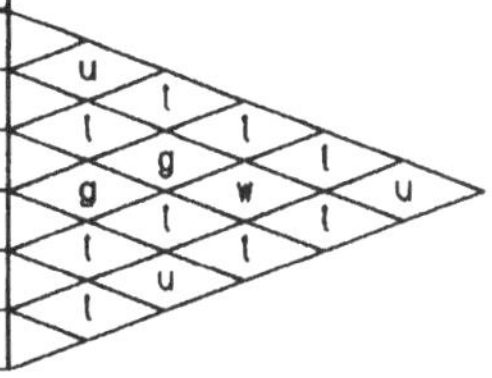

Bild 1.12. Relationenprüfmatrix nach [6]

Beispiel: Für den Verschlußmechanismus des Autoklavdeckels ergibt sich nachfolgende bereinigte und ergänzte Anforderungsliste. Darin bedeuten F = Festforderung, T = tolerierte Anforderung.

Nr.	Anforderungen	Bemerkungen
1	Technische quantitative Anforderungen	
1.1	Funktionsanforderungen	
1.1.1	Autoklav-Druckbereich: 10^{-3} bis 25 bar	F
1.1.2	maximale Arbeitstemperatur: +400° C	F
1.1.3	maximale Flanschtemperatur: +200° C*	F
1.1.4	Schließzeit: < 10 s	T
1.1.5	Öffnungszeit: < 10 s	T
1.2	Betriebsanforderungen	
1.2.1	mittlere Schließ-/Öffnungshäufigkeit: 20/Tag*	F
1.2.2	mittlere Dauer eines Arbeitszyklus': 15 min*	F
1.2.3	Wartungsintervall: 1 Jahr*	T
1.2.4	Gebrauchsdauer: 10 Jahre*	F
1.3	Konstruktionsanforderungen	
1.3.1	Anzuwendende Richtlinien: Merkblätter des SVDB Zürich*	F
1.3.2	geometrische Daten: gemäß Bild 1.6	T
1.3.3	Zulässige Leckrate: 0.0*	F
1.3.4	Verschlußantrieb mit Druckluft: p = 25 bar	T
1.3.5	oder mit elektrischer Energie: 380 V, 50 - 60 Hz	T
1.4	Umgebungsbedingungen	
1.4.1	Temperaturbereich: -5 bis +40° C*	F
1.4.2	Temperaturschock: ± 10°/min*	F
1.4.3	Staub - Korngrößenbereich: 10 bis 1000 μm*	F
2	Technische qualitative Anforderungen	
2.1	Funktionsanforderungen	
2.1.1	Deckel ist nicht um die vertikale Achse drehbar	F
2.1.2	Schließen und Öffnen müssen automatisch erfolgen	F
2.1.3	Für den Störfall muß manuelles Öffnen möglich sein	F
3	Wirtschaftliche quantitative Anforderungen	
3.1	Produktionskennwerte	
3.1.1	geplante Stückzahl: 20	F
3.1.2	Preisobergrenze bei 20 Stück: 3000,-- Fr./Stück*	F
4	Psychologische Anforderungen	
4.1	Ergonomische Anforderungen	
4.1.1	Manuelles Öffnen muß mit Schutzhandschuhen möglich sein.*	F

Anmerkungen:

1. Die mit einem * versehenen Anforderungen wurden nach Auftragseingang im Rahmen der Bereinigung als für die Konstruktion beeinflussend und damit wichtig hinzugefügt.

2. Für eine spätere Bewertung vorliegender Lösungsvarianten sind zusätzliche implizite, also hier nicht auszuweisende Anforderungen zu berücksichtigen.

1.4.3.4 Kostenvorgaben überprüfen

Die vorgegebenen Kosten müssen in jedem Fall auf ihre Aktualität hin überprüft
bzw. mit den angebotenen Kosten verglichen werden. Geschieht das nicht, besteht
die Gefahr finanzieller Verluste, insbesondere dann, wenn in der Aufgabenstellung
zusätzliche, nicht angebotene Leistungen verlangt werden. Dieses muß unmittelbar
nach der Analyse und Bereinigung der Aufgabenstellung einschließlich der impliziten Anforderungen erfolgen.

Die Folgen dieser Überprüfung können in einer Änderung der Auftragssumme
(evtl. unter Einreichung eines Zusatzangebotes an den Auftraggeber) und der Mit-
telabflußplanung bestehen.

1.4.3.5 Terminvorgaben überprüfen

Ebenso wie die Kosten müssen auch die vorgegebenen Termine in jedem Fall auf
ihre Aktualität hin überprüft bzw. mit den angebotenen Terminen verglichen werden. Geschieht dies nicht, besteht die Gefahr, in terminliche Engpässe zu geraten,
insbesondere dann, wenn in der Aufgabenstellung zusätzliche, nicht angebotene
Leistungen verlangt werden. Dieses muß unmittelbar nach der Analyse und Bereinigung der Aufgabenstellung einschließlich der impliziten Anforderungen erfolgen.

Die Folgen dieser Überprüfung können in einer Änderung des Entwicklungs-
bzw. Konstruktionsvertrages mit dem Auftraggeber bestehen.

1.4.3.6 Konstruktionsablauf planen

Vor Beginn der eigentlichen Konstruktionstätigkeit muß, insbesondere bei umfangreichen Konstruktionsaufgaben, eine möglichst detaillierte Planung des Konstruk-
tionsablaufes erstellt werden.

Im einzelnen muß der phasenweise Durchlauf durch den Konstruktionsprozeß,
das erforderliche Personal, der erforderliche Kostenaufwand (*Mittelabfluß*) und die
Dauer der einzelnen Phasen bzw. deren möglichen Überlappungen und die daraus
sich ergebenden Termine geschätzt werden.

Diese Arbeit gehört deshalb zur Analyse des Konstruktionsauftrages, da sie eine
Maßnahme zur unmittelbaren Erfolgskontrolle zumindest gegenüber der Vertrags-
einhaltung darstellt.

Am Ende dieser Prüfphase liegt eine *bereinigte* Aufgabenstellung einschließlich
einer für die Konstruktion und alle übrigen zuarbeitenden Disziplinen gültigen und
verbindlichen Anforderungsliste vor. Außerdem wird durch die Planung des Kon-
struktionsablaufes dessen technische sowie kosten- und termingerechte Durchführbarkeit erhärtet.

1.4.4 Die Entwurfsphase

1.4.4.1 Übersicht

Der *Entwurf* bildet die Ausgangsbasis zur Verwirklichung einer Idee oder einer gestellten Aufgabe in allen schöpferischen Arbeitsprozessen. Die Tätigkeit, die zum Entwurf führt, also das zugehörige Verb, heißt *entwerfen* und meint damit das zumeist mit Hilfe zeichnerischer oder dreidimensional modellierbarer Mittel durchgeführte Ertasten bzw. Einkreisen einer zu gestaltenden Lösung.

— Künstler entwerfen ihre Werke in Form von Skizzen, Studien und Rissen;
— Architekten entwerfen Bauobjekte in Form von Zeichnungen oder Modellen;
— Gärtner entwerfen Garten- und Parkanlagen;
— Ingenieure entwerfen technische Systeme;
— Wirtschaftsfachleute entwerfen Finanzpläne
  usw..

Diese und die mögliche Anzahl weiterer Beispiele lassen die große Bedeutung des Entwerfens erkennen.

Auch im Entstehungsgang technischer Systeme nimmt die *Entwurfsphase* eine zentrale Stellung ein. Denn einerseits erhält in dieser Phase das in der Idee bereits grob erkennbare bzw. in der Aufgabenstellung beschriebene Ziel die produktionstechnisch zu verwirklichende Gestalt, andererseits wird in dieser Phase der Grundstein für den volks- und betriebswirtschaftlichen Erfolg gelegt.

Entwerfen beinhaltet also innerhalb eines Entwicklungs- bzw. Konstruktionsvorhabens den Arbeitsaufwand, mit dem die zur Verwirklichung anstehende Idee oder Aufgabenstellung erstmals technisch-wissenschaftlich daraufhin untersucht wird, wie das zu gestaltende Ergebnis möglicherweise funktioniert, wie es aussehen könnte und welche Wege zu diesem Ziel hinführen. Entwürfe können einerseits komplexe technische Systeme umfassen (z. B. ein Kommunikations-Satellitensystem mit der zugehörigen globalen Infrastruktur), andererseits die Lösung einer speziellen Detailaufgabe darstellen (z. B. der Verschlußmechanismus eines Autoklavdeckels).

Entwürfe beinhalten u. a. Informationen über

— die Funktionsweise technischer Systeme einschließlich zeitlicher Betriebsabläufe
— ihre funktional zweckmäßige und ästhetisch ansprechende Gestalt,
— ihre kinematischen Bewegungsabläufe, Freiheitsgrade und Freigängigkeiten,
— ihre Schnittstellen zu Anschlußsystemen einschließlich Ein- und Anbauprofilen
— ihre Strukturierung,
— ihre Massedaten (Gewichte, Schwerpunktlagen, Massenträgheitsmomente)
— Festigkeits-, Steifigkeits- und Stabilitätsverhalten, statisch und dynamisch
— Produkt-Mensch- und Mensch-Produktbeziehungen, insbesondere in Form von
  – ergonomischen Konzepten,
  – psychologischen Konzepten,
  – Ver- und Entsorgungskonzepten,
  – Wartungs- und Instandsetzungskonzepten,
  – Transport-, Lagerungs- und Verpackungskonzepten.

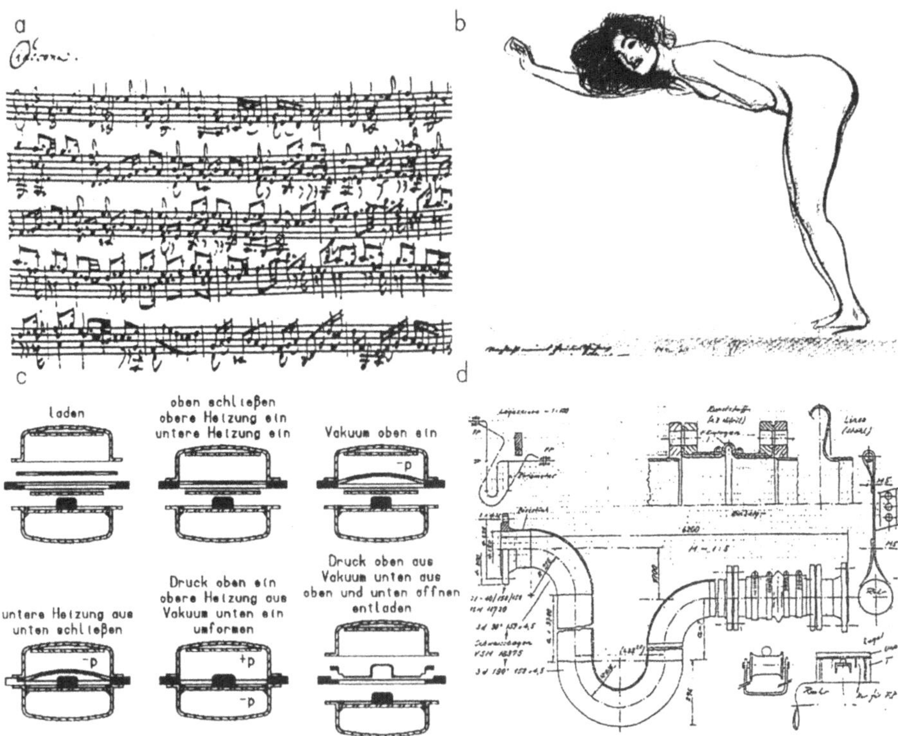

Bild 1.13. Beispiele unterschiedlicher Entwürfe
   a) *Johann Sebastian Bach* (1685 - 1750): Entwurf zu *Caconne*
   b) *Gustav Klimt* (1862 - 1918): Studie zum Beethovenfries
   c) IKB der ETH-Zürich: Entwurf eines Diaphragma-Fertigungsprozesses
   d) Student: Konstruktionsentwurf eines Wärmekompensators

In seiner ausgearbeiteten Form stellt sich der Entwurf in aussagefähigen und eindeutigen Arbeitsergebnissen vor. Diese können sein:

— Zeichnungs- und Bilddokumente (Blockschaltbilder, Prinzipskizzen, grobmaßstäbliche Handskizzen, maßstäbliche Zeichnungen, Diagramme, Photos usw.)
— Schriftdokumente (Beschreibungen und Berechnungen)
— flächige und räumliche Modelle, entweder am Bildschirm mit Hilfe eines rechnergestützten graphischen Verfahrens modelliert (CAD) oder als Anschauungsmodelle, Fertigungsattrappen sowie Funktionsmodelle gefertigt

Da sich die Erkenntnisse mit dem Fortschreiten der Entwurfsarbeiten mehren und somit eine Verbesserung der Zielvorstellungen erreicht wird, müssen viele Teilaufgaben auf dem Wege der schrittweisen Annäherung, d. h. durch Iteration, gelöst werden. Unter dem übergeordneten Begriff *Entwerfen* findet sich ein umfangreicher Katalog von Arbeitsschritten, die teils nacheinander, teils nebeneinander oder miteinander verknüpft und sich evtl. wechselseitig beeinflussend, anfallen. Es sind dies:

— **Konzepte erstellen**

  – **Funktionsstrukturen bestimmen**
  - **Zu erfüllende Funktionen ermitteln**
  - **Technologische Prinzipien bestimmen**
  - **Technische Prozesse festlegen**
  - **Funktionsstrukturen aufstellen**
  - **Optimale Funktionsstrukturen ermitteln**
  – **Entwurfskonzepte bestimmen**
  - **Wirkprinzipien und Funktionsträger suchen**
  - **Prinzipkonzepte bilden**
  - **Optimale Lösungskonzepte ermitteln**

— **Entwürfe erstellen**

  – **Gestalten**
  – **Strukturieren**
  – **Vordimensionieren**
  – **Gesamtentwürfe erstellen**
  – **Optimalen Gesamtentwurf ermitteln**

1.4.4.2 Konzepte erstellen

Innerhalb der *Konzeptphase* wird das *Lösungskonzept* zur Konstruktionsaufgabe erarbeitet. Ausgangsbasis dazu sind die in der Aufgabenstellung festgelegten, von dem zu konstruierenden technischen System zu verwirklichenden Eingangs- und Ausgangszustände sowie die zu diesem Ziel führende zustandsverändernde Funktion. Die vorrangigen Anliegen des Auftraggebers, nämlich

— einwandfreie Funktion,
— sichere Handhabung,
— angemessener Preis,
— wirtschaftlicher Betrieb,
— befriedigendes Erscheinungsbild,

sind dabei Wegleitung zur Vorgehensweise bei der Lösungsfindung und der davon abhängigen Produktgestaltung. Die aus der Aufgabenstellung herzuleitende Funktion steht dabei an erster Stelle. Sie wird im folgenden *Gesamtfunktion* genannt.

Das richtige Erkennen der zu erfüllenden Gesamtfunktion ist die wichtigste Voraussetzung für die erfolgreiche Lösung der Konstruktionsaufgabe. Zum besseren Verständnis des Funktionsbegriffs folgen deshalb zunächst

Definition und Klassifikation der Funktionen:

Mit dem Begriff Funktion wird im allgemeinen die Erbringung einer Leistung oder die Verrichtung einer Aufgabe beschrieben. Im technischen Sprachgebrauch beschreibt eine Funktion das allgemeine Verhalten eines technischen Systems als eine Menge zeitlich nebeneinander ablaufender oder aufeinander folgender *Zustandsveränderungen*, um einen *Eingangszustand* in einen *Ausgangszustand* zu überführen.

Funktionen werden immer als *substantivierte Verben* ausgedrückt. Für ihre Verwendung im hier erforderlichen Verständnis eignen sich jedoch nur die aktiven *Vollverben*, die sich nach ihren inhaltlichen Merkmalen unterscheiden lassen in *Tätigkeitsverben*, die ein aktives Subjekt verlangen (*trennen, schmelzen* ...) und *Vorgangsverben*, die ein Geschehen bezeichnen, welches eine Veränderung bewirkt (*fließen, fallen* ...), während die *passiven Vollverben* (*ausgasen, schmilzen* ...) sowie die *Hilfsverben* (*sein, haben, können* ...) als Funktionsbegriffe nicht möglich sind.

Ähnlich wie bei der Klassifizierung technischer Systeme ist eine Klassifikation der Funktionen erforderlich, um bei der Suche nach Lösungen Zuordnungen zwischen technischen Systemen und ihren Funktionsweisen zu schaffen.

Die Menge aller möglichen Funktionen läßt sich auf zwölf Stammfunktionen einschließlich ihrer Umkehrfunktionen zurückführen. Diese sind:

Erzeugen	-	*Vernichten*
Speichern	-	*Entleeren*
Leiten	-	*Sperren*
Ändern	-	*(Rück)ändern*
Wandeln	-	*(Rück)wandeln*
Verknüpfen	-	*Verzweigen*

Die Definitionen der Stammfunktionen lauten:

Erzeugen	ist Stammfunktion aller *entstehungs*-abhängigen Funktionen, durch die Energie, Stoff und Informationen entstehen.
Vernichten	ist die Umkehrfunktion der Stammfunktion *Erzeugen*.
Speichern	ist Stammfunktion aller *zeit*-abhängigen Funktionen, durch die Energie, Stoff und Informationen in ihren momentanen Zuständen beharren.
Entleeren	ist die Umkehrfunktion der Stammfunktion *Speichern*.
Leiten	ist Stammfunktion aller *orts*-abhängigen Funktionen, durch die Energie, Stoff und Informationen transportiert bzw. in ihren Koordinaten verschoben werden.
Sperren	ist die Umkehrfunktion der Stammfunktion *Leiten*.
Ändern	ist Stammfunktion aller *größen*-abhängigen Funktionen, durch die Energie, Stoff und Informationen in ihren Dimensionen verändert werden.
(Rück)ändern	ist die Umkehrfunktion der Stammfunktion *Ändern*.
Wandeln	ist Stammfunktion aller *art*-abhängigen Funktionen, durch die Energie, Stoff und Informationen in ihren Eigenschaften umgewandelt werden.
(Rück)wandeln	ist die Umkehrfunktion der Stammfunktion *Wandeln*.
Verknüpfen	ist Stammfunktion aller *mengen*-abhängigen Funktionen, durch die unterschiedliche Mengen von Energie, Stoff und Informationen zusammengefaßt werden.
Verzweigen	ist die Umkehrfunktion der Stammfunktion *Verknüpfen*.

Bei umfangreichen technischen Systemen können auch mehrere Gesamtfunktionen nebeneinander bestehen.

Beispiele: 1. Rüttelsiebe trennen (sieben) und transportieren das Siebgut;
            2. Luftfahrzeuge transportieren fliegend;
            3. Müllverbrennungsanlagen entsorgen und erzeugen Heizwärme.

Eine Gesamtfunktion gliedert sich in den meisten Fällen in eine Anzahl teils hintereinander (in Serie), teils nebeneinander (parallel) stehender *Teilfunktionen*. Diese wiederum setzen sich zusammen aus *Grundfunktionen*, die auf physikalischen, chemischen und biologischen Grundgesetzen beruhen.

Die Zusammenhänge von Gesamtfunktion, Teilfunktionen und Grundfunktionen lassen sich entweder nach hierarchischen oder nach prozessualen Gesichtspunkten in sogenannten *Funktionsstrukturen* darstellen.

1. Funktionsstrukturen bestimmen

Funktionsstrukturen sind Blockdiagramme zur Darstellung funktioneller Zusammenhänge. Aus ihnen müssen sich alle aus der Aufgabenstellung herleitbaren inneren funktionellen Zusammenhänge sowie die vorhersehbaren äußeren Einwirkungen erkennen lassen.

In ihrer hierarchischen Darstellung wird die Gesamtfunktion eines technischen Systems nach Teilsystemen erster Ordnung, zweiter Ordnung, usw. bis hin zu den Grundfunktionen gegliedert (vgl. Bild 1.14), während die prozessuale Darstellung die Verknüpfung der Teilfunktionen und damit den eigentlichen *Funktionsablauf* zeigt (vgl. Bild 1.15). Allerdings lassen sich letztere erst endgültig darstellen, wenn die Zusammenhänge der Funktionen in Form technischer Prozesse ermittelt worden sind (vgl. Bild 1.36).

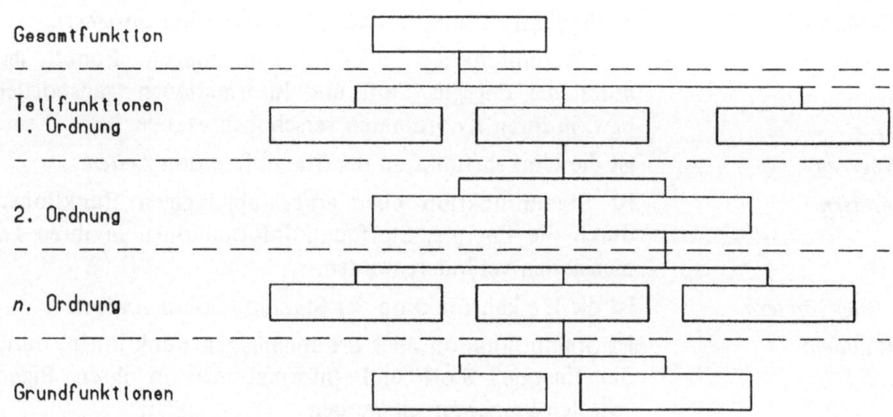

Bild 1.14. Funktionsstruktur in hierarchischer Darstellung

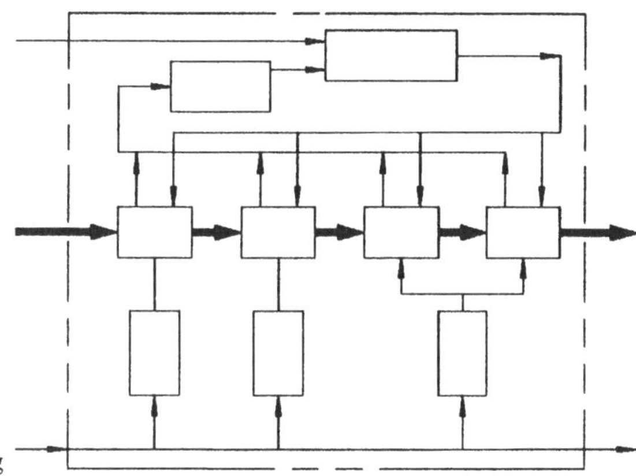

Bild 1.15. Funktionsstruktur in
              prozessualer Darstellung

Im allgemeinen lassen sich zu einer Gesamtfunktion mehrere Varianten von Funktionsstrukturen entwickeln. Ist *eine* der Funktionsstrukturen bekannt, lassen sich durch folgende Umstellungsmöglichkeiten *weitere* Varianten herleiten:

— Ändern der Anordnung oder der Reihenfolge von Teilfunktionen,
— Verschieben der Grenzen zwischen verschiedenen Teilfunktionen,
— weitere Zerlegung von Teilfunktionen in niedrigere Ordnungen,
— Zusammenfassung mehrerer Teilfunktionen in eine höhere Ordnung.

Der Sinn dieser Betrachtungsweisen liegt in der Schaffung mehrerer Konzepte, was bei umfangreicheren, nicht ohne weiteres überschaubaren technischen Systemen zu einer Palette von Lösungen führt, aus der dann über eine Bewertung die bestmögliche Lösung ermittelt werden kann (vgl. Kapitel 4).

a. Zu erfüllende Funktionen ermitteln

Sofern die zu erfüllende Gesamtfunktion und die daraus resultierenden Teilfunktionen nicht bereits während der Analyse der Aufgabenstellung genau erkannt und definiert wurden, empfiehlt es sich - insbesondere bei komplexen Aufgabenstellungen - diese zu *abstrahieren.*

Definitionsgemäß bedeutet dies das stufenweise Weglassen aller verbalen Umschreibungen, bis nur noch eine einzige Grundfunktion bzw. deren Stammfunktion übrig bleibt.

Beispiel: Ausgehend von der verbalen Aufgabenstellung (vgl. Kapitel 1.4.2) folgen ihr die einzelnen Abstraktionsschritte in der 1. bis 5. Stufe. Die 6. Stufe führt den Abstraktionsvorgang schließlich auf die übergeordnete Ebene der ortsabhängigen Stammfunktion *Sperren.*

1. Es ist ein automatisch zu betätigender und manuell zu öffnender Verschlußmechanismus für einen Autoklavdeckel zu konstruieren!
2. Es ist ein Verschlußmechanismus für einen Autoklavdeckel zu konstruieren!
3. Es ist ein Verschlußmechanismus zu konstruieren!
4. Es ist zu verschließen und zu öffnen!
5. *Verschließen* (und wieder *Öffnen*)!
6. *Sperren!*

Liegt keine verbale Aufgabenstellung vor, so ist davon auszugehen, daß das zu entwickelnde bzw. zu konstruierende technische System innerhalb der Anforderungsliste vollständig beschrieben ist (z. B. innerhalb der Anforderungsfamilie *Funktionsanforderungen*). In diesem Fall sind die funktionellen Zusammenhänge in Form von Sätzen herauszuschreiben und nach ihrer Wichtigkeit zu ordnen. Der wichtigste funktionelle Zusammenhang entspricht dann der Gesamtfunktion.

Die Ermittlung der Teil- und Grundfunktionen kann durch die schrittweise Rückverfolgung von der zur Gesamtfunktion abstrahierten Aufgabenstellung bis hin zur vollständigen Beschreibung der Anforderungen erfolgen. Die Fragestellung ist bei diesem Vorgang also nicht abstrahierend, sondern realisierend.

Beispiel: Ausgehend von der durch Abstraktion gefundenen Stamm- bzw. Gesamtfunktion ergibt sich folgende mögliche Rückverfolgung:

1. *Sperren!*
2. *Verschließen!*
3. Gasdicht verschließen!
4. Automatisch gasdicht verschließen!
5. Autoklavdeckel automatisch gasdicht verschließen!
6. +200° C warm werdenden Autoklavdeckel automatisch gasdicht verschließen!
7. +200° C warm werdenden Autoklavdeckel automatisch gasdicht verschließen und dauerhaft verschlossen halten!
8. +200° C warm werdenden Autoklavdeckel innerhalb einer vorgegebenen Zeit automatisch gasdicht verschließen und dauerhaft verschlossen halten!
9. +200° C warm werdenden Autoklavdeckel innerhalb einer vorgegebenen Zeit automatisch gasdicht verschließen, dauerhaft verschlossen halten und nach Druckabfall automatisch und manuell öffnen!

Aus dieser zugegebenermaßen aufwendig erscheinenden, aber trotzdem noch nicht alle erforderlichen Funktionen erfassenden Rückverfolgung läßt sich nun mit Hilfe der teilweise zusätzlich gefundenen Verben die im folgenden abgebildete, zumindest vorläufige, hierarchische Funktionsstruktur erstellen. Die auftretenden Substantive werden dabei nicht berücksichtigt.

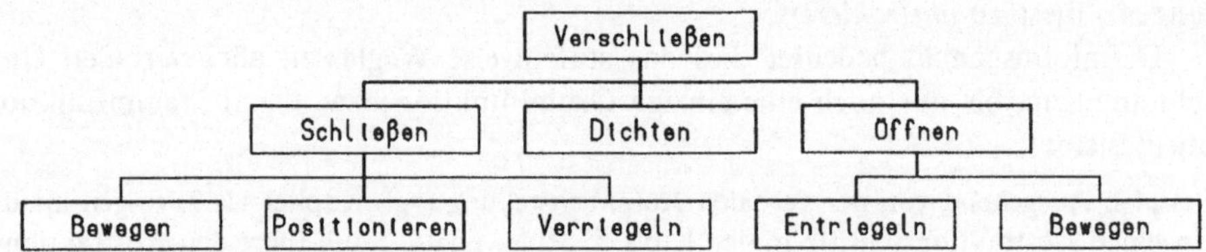

Bild 1.16. Hierarchische Funktionsstruktur des Verschlußmechanismus für einen
            Autoklavdeckel

Eine weitgehende Abstraktion hat den Vorteil, daß sich der Konstrukteur durch die gefundene Gesamtfunktion oder gar deren Stammfunktion weit von der möglicherweise durch die Aufgabenstellung eingekreisten Lösung entfernt und dadurch evtl. völlig neue Möglichkeiten zur Funktionserfüllung findet. Vorsicht ist allerdings demgegenüber geboten, daß aufgrund der Abstraktion Lösungen gefunden werden, die weit von der Aufgabenstellung entfernt sind.

Auch durch die Rückverfolgung können sich im Gegensatz zur vorgegebenen Aufgabenstellung, die unter Umständen von vornherein auf eine ganz bestimmte Gesamtfunktion hinweist, andere, evtl. günstigere Lösungen ergeben. Darin liegt u. a. der Hauptvorteil der Zuordnung einer jeden Funktion zu einer oder mehrer der zwölf Stammfunktionen.

Eine Schwierigkeit besteht häufig in der eindeutigen Zuordnung von Funktionen zu ihren Stammfunktionen aufgrund der Mehrdeutigkeit vieler Funktionsbegriffe. Durch die Verwendung von Synonymen läßt sich jedoch in den meisten Fällen eine gewisse Eindeutigkeit erreichen. Diese Schwierigkeit ist sprachenabhängig und in jeder Sprache anders gelagert.

Beispiel: Die Funktion *Trennen* läßt sich mehreren Stammfunktionen zuordnen. Erst die genaue Funktionsbezeichnung gibt Aufschluß über deren Stammfunktion.

— als ortsabhängige Funktion im Sinne von *Unterbrechen* (Stammfunktion *Sperren*),
— als größenabhängige Funktion im Sinne von *Zerteilen* (Stammfunktion *Ändern*),
— als mengenabhängige Funktion im Sinne von *Sortieren* (Stammfunktion *Verzweigen*).

Die verbal abstrahierte Aufgabenstellung läßt sich zu ihrer Verdeutlichung als sogenanntes *Funktionsdiagramm* darstellen. Dabei werden der Eingangszustand, der Ausgangszustand und die zustandsverändernde Funktion eingetragen (vgl. Bild 1.17).

Bild 1.17. Funktionsdiagramm; abstrakte Darstellung einer Zustandsveränderung

Die Kenntnis der für die Zustandsveränderungen erforderlichen Funktionen reicht jedoch nicht aus, um ein Lösungskonzept zu entwerfen. Vielmehr gehört dazu das Wissen darüber, *wie* die Veränderung eines Zustandes bewirkt werden kann. Dies erfordert einen Vorgang, der den *eingangs vorhandenen* Zustand in den *abschließend gewünschten* Zustand überführt. Dieser Vorgang vollzieht sich entsprechend dem Einsatz der verfügbaren und verantwortbaren Technologie, beschreibbar durch das sogenannte *technologische Prinzip*.

b. Technologische Prinzipien bestimmen

Technologische Prinzipien beschreiben die auf physikalischen, chemischen und biologischen Gesetzen beruhenden Vorgänge im Hinblick auf ihre Wirkungen, die für die geforderten Zustandsveränderungen angewendet werden können. Deshalb ist für jede einzelne Funktion innerhalb der Funktionshierarchie (Gesamtfunktion, Teilfunktionen und Grundfunktionen) bzw. der durch sie bewirkten Zustandsveränderung das anzuwendende technologische Prinzip zu bestimmen.

Während eine Funktion lediglich eine Zustandsveränderung benennt, wird durch das technologische Prinzip der Vorgang dieser Veränderung beschrieben.

Beispiel: Durch die Funktion *Trennen* ist noch nichts über den Ablauf dieses Vorgangs ausgesagt. Selbst die erweiternden Aussagen

Stoff trennen,
festen Stoff trennen,
festen Stoff durch Schneiden trennen

geben noch keine hinreichende Auskunft über das anzuwendende Prinzip des Trennvorgangs und seine Gesetzmäßigkeit. Als technologische Prinzipien für die Zustandsveränderung *festen Stoff trennen* können hingegen angeführt werden:

Zerreißen	durch Ziehen bei Überschreitung der Zugfestigkeit
Brechen	durch Biegen bei Überschreitung der Biegefestigkeit
Brechen	durch Verdrehen bei Überschreitung der Torsionsfestigkeit
Schneiden	durch Scheren bei Überschreitung der Scherfestigkeit
Sägen	durch Schälen bei Überschreitung der Scherfestigkeit
Abstechen	durch Schälen bei Überschreitung der Scherfestigkeit
Brennschneiden	durch Schmelzen bei Überschreitung des Schmelzpunktes
Laserstrahlschneiden	durch Schmelzen mit Laserstrahl
Funkenerodieren	durch Abtragen infolge nicht stationärer Entladungen in einem Dielektrikum
Lichtbogenerodieren	durch Abtragen infolge periodisch unterbrochenem Lichtbogen
Wasserstrahlschneiden	durch Abtragen mit Druckwasserstrahl infolge Überwindung der Molekülkräfte durch Stoßbelastung

usw.

Eine weitere Möglichkeit, technologische Prinzipien zu beschreiben, ist die mathematische Darstellung ihrer Naturgesetze in Form von Gleichungen.

Beispiel: Die technologischen Prinzipien für die Zustandsveränderung *festen Stoff trennen* können durch folgende Gesetze der Mechanik beschrieben werden:

Zerreißen:	$F_{zB} = \sigma_{zB} A \geq \varepsilon E A$
Brechen durch Biegen	$M_{bB} = \sigma_{bB} W_b \geq \varepsilon E W_b$
Brechen durch Verdrehen	$M_{tB} = \tau_{tB} W_t \geq \gamma G W_t$
Schneiden:	$F_s = \tau_{sB} s\, l$

usw.

Schließlich können technologische Prinzipien auch in Form von Prinzipskizzen dargestellt werden.

In vielen Fällen sind die ermittelten Grundfunktionen mit den technologischen Prinzipien identisch. Ihre Auswahl und Beschreibung erfordert selbstverständlich fundierte Kenntnisse der naturwissenschaftlichen Gesetze und deren Zusammenhänge.

Für die Lösung neuartiger Konstruktionsaufgaben reicht diese Voraussetzung jedoch meistens nicht aus. Deshalb sollte bei der Suche nach geeigneten technologischen Prinzipien nach *heuristischen Methoden* vorgegangen werden (vgl. Kapitel 2). Insbesondere wird in dieser Phase die Anwendung von Konstruktionskatalogen empfohlen, da diese auf den meisten Sachgebieten die Lösungen technologischer Grundprinzipien vorstellen.

Beispiel: Die technologischen Prinzipien für die Zustandsveränderung *festen Stoff trennen* können durch folgende prinzipiellen Darstellungen beschrieben werden:

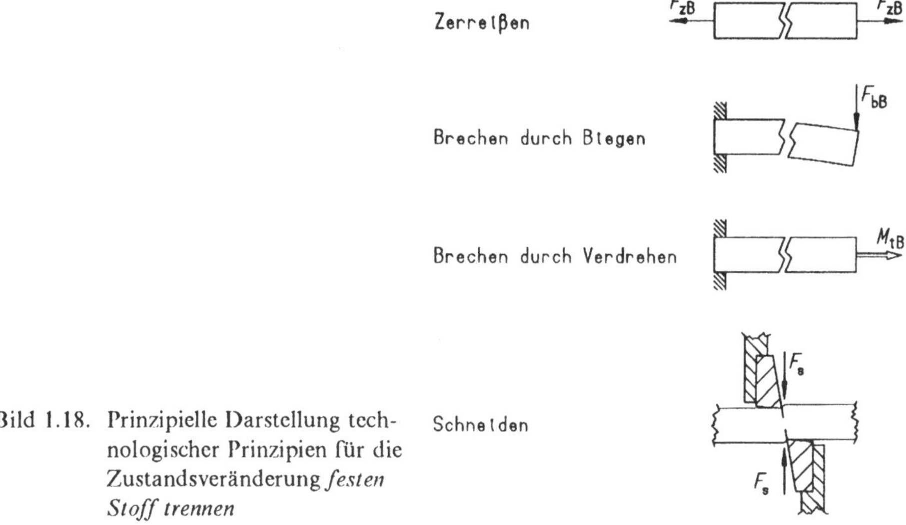

Bild 1.18. Prinzipielle Darstellung tech-
nologischer Prinzipien für die
Zustandsveränderung *festen
Stoff trennen*

Beispiel: Die in der hierarchischen Funktionsstruktur des Verschlußmechanismus für den Autoklavdeckel dargestellten Teilfunktionen 1. Ordnung lassen sich grundsätzlich durch folgende technologische Prinzipien verwirklichen:

Schließen:	Dichten:	Öffnen:
- Zuklappen - Zuschieben - Zudrehen - Zuschrauben usw.	- Zustopfen - Zukleben - Zulöten - Zuschweißen - Zukitten - Zunieten - Zuschrauben - Zupressen usw.	Umkehrung der Schließprinzipien

Bild 1.19. Teilfunktionen 1. Ordnung und technologische Prinzipien der Grundfunktion
Verschließen

Für jede der Teilfunktionen 2. Ordnung steht einerseits eine Vielzahl technologischer Prinzipien zur Verfügung, andererseits sind diese Teilfunktionen bereits mit ihren technologischen Prinzipien identisch und lassen sich nur durch ihre Zustandsveränderungen und deren Ursachen beschreiben. Die Teilfunktion *Bewegen* ist also beispielsweise nur durch Bewegungsart (translatorisch, rotatorisch, schraubförmig, spiralförmig ...), Bewegungsform (gleichförmig, ungleichförmig ...), Richtung (horizontal, vertikal ...), Betrag (in $[ms^{-1}]$, $[s^{-1}]$ ...) und Verursachung (Druckkraft, Schwerkraft, Fliehkraft ...) beschreibbar.

Je weiter die Abstufung der Funktionshierarchie durchgeführt wird, d. h. je tiefer die Vorgänge funktioneller Zusammenhänge ergründet werden, desto höher ist die Wahrscheinlichkeit, technologische Prinzipien auf der untersten Ebene physikalischer, chemischer und biologischer Elementarvorgänge zu finden und beschreiben zu können und dadurch völlig neue Lösungen sowohl funktioneller als auch werkstofflicher und bauweisentechnischer Art zu erhalten.

In einem solchen Fall müssen allerdings die Einhaltung der Anforderungen geprüft sowie die bisher ohnehin vorläufige Funktionsstruktur nochmals überdacht und evtl. ersetzt werden. Nach Festlegung des technologischen Prinzips läßt sich jedenfalls bereits erkennen, ob und wie die Konstruktionsaufgabe technisch prinzipiell gelöst werden kann.

Nachdem zur Verwirklichung jeder festgelegten Funktion ein technologisches Prinzip gefunden wurde, liegen vorgangsorientierte Prozeßdiagramme vor. Diese müssen unter Berücksichtigung der jeweiligen Ein- und Ausgangszustände miteinander zu einer Prozeßkette verknüpft werden.

Wurden zur Verwirklichung der einen oder anderen Funktion mehrere technologische Prinzipien gefunden, so ergeben sich dementsprechend mehrere Prozeßketten.

c. Technische Prozesse festlegen

Technische Prozesse beschreiben die Vorgänge der auf technologischen Prinzipien beruhenden Zustandsveränderungen.

Die Mittel, die der Mensch entsprechend den gestellten Anforderungen durch die Anwendung technologischer Prinzipien in andere Zustände bringen will, werden *Operanden* genannt. Ihnen werden die Eingangs- und Ausgangszustände aus dem Funktionsdiagramm zugeordnet. Damit ergibt sich der in Bild 1.20 dargestellte Zusammenhang zwischen Operanden und technischem Prozeß.

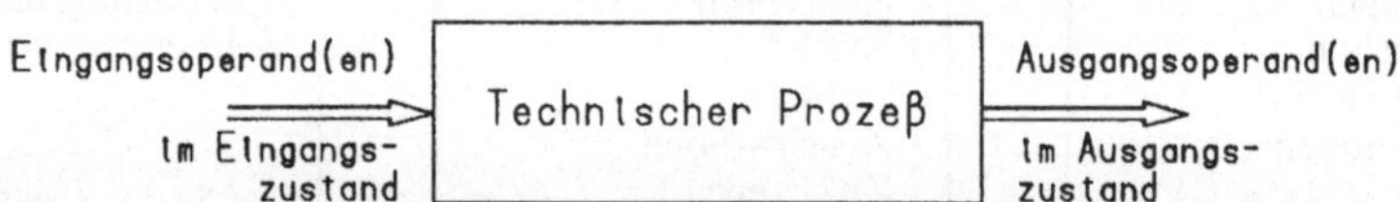

Bild 1.20. Zusammenhang zwischen Operanden und technischem Prozeß

Da in jedem technischen System unbesehen seiner Wirkungsweise durch jede funktionsbedingte Zustandsveränderung Energie, Stoff bzw. Information umgesetzt werden, lassen sich diese drei sogenannten *Umsetzungsarten* jedem technischen Prozeß als *Grundoperanden* zuordnen (vgl. Bild 1.21).

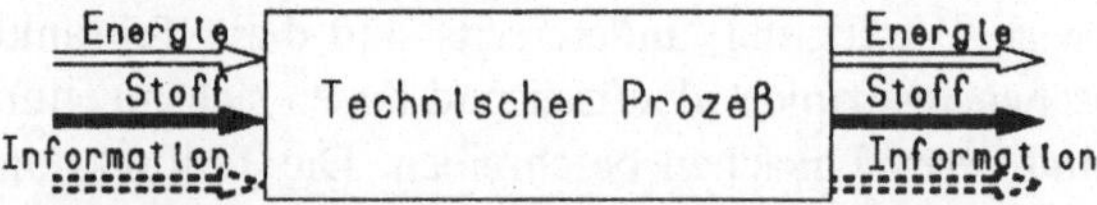

Bild 1.21. Grundoperanden technischer Prozesse

Die Einführung der Grundoperanden in die Darstellung technischer Prozesse erleichtert die Konkretisierung der Funktionsbezeichnungen sonst mehrdeutiger Funktionsbegriffe.

Damit ist jedoch noch keine absolute Eindeutigkeit bezüglich der beschreibenden Funktion erreicht worden, da die Auswirkungen der Grundoperanden Energie, Stoff und Information von deren möglichen unterschiedlichen physikalischen Prinzipien abhängen. Diese Zusammenhänge werden *Wirkprinzipien* genannt und lassen sich den Grundoperanden folgendermaßen zuordnen:

Energie:	Stoff:	Information:
mechanisch	fest	optisch
hydraulisch	amorph	schriftlich
pneumatisch	kristallin	graphisch
magnetisch	zellular	plastisch
thermisch	spröde	laseroptisch
optisch	elastisch	akustisch
akustisch	plastisch	magnetisch
elektrisch	flüssig	elektrisch
elektromagnetisch	gasförmig	elektromagnetisch
nuklear	plasmaförmig	elektronisch
usw.	usw.	usw.

Beispiel: Die Funktion *Trennen* läßt sich also durch Angabe der - hier im Eingangs- und Ausgangszustand gleichbleibenden - Grundoperanden und deren Wirkprinzipien wie folgt konkretisieren:

Energie trennen:	hydraulische Energie unterbrechen (z. B. absperren)
	elektrische Energie teilen (z. B. stufenweise umformen)
	thermische Energie verzweigen (z. B. verteilen)
Stoff trennen:	flüssigen Stoff unterbrechen (z. B. absperren)
	festen Stoff teilen (z. B. schneiden)
	gasförmigen Stoff verzweigen (z. B. separieren)
Information trennen	bildliche Information unterbrechen (z. B. ausblenden)
	schriftliche Information teilen (z. B. vertreiben)
	elektromagnetische Information verzweigen (z. B. senden)

Selbstverständlich können Ein- und Ausgangszustand der Grundoperanden unterschiedlich sein. Diese Zustandsveränderungen erfordern immer eine zur Stammfunktion *Wandeln* zugehörige Funktion. Allerdings sind einige Zustandsveränderungen *irreversibel*, so daß in der Praxis nur folgende Kombinationen möglich sind:

Energie - Energie
Energie - Information
Stoff - Energie
Stoff - Stoff
Information - Information

Beispiel:

— Hydraulische Energie wandeln in elektrische Energie (Wasserkraftwerk);
— thermische Energie wandeln in elektrische Information (Temperaturanzeige);
— flüssigen Stoff wandeln in thermische Energie (Verbrennungsmotor);
— festen Stoff wandeln in flüssigen Stoff (Schmelzofen);
— elektrische Information wandeln in akustische Information (Lautsprecher).

Ziel dieser Phase ist es also, die aus der Aufgabenstellung sich ergebenden technischen Prozesse in ihren Zusammenhängen darzustellen und so die in der Funktionshierarchie gefundenen Teil- und Grundfunktionen in prozessualem Zusammenhang unter zusätzlicher Einfügung von technologisch bedingten Prozeßschritten, welche die geforderten Funktionen erst ermöglichen, miteinander zu koppeln.

Technische Prozesse können als *Gesamtprozesse* aufgefaßt werden, die sich analog der Funktionshierarchie in *Teilprozesse* und diese wiederum in *Elementarprozesse* aufteilen lassen. Diese können jeder für sich auf unterschiedlichen naturwissenschaftlichen Elementarereignissen entsprechend den technologischen Prinzipien beruhen und dadurch die gewünschten Wirkungen hervorrufen.

Die Summe aller ablaufenden Prozesse werden in Anlehnung an den bereits geprägten Begriff der *Operanden* folgerichtig im weiteren Verlauf *Operationen* genannt. Der so erweiterte technische Prozeß läßt sich in Form eines Blockdiagramms darstellen (vgl. Bild 1.22).

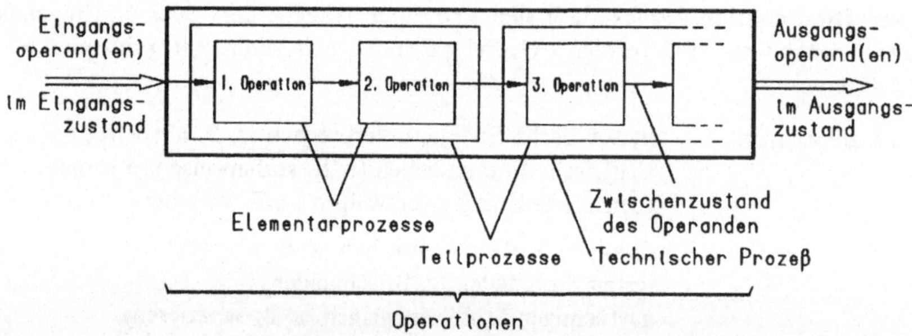

Bild 1.22. Gliederung des technischen Prozesses

Die Festlegung der erforderlichen Teil- bzw. Elementarprozesse hängt im wesentlichen von der Aufgabenstellung ab, d. h., ob

a) die Entwicklung bzw. Konstruktion eines technischen Systems
    (aufgabenorientiert),
b) die Lösung eines funktionellen Problems (funktionsorientiert),
c) die Bestimmung eines technologischen Prinzips (ausgangsorientiert),
d) die Verwirklichung eines vorgegebenen technischen Prozesses
    (vorgangsorientiert) oder
e) eine Kombination zwischen a) und d)

gefordert ist.

Zu a) Bei der Entwicklung bzw. Konstruktion eines vollständigen technischen Systems sind nur die Ein- und Ausgangsoperanden und damit auch die zu erfüllende Gesamtfunktion bekannt.

Beispiel: Sollen Walzprofile auf bestimmte Längen zugeschnitten werden, so läßt sich die Aufgabe in ihrer abstrakten Art folgendermaßen darstellen:

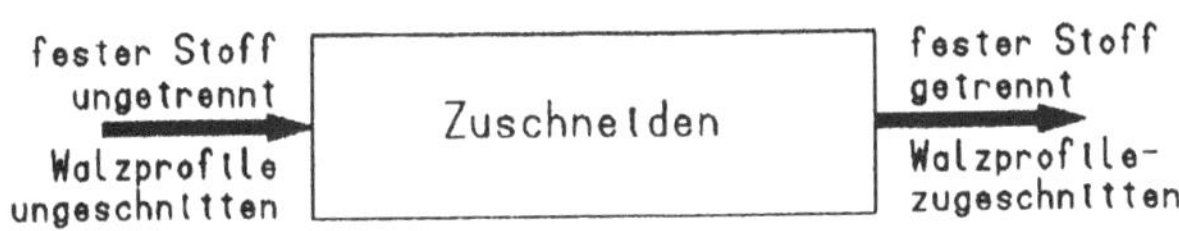

Bild 1.23. Aufgabenorientierte Prozeßdarstellung

Da der Begriff *Zuschneiden* in der Fachsprache noch nichts über die Art und Weise dieses Vorganges aussagt, sind also die Teilfunktionen, die technologischen Prinzipien, der technische Prozeß und die prozessuale Funktionsstruktur nicht bekannt.

Zu b) Bei der Lösung eines funktionellen Problems sind Ein- und Ausgangsoperanden und damit auch die Gesamtfunktion bekannt, während die zu ihrer Erfüllung erforderlichen Teilfunktionen, deren technologische Prinzipien und damit der technische Prozeß sowie die prozessuale Funktionsstruktur unbestimmt sind.

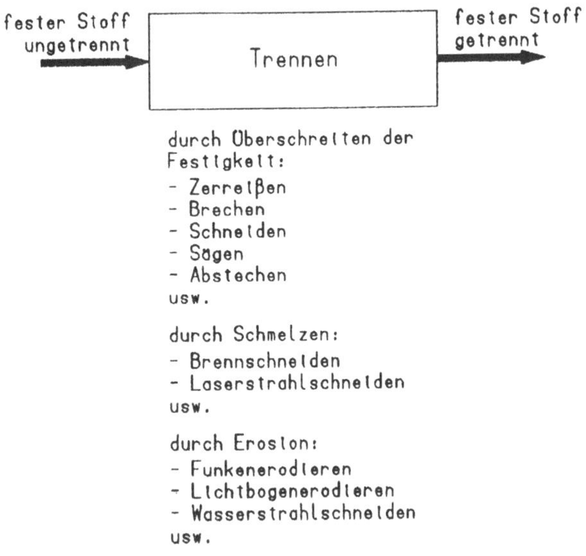

Bild 1.24. Funktionsorientierte Prozeßdarstellung

Zu c) Bei der Bestimmung eines technologischen Prinzips sind zumindest Ein-
gangsoperand und Gesamtfunktion bekannt, während das zur Erfüllung der
Funktion erforderliche technologische Prinzip und damit auch der davon
abhängige Ausgangszustand unbestimmt sind. Dieser Fall liegt z. B. bei
Entsorgungsaufgaben vor.

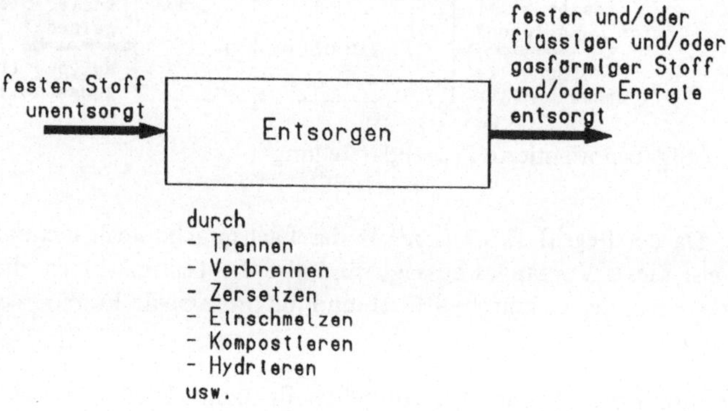

Bild 1.25. Ausgangsorientierte Prozeßdarstellung

Zu d) Bei der Verwirklichung eines vorgegebenen technischen Prozesses sind Ein-
und Ausgangsoperanden, Gesamtfunktion, Teilfunktionen, technologische
Prinzipien und Prozeßablauf bekannt, während die prozessuale Funktionsstruktur gefunden werden muß.

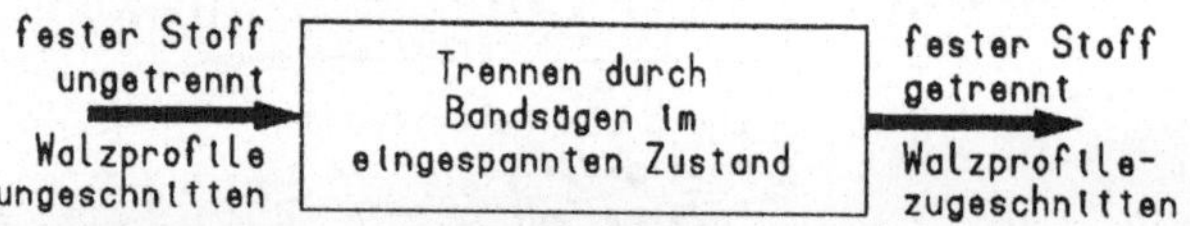

Bild 1.26. Vorgangsorientierte Prozeßdarstellung

Mit einer Zustandsveränderung der Operanden zwischen Ein- und Ausgang des
technischen Prozesses sind häufig auch deren *Eigenschafts-* und/oder *Merkmalsver-
änderungen* verbunden (vgl. Bild 1.25). Die Unterschiede dieser Begriffe lassen sich
durch deren Definition wie folgt verdeutlichen:

Merkmale, Eigenschaften, Zustände

— *Merkmale* sind elementgebundene, in der Regel ohne technische Prozesse *nicht*
durch äußere physikalische, chemische oder biologische Einflüsse veränderbare
Kennzeichen von *Entitäten.*

— *Eigenschaften* sind durch technische Prozesse oder äußere Einflüsse physikalischer, chemischer oder biologischer Art zeitlich veränderbare Kennzeichen von
Entitäten bzw. deren Merkmalsausprägungen.

— *Zustände* sind durch technische Prozesse oder äußere Einflüsse entstandene Eigenschaftsausprägungen.

Bild 1.27 dient der Verdeutlichung dieser Definitionen. Der Begriff *Entität* stammt aus dem Fachgebiet der Informatik und umschreibt das *Seiende*.

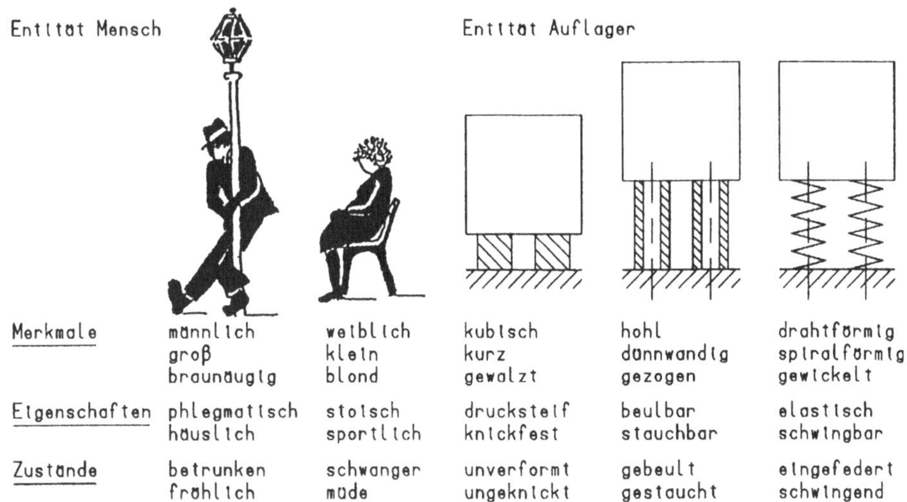

Bild 1.27 Merkmale, Eigenschaften, Zustände

Beispiel: Der technische Prozeß des Verschließens eines Autoklavdeckels ist nach den vorausgegangenen Definitionen aufgabenorientiert. Er läßt sich in seiner abstraktesten Form als Blockdiagramm gemäß Bild 1.28 darstellen.

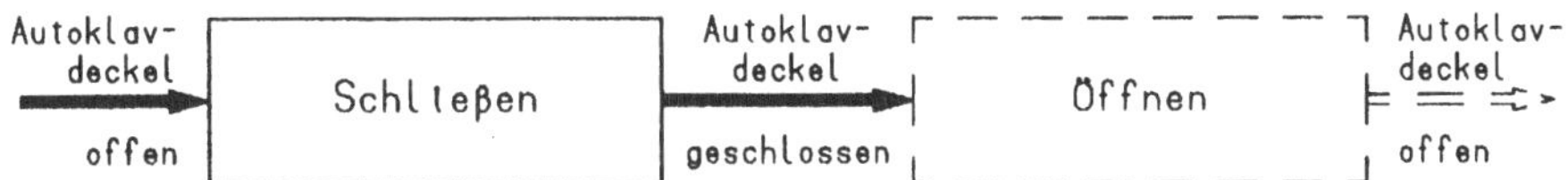

Bild 1.28. Technischer Prozeß des Verschließens eines Autoklavdeckels

In Teilprozesse aufgegliedert, ergibt sich aus den in der Funktionshierarchie zusammengefaßten Teilfunktionen das Blockdiagramm gemäß Bild 1.29. Diese Teilprozesse lassen sich jedoch noch weiter in Teilprozesse niedrigerer Ordnung bzw. in Elementarprozesse einteilen (vgl. Bild 1.31, dort als „innerer Prozeß" bezeichnet).

Technische Prozesse lassen sich entsprechend vielfältiger Gesichtspunkte der erzielbaren Wirkungen analog den technischen Systemen in die unterschiedlichsten *Prozeßklassen* einteilen. Als Prozeßklassen nach dem Gesichtspunkt der Umwandlung lassen sich

— energieverarbeitende Prozesse,
— stoffverarbeitende Prozesse,
— informationsverarbeitende Prozesse

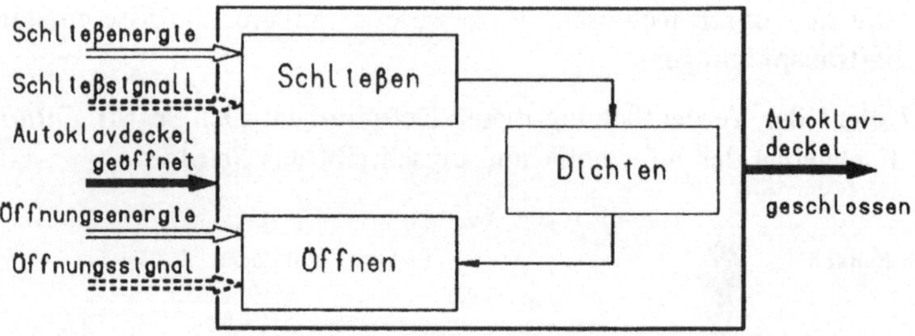

Bild 1.29. Teilprozesse des Schließens, Dichtens und Öffnens

sowie Kombinationen, bei denen Energie in Information oder Stoff in Energie umgewandelt werden, unterscheiden.

Beispiel: Stoffverarbeitende Prozesse können nach den Gesichtspunkten der Arbeitswirkung weiter unterteilt werden in:

— Bearbeitungsprozesse
— Montageprozesse
— Sortierprozesse
— Transportprozesse
— Lagerungsprozesse
  usw.

Sämtliche dieser Prozesse lassen sich weiter unterteilen in ihre vielfältigen Verfahren. Eine Unterteilung der Bearbeitungsverfahren in einzelne Fertigungsverfahren zeigt Bild 1.30.

Urformen	Umformen	Trennen	Fügen	Beschichten	Eigenschafts-ändern
Gießen Laminieren	Druck- umformen Zugdruck- umformen Zug- umformen Biege- umformen Schub- umformen	Zerteilen Spanen mit geometrisch bestimmten Schneiden Spanen mit geom. un- bestimmten Schneiden chemisch abtragen Reinigen	Zusammen- legen Anpressen Einpressen Fügen durch Urformen Fügen durch Umformen Stoff- verbinden	Schichten auftragen Ionisieren	Glühen Härten Oberflächen verfestigen

Bild 1.30. Beispielhafte Einteilung von Bearbeitungsprozessen

In ähnlicher Weise können Prozeßklassen nach den Gesichtspunkten der Energieverarbeitung und der Informationsverarbeitung eingeteilt werden.

Je nach Betrachtungsweise lassen sich technische Prozesse in *innere* technische Prozesse und *äußere* technische Prozesse gliedern.

Die inneren technischen Prozesse beziehen sich auf die inneren Funktionsabläufe in der bisher verstandenen Weise. Die äußeren technischen Prozesse beziehen sich auf äußere Funktionsabläufe und erstrecken sich über den gesamten *Lebenslauf* des technischen Systems, wie beispielsweise

— Installation,
— Inbetriebnahme,
— Betrieb,
— Ver- und Entsorgung,
— Wartung,
— Instandsetzung,
— Stillegung,
— Liquidation.

Sie können den Entwurf des zu entwickelnden technischen Systems wesentlich beeinflussen und sind deshalb in jedem Fall zu berücksichtigen.

Beispiel: Im Blockdiagramm des technischen Prozesses lassen sich zusätzlich zu den bisher ermittelten inneren Elementarprozessen auch die äußeren Teil- bzw. Elementarprozesse entsprechend Bild 1.31 hinzufügen.

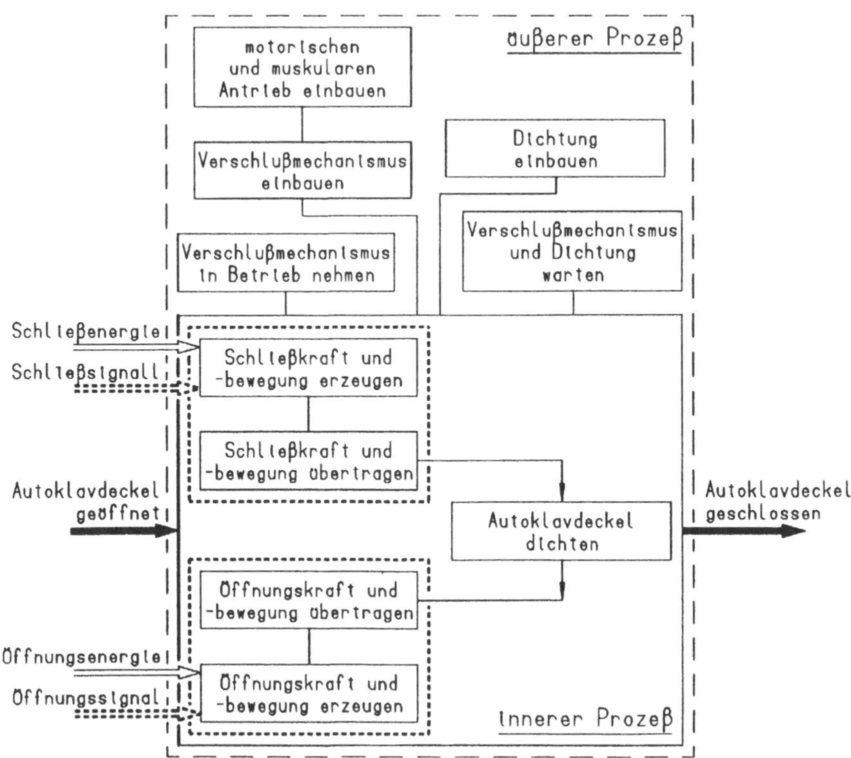

Bild 1.31. Innere und äußere Prozesse des Verschlußmechanismus für den Autoklavdeckel

Der technische Prozeß ist in einer in sich abgeschlossenen Form nicht durchführbar. Einerseits bedarf es des *Menschen*, der diesen Prozeß entweder in oder außer Betrieb setzt, ihn überwacht, gegebenenfalls steuert, Betriebsmittel bereitstellt, Fehlerquellen beseitigt und vieles mehr. Andererseits sind in der Regel zur Durchführung des technischen Prozesses, teilweise auch zur Entlastung des Menschen in seinen gerade angedeuteten Aufgaben, *technische Mittel* erforderlich. Diese sind in der Regel wiederum technische Systeme.

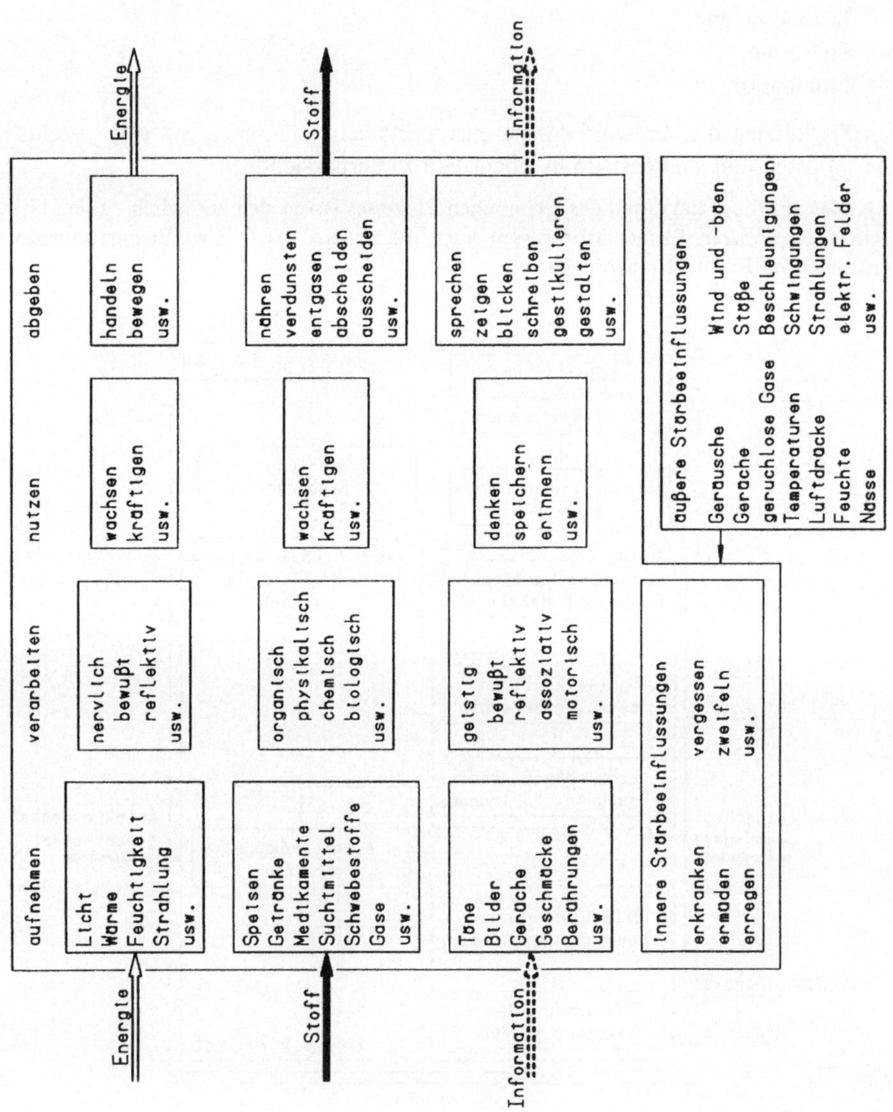

Bild 1.32. Funktionelle Zusammenhänge beim Menschen

Der Einsatz des Menschen ist aufgrund seiner vielfältigen Anlagen und Fähigkeiten trotz aller Automatisation innerhalb vieler technischer Prozesse unentbehrlich. Wesentliche Elemente seiner funktionellen Zusammenhänge können einen positiven oder negativen Einfluß auf den Ablauf eines technischen Prozesses nehmen (vgl. Bild 1.32). Zusätzlich hat die Umgebung, in welcher der technische Prozeß abläuft, einen unmittelbaren Einfluß auf ihn. Sie wird *Wirkumgebung* genannt, weil sie unmittelbar (als Haupteinwirkung) oder mittelbar (als Nebeneinwirkung) auf den technischen Prozeß einwirkt. Diese Einwirkungen können sowohl erwünscht als auch unerwünscht sein.

Erwünschte Haupteinwirkung kann z. B. das Druckgefälle in Abhängigkeit von der Flughöhe und die damit verbundene Widerstandsverminderung sein, *unerwünschte* Haupteinwirkung dagegen die Viskositätsänderung von Schmiermitteln infolge Temperaturschwankungen. *Erwünschte* Nebeneinwirkungen sind z. B.

— gleichbleibende klimatische Bedingungen,
— geringe atmosphärische Druckschwankungen,
— staubfreie Luft,

unerwünschte Nebeneinwirkungen dagegen

— Bodenerschütterungen,
— hohe Luftfeuchtigkeit,
— Salznebelatmosphäre.

Zur Wirkumgebung gehören nicht nur Umwelteinflüsse, sondern auch die Beeinflussung durch andere, nicht dem technischen Prozeß zugeordnete, technische Mittel, die sich als Störungen bemerkbar machen können, z. B. durch Vibration, Stoß, Schallbeaufschlagung, elektromagnetische Feldbeeinflussung usw..

Es liegt nahe, die auf den technischen Prozeß einwirkenden Faktoren Mensch, technische Mittel und Wirkumgebung nach den bisher gefundenen Oberbegriffen *Operanden* und *Operationen* als *Operatoren* zu bezeichnen.

Beispiel: Für den Verschlußmechanismus des Autoklavdeckels sind folgende Operatoren zu berücksichtigen:

Mensch	technische Mittel	Wirkumgebung
Betriebsleiter	Montagewerkzeug	Klima
Betriebsschlosser	Schalter	Erschütterungen
Elektromechaniker	Antriebsmotor	Verunreinigungen
Sicherheitsingenieur	Halterungen	Reinigungsmittel

Bild 1.33. Operatoren für den Verschlußmechanismus des Autoklavdeckels

Die Einwirkungen eines jeden Operators auf den technischen Prozeß können, genau wie bei den Grundoperanden, in Form von

Energie   (Antriebsenergie, Bremsenergie ...)
Stoff   (Treibstoff, Schmierstoff ...)
Information   (Steuersignale, Regelgrößen ...)

sowohl einzeln als auch nebeneinander auftreten.

Nahezu unabwendbar werden bei jedem technischen Prozeß auch, meist *unerwünschte*, Nebenauswirkungen entstehen. Diese können ebenfalls in den Formen

Energie   (Wärmestrahlung einer Glühlampe)
Stoff   (Abgase von Verbrennungsmotoren)
Information   (Störungen durch verzipfelte Antennenfelder)

auftreten. Nebenauswirkungen können aber auch erwünscht sein, wie z. B. die Abwärme zur Weiterverwendung als Heizwärme oder weiterverwendbare Nebenprodukte, wie z. B. das Gichtgas bei der Eisenverhüttung.

Damit alle entwicklungsbegleitenden Informationen in konzentrierter Form vorliegen, werden auch die erwünschten und unerwünschten Nebenauswirkungen in das Blockdiagramm des technischen Prozesses eingetragen (vgl. Bild 1.34).

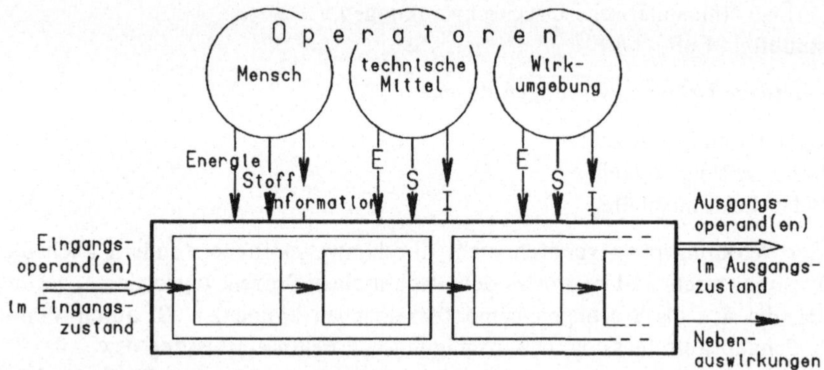

Bild 1.34. Blockdiagramm des technischen Prozesses

Nebenauswirkungen können ihrerseits wiederum die Operatoren Mensch, technische Mittel und sowohl die Wirkumgebung als auch unmittelbar durch sich selbst den technischen Prozeß beeinflussen. Außerdem können die Nebenauswirkungen die Operanden sowohl vor als auch nach deren Zustandsveränderung beeinflussen. Damit können also Nebenauswirkungen unmittelbar zu Operatoren des technischen Prozesses werden.

Schließlich ergeben sich sowohl gewollt als auch ungewollt gegenseitige Beeinflussungen der Operatoren untereinander.

Die Einflüsse der Operatoren sowohl auf den technischen Prozeß als auch untereinander lassen sich genau wie dort gliedern in *Teil-* und *Elementareinflüsse*. Dies trifft insbesondere zu bei der Einwirkung technischer Mittel, durch die die meisten der Zustandsveränderungen innerhalb eines technischen Prozesses erst ermöglicht werden.

Auch diese Zusammenhänge einschließlich ihrer gegenseitigen Beeinflussungen müssen in das Blockdiagramm des technischen Prozesses eingearbeitet werden (vgl. Bild 1.35).

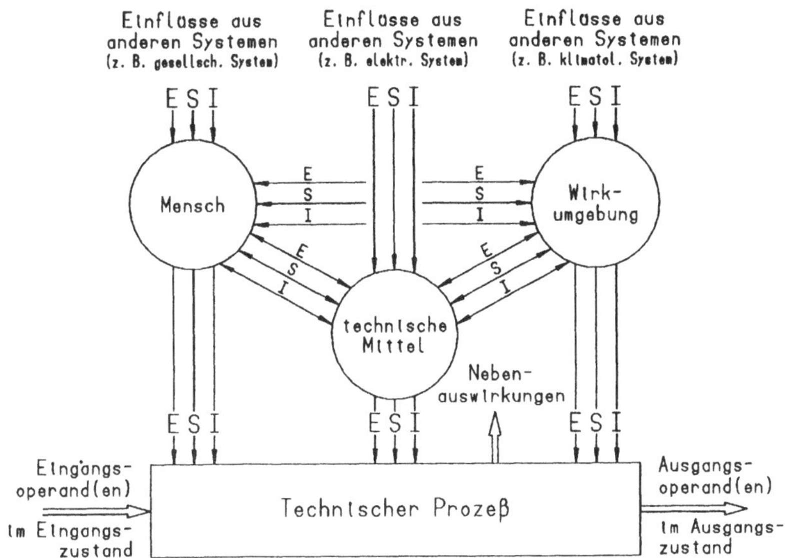

Bild 1.35. Vollständiges Blockdiagramm des technischen Prozesses

Ziel dieser Darstellung ist es, nach der Festlegung des technischen Prozesses die Beziehungen (Verknüpfungen) der Operatoren zu den einzelnen Operationen sichtbar zu machen, d. h., es muß gezeigt werden, wie der Mensch als Operator eingesetzt wird und welche technischen Funktionen von welchen technischen Mitteln durchzuführen sind, um ihren Einsatz und ihre Abgrenzung zu den übrigen Operatoren bestimmen zu können.

Ferner müssen die unerwünschten Neben*ein*wirkungen aus der Wirkumgebung dargestellt werden, um zu erkennen, ob und wie Abhilfe oder Minderung von Störungen zu erreichen ist. Sind unerwünschte Neben*aus*wirkungen erst einmal erkannt, so können sie evtl. durch vorbeugende (möglicherweise bereits durch Bereinigung der Anforderungsliste) oder durch konstruktive Maßnahmen vermindert oder gar behoben werden (z. B. durch Lagerung einer Präzisions-Werkzeugmaschine auf Vibrationsdämpfern, wenn die Bodenerschütterungen einer Maschinenhalle Einfluß auf die Bearbeitungsqualität der Präzisions-Werkstücke nehmen).

Für die Durchführung dieser Untersuchungen können die bei der Auslegung (Nachweise physikalischer, chemischer oder biologischer Funktionsfähigkeit) ermittelten Ergebnisse von entscheidender Wichtigkeit sein (bei einem Kommunikations-Satelliten z. B. die Faltbarkeit und der Entfaltungsantrieb der Antennen, beim Verschlußmechanismus für einen Autoklavdeckel z. B. das Dichtungsprinzip oder die Schließzeit).

Beispiel: Bild 1.36 zeigt das vollständige Blockdiagramm des technischen Prozesses für den Verschlußmechanismus des Autoklavdeckels.

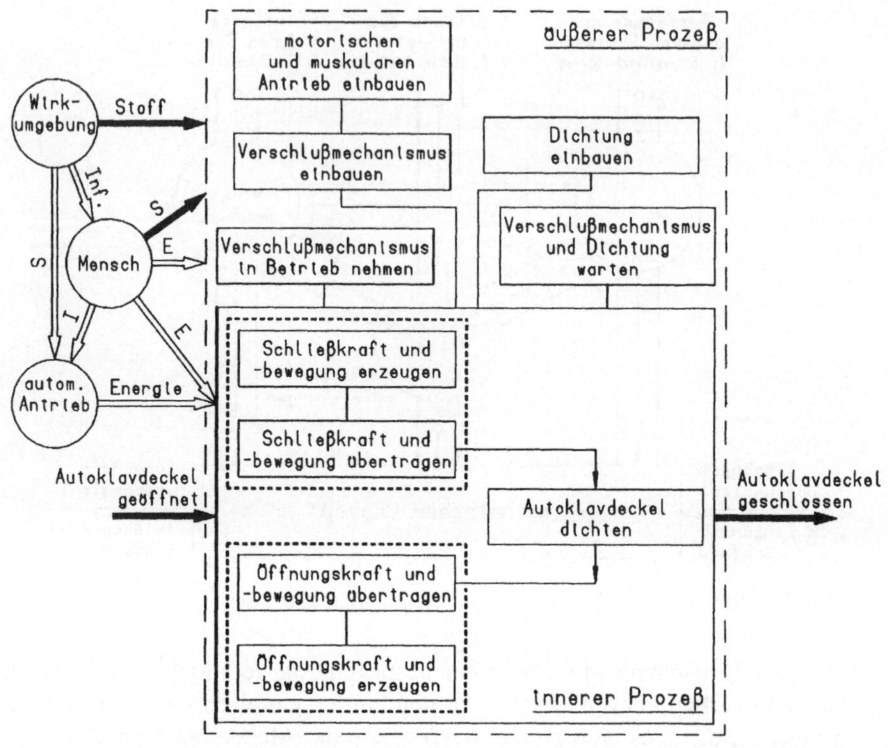

Bild 1.36. Vollständiges Blockdiagramm des technischen Prozesses für den
Verschlußmechanismus des Autoklavdeckels

In diesem Beispiel tritt der *Mensch* lediglich bei den äußeren technischen Prozessen,
d. h. bei Wartung und gegebenenfalls Instandhaltung sowie bei Ausfall der auto-
matischen Betätigung des Verschlußmechanismus als *Operator* auf.

Mit der Ermittlung aller vorhersehbaren Zusammenhänge sind die Voraussetzungen zur Aufstellung einer oder mehrerer alternativer *Funktionsstrukturen* geschaffen.

d. Funktionsstrukturen aufstellen

Durch die Klärung des technischen Prozesses in seiner zusammenhängenden Form
ist es nun möglich, eine prozessuale Funktionsstruktur aufzustellen. Dazu werden
die Funktionsdiagramme aller Teil- und Elementarprozesse miteinander verknüpft.
Zu den Verknüpfungen gehören entsprechend der bisherigen Beschreibung außer
den auf technologischen Prinzipien beruhenden zustandsverändernden Vorgängen
der inneren Prozesse auch die unmittelbar beeinflussenden oder mittelbar unterstützenden Einflüsse der Operatoren Mensch, technische Mittel und - falls in den Gesamtprozeß miteinbezogen - die Wirkumgebung sowie die zustandsverändernden
Vorgänge der äußeren Prozesse.

Die Darstellung gibt also einerseits Auskunft über den erforderlichen Einsatz des Menschen, andererseits resultieren aus ihr Anforderungen an die Konstruktion (*implizite Anforderungen*), die in die entwicklungsbegleitende Anforderungsliste aufzunehmen sind. Sie sind für den weiteren Konstruktionsablauf verbindlich und dienen außerdem als Kriterien für spätere Bewertungen, falls mehrere Lösungen erarbeitet werden.

Beispiel: Für den Verschlußmechanismus des Autoklavdeckels ergibt sich die in Bild 1.37 gezeigte Funktionsstruktur als eine von mehreren Möglichkeiten.

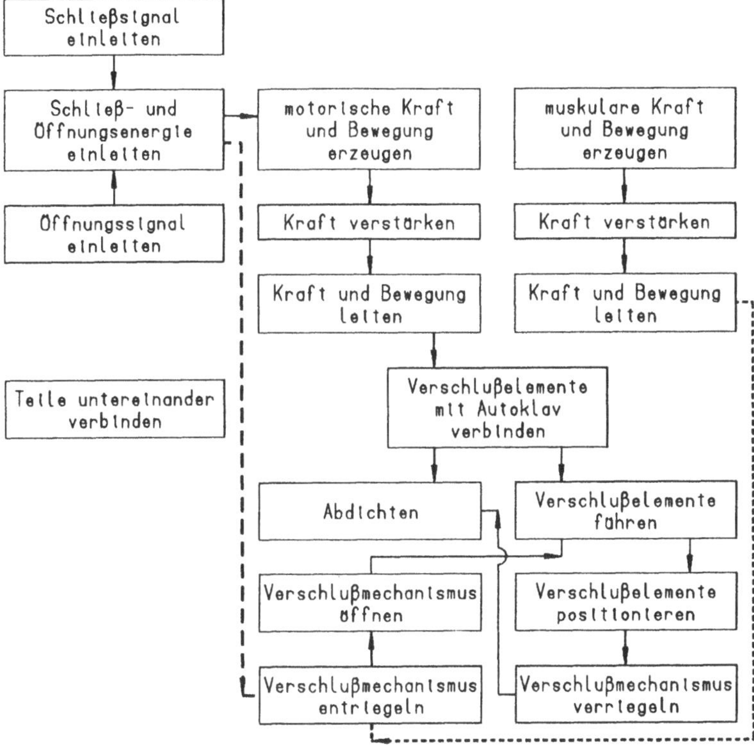

Bild 1.37. Funktionsstruktur für den Verschlußmechanismus des Autoklavdeckels

e. Optimale Funktionsstrukturen ermitteln

Häufig lassen sich für eine Aufgabenstellung, d. h. für die Erfüllung einer Gesamtfunktion, aufgrund der Vielzahl

— möglicher funktioneller Zusammenhänge,
— möglicher technologischer Prinzipien für die Verwirklichung einer jeden Funktion,
— möglicher sich daraus ergebender technischer Prozesse

auch eine Vielzahl möglicher Funktionsstrukturen aufstellen. Es ist naheliegend, daß innerhalb der gefundenen Lösungen viele ähnliche, aufwendige oder unbrauchbare Lösungen enthalten sind. Deshalb ist vor Beginn der nächsten Phase eine Bewertung durchzuführen, die der Entscheidung dient, welche der möglichen Funktionsstrukturen weiter verfolgt werden soll. Zu ihrer Bewertung lassen sich beispielsweise folgende Kriterien heranziehen:

— Anzahl der erforderlichen Teil- und Grundfunktionen
— Wissensstand über die vorgesehenen technologischen Prinzipien
— Aufwand bezüglich der erforderlichen Detailuntersuchungen (kritische Lösungswege, Grundlagenforschung und -entwicklung)
— Aufwand des technischen Prozesses
— Komplexität erforderlicher technischer Mittel in Form von
  — Energie
  — Stoff
  — Information

Als Ergebnis der Bewertung liegt eine *optimale Funktionsstruktur* vor, zu der anschließend ein *Entwurfskonzept* erarbeitet werden muß.

Da im weiteren Verlauf des Konstruktionsprozesses noch mehrmals eine Entscheidung zwischen Lösungsvarianten mit Hilfe einer Bewertung getroffen werden muß, wird dieser Prozeßschritt in Kapitel 4 getrennt behandelt.

2. Entwurfskonzepte bestimmen

Die Bestimmung der Entwurfskonzepte zur Erfüllung einer Konstruktionsaufgabe ist der erste Schritt zur *quantitativen* Darstellung einer Lösungsidee.

Dazu ist das Wissen um die Zusammenhänge zwischen den Teil- und Grundfunktionen und den technologischen Mitteln erforderlich, oder anders formuliert, es ist je nach Entwicklungsziel die Kenntnis über vorhandene Technologien bis hin zu naturwissenschaftlichen Grundkenntnissen oder Erkenntnissen aus Naturbeobachtungen erforderlich, aus denen technologische Prinzipien hergeleitet werden können, letzteres insbesondere dann, wenn absolut technologisches Neuland betreten wird.

a. Wirkprinzipien und Funktionsträger suchen

Den einzelnen, in der Funktionsstruktur zusammengestellten technischen Prozessen bzw. Teil- und Elementarprozessen lassen sich nun entsprechend ihren jeweiligen Ein- und Ausgangsoperanden Wirkprinzipien zuordnen, die den anzuwendenden technologischen Prinzipien entsprechen.

Beispiel: Für die in der Funktionsstruktur des Verschlußmechanismus festgelegten Teil- und Elementarprozesse sind folgende Wirkprinzipien möglich:

Teilprozesse, Elementarprozesse:	Wirkprinzipien:
Schließkraft und -bewegung erzeugen	mechanisch erzeugen
	hydraulisch erzeugen
	pneumatisch erzeugen
	elektrisch erzeugen
	usw.

Schließkraft und -bewegung übertragen	mechanisch übertragen
	hydraulisch übertragen
	pneumatisch übertragen
	elektrisch übertragen
	usw.
Schließelemente führen	parallel führen
	kreisförmig führen
	kurvenförmig führen
	schraubenförmig führen
	usw.

usw.

Anschließend werden die zur Erfüllung der Wirkprinzipien möglichen technologischen Mittel, die sogenannten *Funktionsträger*, bestimmt.

Funktionsträger können z. B. alle physikalischen, chemischen und biologischen Grundelemente sein, aber auch *Maschinenelemente* im Sinne der Konstruktionslehre, also *Formelemente* und *Maschinenteile* (Teilsysteme), bis hin zu vollständigen technischen Systemen.

Beispiele:

Funktionsträger:	Wirkprinzipien:	Technologische Prinzipien:
Hebel	1. Kraft mechanisch verstärken	$F_1\, a = F_2\, b$
	2. Bewegungsgröße ändern	$v_1\, r_1 = v_2\, r_2$
	3. Bewegungsrichtung ändern	$v_1 \rightarrow v_2$
Gewinde	1. Kraft mechanisch verstärken	$F_1\, a = F_2\, h$
	2. Dreh- in Längsbewegung ändern	$v \uparrow = \omega\, r\, \tan \alpha$
Zahnradpaar	1. Drehzahl über/untersetzen	$n_1\, d_{01} = n_2\, d_{02}$
	2. Drehmoment unter/übersetzen	$M_{d1}\, \dfrac{d_{02}}{2} = M_{d2}\, \dfrac{d_{01}}{2}$
	3. Drehrichtung ändern	$\omega_1 \rightarrow \omega_2$

usw.

Wirkprinzipien und Funktionsträger lassen sich nicht immer voneinander trennen, weil sie unmittelbar miteinander gekoppelt sind (z. B. beinhaltet das Wirkprinzip „Betätigen von Hand" gleichzeitig den Funktionsträger „Hand"). Außerdem gehören Funktionsträger oftmals mehreren Wirkprinzipien an.

Häufig lassen sich bereits während der Festlegung der technologischen Prinzipien die zu ihrer Erfüllung anwendbaren Funktionsträger, also Maschinenelemente bis hin zu komplexen technischen Systemen, erkennen und festlegen.

Beispiel: Die Funktion *Verschließen* läßt sich durch folgende technologischen Prinzipien und die mit diesen Begriffen verbundenen Funktionsträger realisieren:

Technologische Prinzipien:	Funktionsträger:
Zudrehen	Drehschieber Klappenventil
Zuklappen	Klappe, Deckel
Zuschieben	Schieber
Zuschrauben	Verschlußschraube
usw.	

Für die Beschreibung der *Nahtstellen* zu den benachbarten *Funktionsgruppen* sowie für die Verknüpfungen mit den Operatoren müssen die entsprechenden Wirkprinzipien und die zugeordneten Funktionsträger gefunden werden.

Die Suche nach möglichen Wirkprinzipien und zuzuordnenden Funktionsträgern erfolgt in der Regel ebenfalls nach heuristischen Methoden (vgl. Kapitel 2). Dabei hängt der erforderliche Aufwand sehr stark vom Grad der technologischen Neuheit und damit vom verfügbaren Stand der Technik ab.

b. Prinzipkonzepte bilden

Prinzipkonzepte stellen die schematischen Lösungen einer Konstruktionsaufgabe dar und ergeben sich aus der Kombination der den einzelnen Funktionen zuzuordnenden Funktionsträgern.

Als besonders geeignetes Hilfsmittel hat sich die Zusammenstellung der Parameter Funktionen, Wirkprinzipien und Funktionsträger in Form einer Kombinationsmatrix bewährt. In Anlehnung an den Begriff *Morphologie* - das ist allgemein die Lehre von den Gestalten oder Formen eines Gegenstandes oder Sinnbereiches - wird eine solche Matrix auch *morphologische* oder *morphographische* Matrix genannt. In der konstruktionswissenschaftlichen Literatur findet sich auch vielfach der Begriff *morphologischer Kasten*.

Zunächst werden die Funktionen, welche die konstruktive Lösung unmittelbar beeinflussen, der Funktionsstruktur entnommen und in die Matrix eingetragen. Anschließend werden ihnen alle grundsätzlich zu ihrer Erfüllung geeigneten Wirkprinzipien und Funktionsträger zugeordnet (vgl. Bild 1.39). Dabei lassen sich sowohl die Wirkprinzipien als auch die Funktionsträger entweder verbal oder skizzenhaft darstellen, wobei die skizzenhafte Darstellung *dann* Vorrang haben sollte, wenn sie für das Verständnis des darzustellenden Prinzips eindeutig ist (vgl. Bild 1.38).

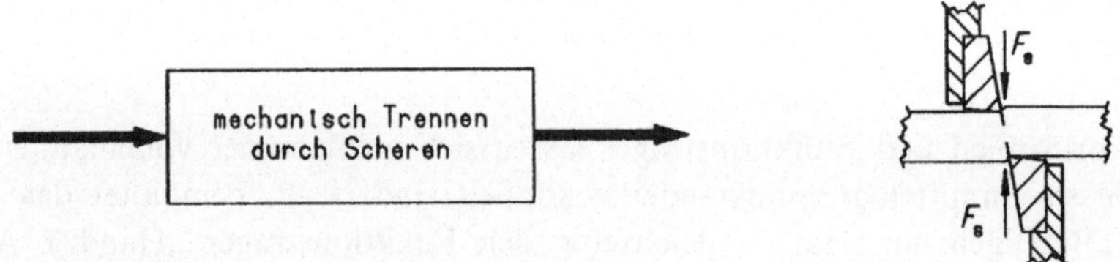

Bild 1.38. Darstellungsmöglichkeiten von Wirkprinzipien und Funktionsträgern

Wichtigstes Darstellungsmittel des gewählten Prinzipkonzeptes ist die *Prinzipskizze*. In ihr sind die je Teilfunktion ausgewählten Funktionsträger symbolhaft dargestellt und es empfiehlt sich, derartige Symbole bzw. deren Kombinationen bereits innerhalb der morphologischen Matrix zu verwenden.

Beispiel: Für die Ermittlung eines optimalen Entwurfskonzeptes für den Verschlußmechanismus des Autoklavdeckels zeigt Bild 1.39 die morphologische Matrix. Aus Gründen der Anschaulichkeit sind darin nur diejenigen Funktionen eingetragen, die bezüglich der konstruktiven Lösung des Verriegelungsmechanismus einen Sinn machen.

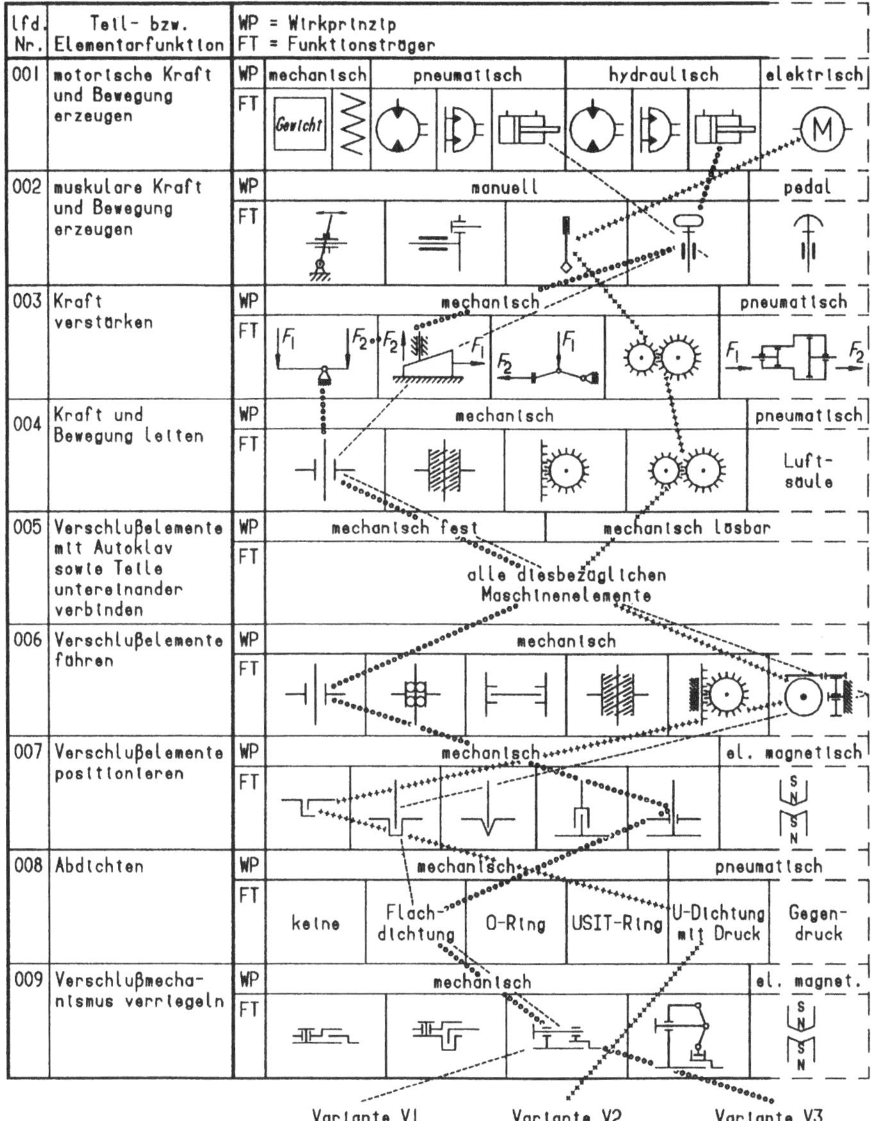

Bild 1.39. Morphologische Matrix zum Verschlußmechanismus des Autoklavdeckels

Aus der aufgestellten Matrix lassen sich durch Kombination der einzelnen den Funktionen zugeordneten Funktionsträger eine Vielzahl verschiedener Prinzipkonzepte herleiten.

Die maximal mögliche Anzahl l von Lösungen L errechnet sich bei voll besetzter Matrix mit m Funktionsträgern $M_{11} \ldots M_{mn}$ und n Funktionen $N_1 \ldots N_n$ aus

$$l = m^n.$$ (1.1)

Entsprechend folgender Matrix ergeben sich also bei $m = 4$ Funktionsträgern M und $n = 3$ Funktionen N maximal $l = 4^3 = 64$ mögliche Lösungen L.

Funktionen	Funktionsträger					Funktionen	Funktionsträger			
Funktion N_1	M_{11}	M_{12}	M_{13}	M_{14}		Funktion N_1				
Funktion N_2	M_{21}	M_{22}	M_{23}	M_{24}		Funktion N_2				
Funktion N_3	M_{31}	M_{32}	M_{33}	M_{34}		Funktion N_3				

Bild 1.40. Morphologische Matrix mit 3 Funktionen und je 4 Funktionsträgern;
Beispiel von Verknüpfungen

Den Normalfall stellt jedoch die nicht voll besetzte Matrix dar. In diesem Fall errechnet sich die maximale Anzahl l möglicher Lösungen L bei m Funktionsträgern $M_1 \ldots M_m$ je Funktion N und n Funktionen $N_1 \ldots N_n$ aus

$$l = m_1 \times m_2 \times \ldots \times m_n.$$ (1.2)

Beispiel: In Bild 1.39 sind drei Kombinationspfade eingetragen, aus denen sich unter vielen anderen Möglichkeiten die drei in Bild 1.41 als Prinzipskizzen dargestellten Lösungsvarianten ergeben. Diese Lösungen bilden die Ausgangsbasis für die Ermittlung des optimalen Lösungskonzeptes.

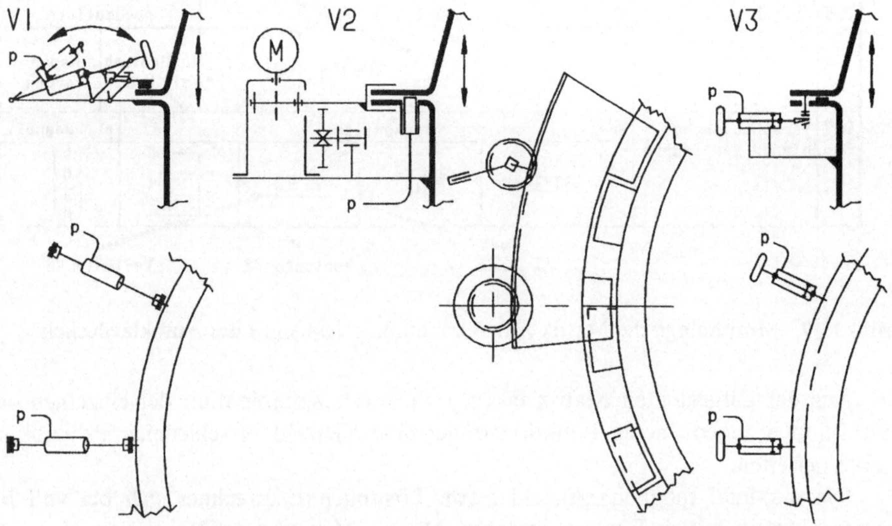

Bild 1.41. Prinzipskizzen dreier Lösungsvarianten zum Verschlußmechanismus des
Autoklavdeckels

c. Optimale Lösungskonzepte ermitteln

Bei Vorlage mehrerer durchgearbeiteter *Prinzipkonzeptvarianten* ist eine umfassende *Bewertung*, wie sie in Kapitel 4.7 beschrieben wird, erforderlich. Zu dieser Bewertung lassen sich zwar sämtliche Kriteriengruppen und -typen, jedoch nur qualitative Kriterien heranziehen, da die zu bewertenden Konzeptvarianten ebenfalls nur qualitative Eigenschaften enthalten. Damit liegt am Ende dieser Phase ein *optimales Lösungskonzept* in Form einer Prinzipskizze vor.

Beispiel: Bezüglich der drei in Bild 1.41 dargestellyen Lösungskonzepte zum Verschlußmechanismus für den Autoklavdeckel läßt sich bereits in dieser Phase die beste Variante durch folgende expliziten und impliziten qualitativen Bewertungskriterien ermitteln.

1 Technisch qualitative Anforderungen	1.1 Funktionssicherheit
	1.2 geringe Schließ- und Öffnungszeit
	1.3 Dichtigkeit
2 Wirtschaftlich qualitative Anforderungen	2.1 konstruktiver Aufwand
	2.2 Fertigungsaufwand
	2.3 Wartungsaufwand
3 Psychologisch qualitative Anforderungen	3.1 ergonomische Sicherheit
	3.2 Bedienbarkeit
	3.3 Wartbarkeit

Bild 1.42 zeigt das Ergebnis einer entsprechend Kapitel 4.6.2 durchgeführten einfachen technischen Bewertung ohne Gewichtung der Kriterien (d. h., Wertungszahl = Maßzahl).

Es zeigt sich, daß die Variante V2 gegenüber den übrigen Varianten die höchste Wertigkeit erhält. Da jedoch alle Wertigkeiten über der in Kapitel 4.5.11 genannten Grenze

Ordn. Nr.	Bewertungskriterien	Varianten V1				V2				V3			
		Eigen-schaft	Rang-folge	Maß-zahl	Wer-tungs-zahl	Eigen-schaft	Rang-folge	Maß-zahl	Wer-tungs-zahl	Eigen-schaft	Rang-folge	Maß-zahl	Wer-tungs-zahl
1	2	3	4	5	6	3	4	5	6	3	4	5	6
01	Funktionssicherheit	mäßig	3	2	2	s.gut	1	4	4	gut	2	3	3
02	Schließ- und Öffnungszeit	gering	1	3	3	mittel	2	2	2	gering	1	3	3
03	Dichtigkeit	schlecht	3	1	1	s.gut	1	4	4	gut	2	3	3
04	konstruktiver Aufwand	hoch	2	2	2	hoch	2	2	2	mittel	1	3	3
05	Fertigungsaufwand	hoch	2	2	2	hoch	2	2	2	mittel	1	3	3
06	Wartungsaufwand	s.hoch	3	1	1	gering	1	3	3	hoch	2	2	2
07	ergonomische Sicherheit	gering	3	1	1	hoch	1	3	3	mittel	2	2	2
08	Bedienbarkeit	mäßig	2	2	2	gut	1	3	3	mäßig	2	2	2
09	Wartbarkeit	mäßig	2	2	2	gut	1	3	3	gut	1	3	3
Wertigkeiten		./.	./.	./.	16	./.	./.	./.	26	./.	./.	./.	24
normierte Wertigkeiten		./.	./.	./.	0.62	./.	./.	./.	1.00	./.	./.	./.	0.92
Rangfolge		./.	./.	./.	3	./.	./.	./.	1	./.	./.	./.	2

Bild 1.42. Ermittlung des optimalen Lösungskonzeptes für den Verschlußmechanismus des Autoklavdeckels aufgrund expliziter und impliziter qualitativer technischer, wirtschaftlicher und psychologischer Bewertungskriterien

liegen, und da außerdem noch wesentliche Bewertungskriterien bisher unbeantwortet geblieben sind, kann noch keine endgültige Auswahl zugunsten eines bestimmten Prinzipkonzeptes getroffen werden. Es empfiehlt sich also die Weiterverfolgung aller Varianten in der gestaltenden Entwurfsphase.

1.4.4.3 Entwürfe erstellen

Während in den bisherigen Entwurfsschritten die *prinzipielle* funktionelle Lösung entwickelt wurde, entsteht innerhalb dieser Phase die *materielle*, d. h. gestalterische und dimensionsbehaftete *konstruktive* Lösung. Damit werden die als Prinzipskizzen vorliegenden *qualitativen Entwürfe* in *quantitative Entwürfe* umgewandelt.

Das Ergebnis dieses Schrittes sind in der Regel *grobmaßstäbliche Handskizzen*, häufig auch *Realkonzepte* genannt.

1. Gestalten

Die quantitative Beschreibung eines technischen Systems kann sehr komplex sein. Dabei muß unterschieden werden zwischen

— Angaben zur Sicherstellung der Funktion,
— Angaben zur Herstellung,
— Angaben zur Nutzung.

In der Entwurfsphase werden vorrangig die quantitativen Angaben zur Sicherstellung der Funktion und Grobgestalt festgelegt, während die Angaben zur Sicherung der Herstellung im Rahmen des Konstruktionsentwurfes und der Erstellung der Fertigungsunterlagen erfolgt.

Die Bandbreite der Ergebnisse, die in einem Entwurf enthalten sein müssen, ist stark von den zu erfüllenden Funktionen abhängig. Im einzelnen muß der Entwurf folgende Informationen enthalten:

— Geometrische Darstellung der Form (*Wirkflächen, Wirkräume*)
  – Hauptabmessungen,
  – Nahtstellenmaße,
— geometrische Darstellung der Lage (*Wirklinien*, Wirkflächen)
— geometrische Darstellung der Bewegungen (Wirklinien)
— Werkstoffart
— Bauweise
— funktionsbeeinflussende Toleranzen und Passungen,
— kostenbeeinflussende Toleranzen und Passungen,
— funktionsbeeinflussende Anforderungen an die Oberflächenqualität,
— kostenbeeinflussende Anforderungen an die Oberflächenqualität,
— betriebsbeeinflussende Oberflächenzustände wie Korrosionsschutz, Härte usw..

Die in dieser Aufzählung enthaltenen Merkmale von Form, Lage und Bewegung werden wie folgt definiert:

Wirklinien, Wirkflächen, Wirkräume

— *Wirklinien* sind gedachte Linien vektorieller Funktionsgrößen, also z. B. Kräfte, Geschwindigkeiten ... .

— *Wirkflächen* sind die Oberflächen eines festen Körpers, die maßgebend sind für die Wirkung von Funktionsgrößen, wie z. B. Kräfte, Wege ..., also Gleitbahnen, Rollenbahnen, Kraftangriffsflächen usw..

— *Wirkräume* sind die von Wirkflächen begrenzten stoffgefüllten Räume, die maßgebend sind für die Wirkung von Funktionsgrößen, wie z. B. Druck, Temperatur ..., also Hubräume von Verbrennungsmotoren oder Verdichtern, der mit einem Elastomer ausgefüllte Raum eines Dämpfers usw..

Die genannten Informationen müssen nach folgenden Gesichtspunkten erstellt werden:

— Hauptabmessungen:

Die Hauptabmessungen können sich aus vielerlei Anforderungen ergeben wie beispielsweise aus der geforderten Leistung und den dadurch bedingten rechnerischen Mindestgrößen (z. B. Getriebeabmessungen, Strömungsquerschnitte, Antennendurchmesser in Abhängigkeit vom Wellenlängenbereich ...), Ladekapazitäten (z. B. bei Verkehrsmitteln, Fördermitteln ...) oder vorgegebenen Nahtstellen zu zugehörigen technischen Systemen.

— Nahtstellenmaße:
Diese gehen in der Regel aus den Anforderungsliste hervor.

— Geometrische Darstellung der Lage:
Diese Information ist insbesondere wichtig für Schwerpunkt- und Standsicherheitsforderungen, kinematisches und dynamisches Verhalten usw..

— Geometrische Darstellung der Bewegungen:
Diese Darstellung dient insbesondere kinematischen und schwingungsbedingten Freigängigkeiten.

— Werkstoffart:
Innerhalb der Gestaltungsphase wird zunächst lediglich die Werkstoffart gewählt, d. h., es wird festgelegt, welche Bauteile in Stahl, Aluminium, Kohlefaserprepreg ... ausgeführt werden sollen. Der Werkstoff selbst ergibt oder bestätigt sich erst nach erfolgter Vordimensionierung.

— Bauweise:
Die Wahl der Bauweise ist sowohl funktionell als auch gestaltungstechnisch erforderlich. Deshalb muß festgelegt werden, welche Bauteile gegossen, geschweißt, naßlaminiert ... werden sollen. Diese Entscheidung hängt also unmittelbar ab von der Wahl der Wertstoffart (vgl. Bild 1.43).

Bauweise	Werkstoffart
Sandguß	Grauguß Temperguß Stahlguß usw.
Kokillenguß	Stahlguß Aluminiumguß usw.
Naßlaminiertechnik Prepregtechnik Wickeltechnik	Faserverbundwerkstoffe
Spritzguß usw.	unverstärkte und kurzfaserverstärkte Thermoplaste und Duroplaste

Bild 1.43. Zusammenhänge zwischen Bauweise und Werkstoffart

— Toleranzen, Passungen, Oberflächenqualität und -zustände:

Diese Angaben richten sich immer nach der zu erfüllenden Funktion und sollten nach dem Grundsatz „so grob wie funktionell zulässig" festgelegt werden. Eine Ausnahme bilden Sichtflächen, sofern hier der Auftraggeber aus psychologischen Gründen Mehrkosten zuläßt. Sollen Oberflächen gegen äußere Einflüsse aus der Wirkumgebung besonders geschützt werden, so ist zu beachten, daß dieser Oberflächenschutz nur solange wirksam ist, wie er unbeschädigt bleibt. Deshalb sollten für Wirkflächen Metallegierungen gewählt werden, die den vorgegebenen umweltbedingten Anforderungen genügen.

Sind Details als Lösungshilfen erforderlich, so sind innerhalb der Entwurfsphase unter Umständen auch *maßstäbliche Konstruktionsentwürfe* anzufertigen und eventuell sogar *Funktionsmuster* oder *Attrappen* in mehr oder weniger originalen Werkstoffen herzustellen (z. B. kinematische Modelle von räumlichen Getrieben, Fahrwerken, Cockpitattrappen von Verkehrsmitteln ...).

2. Strukturieren

Auf der Basis grobmaßstäblicher Handskizzen läßt sich bereits eine hierarchische Gliederung des technischen Systems durchführen. Das Ergebnis ist der sogenannte *Systemstammbaum*, der auch gleichzeitig die Basis für den anschließend aufzustellenden Nummernstammbaum, auch *Erzeugnisgliederung* genannt, und damit die Grundlage der Nummerung von Zeichnungen und Stücklisten darstellt (vgl. Kapitel 1.4.5.4). Übliche hierarchische Ebenen des Stammbaumes können sein:

— Hauptgruppe (Konstruktionszweig)
— Großgruppe
— Baugruppe
— Untergruppe
— Hilfsgruppe (z. B. Schweißgruppe, Lötgruppe ...)
— Einzelteil

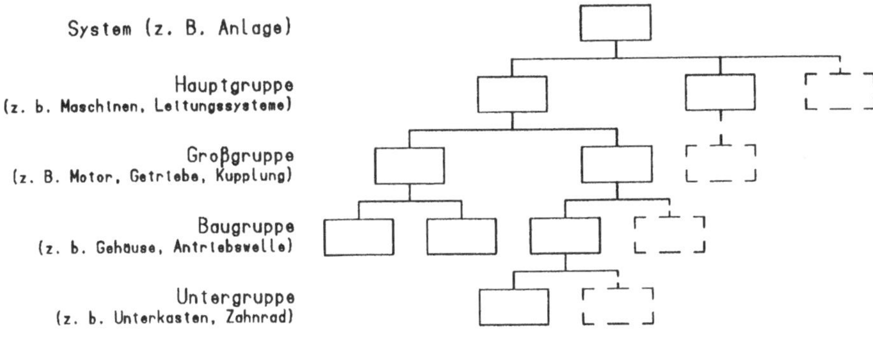

Bild 1.44. Systemstammbaum

Die Gliederung und damit der Aufbau technischer Systeme kann nach den unterschiedlichsten Gesichtspunkten erfolgen und sowohl die Literatur als auch die Praxis in den Konstruktionsabteilungen weisen eine Vielzahl möglicher mehr oder weniger sinnvoller und zweckdienlicher Einteilungen auf.

Daß die Wahl des richtigen Aufbaues nicht nur für den Konstruktionsprozeß, sondern darüber hinaus für den gesamten Prozeßablauf in einem Unternehmen zwischen *Vorhaben* und *Produktion* äußerst wichtig ist, wird bei der folgenden Aufstellung der Anforderungen an die Einteilung eines technischen Systems deutlich.

In jedem Fall muß die Einteilung eines technischen Systems eine hierarchische Gliederung beinhalten, die es erlaubt,

— innere Zusammenhänge leicht zu erkennen,

— äußere Verknüpfungen mit anderen technischen Systemen fehlerfrei zu ermöglichen (Nahtstellen),

— die zu erstellenden technischen Dokumente, also Fertigungsunterlagen wie Zeichnungen, CAD-*Files*, Aufbauübersichten und Stücklisten sowie sonstige Listen, Pläne, Anweisungen, Beschreibungen ..., einander zuzuordnen,

— die theoretischen und praktischen Nachweise (Berechnungen und Testergebnisse) objektbezogen zu erstellen,

— sämtliche technischen Dokumente und *Computer-Files* zwecks *Identifikation* und/bzw. *Klassifikation* zu dokumentieren und auffindbar zu registrieren,

— die Kontrolle der technischen Dokumente lückenlos durchzuführen,

— eventuelle Fehlersuche leicht zu ermöglichen,

— Konstruktions- und Herstellkosten objektbezogen zu ermitteln,

— Kosteneinflüsse einwandfrei zu bestimmen,

— Konstruktions- und Herstellungstermine objektbezogen zu planen und zu verfolgen,

— Materialdispositionen (Bestellung, Lagerung und Verteilung) für Werkstoffe, Hilfsstoffe und Betriebsstoffe objektbezogen durchzuführen,

— Fertigungsmittel (Maschinen, Werkzeuge und Vorrichtungen) zu planen,

— Vorrichtungen objektbezogen zu konstruieren,

— technische Dokumente und *Computer-Files* der Vorrichtungen einwandfrei und gültigkeitsgetreu zu dokumentieren und auffindbar zu registrieren,

— Vorrichtungen objektbezogen herzustellen oder zu beschaffen,

— Vorrichtungen auffindbar und unverrottbar zu lagern,

— die Fertigungs- und Montageabläufe objektbezogen zu planen und zu steuern,

— die Produkte und ihren Status (z. B. Änderung von Werkstoffen oder Bauweisen während der Produktion) eindeutig zu kennzeichnen und zu dokumentieren,

— die Lagerhaltung und ihre Ersatzteilversorgung objektbezogen zu organisieren,

— den Verkauf mit der Planung zu koordinieren,

— Reklamationen eindeutig den technischen Dokumenten zuzuordnen.

Die Gliederung *technischer Systeme* kann nach verschiedenen Gesichtspunkten durchgeführt werden wie beispielsweise

— nach Funktionsgruppen,
— nach Fertigungs- bzw. Montagegruppen,
— nach dem Ersatzteilwesen.

Zweckmäßigerweise ist ein technisches System auf der obersten Hierarchieebene nach Funktionsgruppen, auf den darunterfolgenden Ebenen nach Fertigungs- bzw. Montagegruppen zu gliedern.

Beispiel: Für den Verschlußmechanismus des Autoklavdeckels kann die Strukturierung unter besonderer Berücksichtigung der Montage folgendermaßen aussehen:

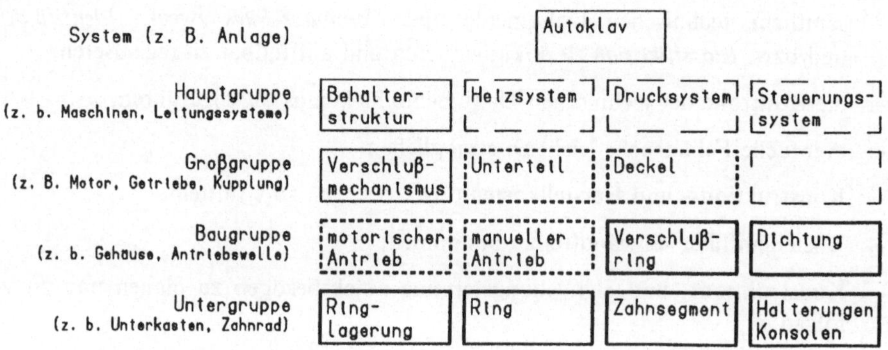

Bild 1.45. Strukturierung des Verschlußmechanismus für den Autoklavdeckel

3. Vordimensionieren

Für die Gestaltung (Geometrie- und Baugrößenermittlung) und die Materialauswahl ist in jedem Fall eine auf die Anforderungen abgestimmte *Vordimensionierung* durchzuführen. Das bedeutet

— Erstellen von *Lastannahmen* (Belastungsplan) aus den in der Anforderungsliste gemachten Angaben der äußeren Belastungen und unter Berücksichtigung der aus kinematischen und dynamischen Bewegungsvorgängen sich ergebenden inneren Belastungen;

— Aufstellen eines gesamten Belastungsplanes (*statisch* in Form eines Vektordiagramms, *dynamisch* als zeitlich abhängige Belastungsabläufe);

— Dimensionieren oder Kontrollieren der - zumindest kritischen - Bauteile auf Festigkeit, Steifigkeit, Stabilität, Schwingungsverhalten, kritische Drehzahlen, Massedaten usw..

4. Gesamtentwürfe erstellen

In dieser Phase werden sämtliche Entwurfsergebnisse zusammengefaßt. Diese bestehen in der Regel nicht nur aus *zeichnerischen Darstellungen*, sondern aus zusätzlichen *beschreibenden Dokumenten*. Die Zusammenfassung erfolgt also in Form von Zeichnungen und Berichten. Diese bilden die Grundlage für die sich anschließende Ausarbeitungsphase.

Die zeichnerischen Darstellungen können je nach Komplexität des Entwicklungsvorhabens in verschiedenen Strukturierungsebenen unterschiedlichen Charakter besitzen.

Beispiele:

Kommunikations-Satellit:	Verschlußmechanismus für einen Autoklavdeckel:
Nahtstellenkontrollzeichnung	Prinzipskizze
Gesamtgeometrie, Koordinaten	bildliche Darstellung der Arbeitstaktfolge
Antennenfaltplan	Diagramme des Druck- und Temperaturverlaufes
Ausrüstungseinbau	Diagramm des Schließweges über der Zeit

Beschreibende Dokumente zur lückenlosen Information für die dem Entwurf nachgeschaltete Ausarbeitungsphase können sein:

— Geometriedefinition;
— zeichnerischer oder rechnerischer Strak für die Herstellung von Versuchs-, Einbau- und Funktionsmodellen sowie als Basis für Urmodelle;
— Gesamtdarstellung des technischen Objektes oder Systems mit allen wichtigen Informationen, d. h.
  — funktionelle Hauptmaße,
  — Wirklinien, -flächen und -räume,
  — Nahtstellen in Lage und Abmessungen zu den die erforderlichen technischen Prozesse ermöglichenden Mittel (technische Systeme wie Antriebe oder sonstige Ausrüstungskomponenten sowie der Mensch);

- Strukturierungspläne (Baugruppenauflistungen) als Basis für weitere Planungs-
  aktivitäten, zur Dokumentation der Fertigungsunterlagen zur Massedatenbe-
  rechnung, zur Erstellung von Entwurfsbeschreibungen, zur Erstellung von Un-
  terspezifikationen (z. B. für getrennt zu entwickelnde Komponenten eines technischen Systems);
- Entwurfsbeschreibungen (Bau- und Funktionsbeschreibungen) zum funktionellen Verständnis zeichnerischer Entwürfe;
- Unterlagen zur Vorauslegung und Sichtbarmachung aller Entwurfskriterien wie
  beispielsweise
  - Nahtstellenbelastungen,
  - Einbauräume,
  - kinematische Freigängigkeiten,
  - Standsicherheiten,
  - geschätzte Herstellkosten
- Bauweisenvorschläge, soweit sie für die Auswahl und Festlegung der Entwurfs-
  konfiguration maßgebend waren;
- bereinigte Lastannahmen, Belastungspläne, Vordimensionierung zeichnerisch ge-
  löster Problembereiche;
- Leistungsbilanzen;
- Einsatzprofile;
- Massedatenbilanzen.

5. Optimalen Gesamtentwurf ermitteln

Nach der Vorlage durchgearbeiteter Gesamtentwürfe können erstmals in einem
Entwicklungsvorhaben relativ verläßlich Entwicklungen bezüglich ihres Erfolges
und ihrer Folgen übersehen werden, ein wichtiger Anlaß, diese technisch zu bewerten und zu beurteilen, die Entwicklungs- und Einsatzrisiken abzuschätzen und die
vorveranschlagten Kosten und Termine nochmals auf ihre Einhaltbarkeit hin zu
untersuchen und gegebenenfalls neuen Erkenntnissen anzupassen. Zu dieser Bewertung lassen sich sämtliche Kriterienklassen, -typen, -arten, -gruppen und -familien
heranziehen. Nach einer durchgeführten Bewertung liegt in der Regel *ein* optimaler
Gesamtentwurf vor.

Reichen die in dieser Phase erarbeiteten Bewertungskriterien jedoch für eine
endgültige Entscheidung noch nicht aus, so müssen entweder die Entwürfe nochmals überarbeitet und abschließend neu bewertet werden, oder es sind die konkurrierenden Entwürfe innerhalb der Ausarbeitungsphase parallel weiterzuverfolgen.
Welcher Weg eingeschlagen wird, hängt von der wirtschaftlichen Effektivität ab.

Eine der wichtigsten Entscheidungshilfen für die Ermittlung des optimalen Gesamtentwurfes ist die Abschätzung der

- gestaltabhängigen,
- toleranzabhängigen,
- oberflächenabhängigen,
- materialabhängigen und
- verfahrensabhängigen

Herstellkosten der einzelnen Entwurfsvarianten (vgl. Kapitel 3).

Beispiel: Außer den in Kapitel 1.4.3.3 aufgeführten expliziten Anforderungen lassen sich für den Verschlußmechanismus des Autoklavdeckels folgende impliziten Anforderungen als Bewertungskriterien heranziehen:

Betriebsanforderungen:

— Verfügbarkeit
— Zuverlässigkeit
— Bedienbarkeit
— Handhabbarkeit
— Wartbarkeit
— Instandsetzbarkeit
— Sicherheit
   - ergonomisch
   - physikalisch
   - chemisch
   - biologisch
   - gegen Vandalismus
   - gegen Terrorismus

Anforderungen an Konstruktion und Herstellung:

— Beachtung verfügbarer
   - Konstruktionselemente
   - Norm- und Handelsteile
— Austauschbarkeit
— Ersetzbarkeit
— Verschleißfestigkeit
— Dichtigkeit
— Bearbeitungsgüte
— rohstoffsparende, umweltschonende und wiederverwertbare
   - Werkstoffe
   - Hilfsstoffe
   - Betriebsstoffe

Beispiel: Bild 1.46 zeigt die grobmaßstäbliche Handskizze des bewerteten und ausgewählten Entwurfs einschließlich der Dichtung zwischen Deckel und Behälter.

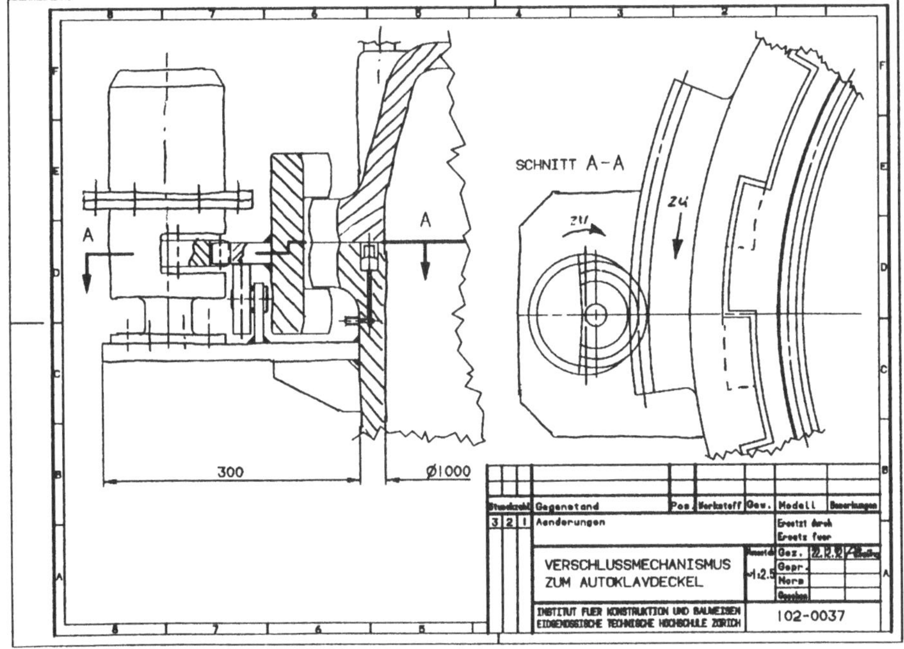

Bild 1.46. Verschlußmechanismus des Autoklavdeckels;
grobmaßstäbliche Handskizze des ausgewählten Entwurfes

1.4.5 Die Ausarbeitungsphase

1.4.5.1 Übersicht

Unter Ausarbeiten wird die Phase der *Feingestaltung* eines technischen Systems verstanden. Auch diese Phase läßt sich in einzelne Arbeitsschritte gliedern, die teils nacheinander, teils nebeneinander oder miteinander verknüpft und sich wechselseitig beeinflussend, anfallen. Im einzelnen sind dies:

— **Konstruktionsentwurf erstellen**
— **Dimensionieren**
— **Fertigungsunterlagen erstellen**
— **Fertigungsunterlagen verwalten**

Spätestens in dieser Phase geht die Verantwortung für die Konstruktionsergebnisse vom „Entwurf" in die „Konstruktion" über. Voraussetzung dafür ist eine vorangegangene Freigabe (vgl. Kapitel 1.4.5.5) des sich aus der Bewertung als optimale Lösung ergebenden Gesamtentwurfes.

1.4.5.2 Konstruktionsentwurf erstellen

Der optimale Gesamtentwurf und die zugehörigen beschreibenden Dokumente bilden die Grundlage für die nun durchzuführende Feingestaltung. Darunter wird die *maßstäbliche* Gestaltung aller funktions- und belastungswichtigen Zonen verstanden. Im Hinblick auf eine rationelle Herstellung ist die Feingestaltung nach folgenden Prioritäten durchzuführen:

1. Verwenden bekannter und verfügbarer Komponenten (Kaufteile).
2. Verwenden verfügbarer Normteile.
3. Gestalten nicht verfügbarer Bauteile.
4. Verwenden verfügbarer Werkstoffe.
5. Anwenden der im Produktionsbetrieb bekannten und eingeführten Fertigungsverfahren.
6. Berücksichtigen der im Produktionsbetrieb vorhandenen Werkzeuge und Vorrichtungen.

Es versteht sich von selbst, daß hierbei nicht nur sämtliche vorgegebenen expliziten, sondern auch die impliziten Anforderungen berücksichtigt werden müssen.

Das Ergebnis dieser Phase ist der *maßstäbliche Konstruktionsentwurf.* Er bildet zusammen mit dem Systemstammbaum und den für ein lückenloses Verständnis erforderlichen beschreibenden Dokumenten die Ausgangsdokumentation für die zu erstellenden Fertigungsunterlagen, also der Zeichnungen für die Fertigung der Einzelteile (*Einzelteil-, Detailzeichnungen*) und ihrer Montage (*Zusammenstellungszeichnungen*) zu Baugruppen sämtlicher Hierarchieebenen des Systemstammbaumes.

Der Konstruktionsentwurf muß alle Informationen enthalten, die eine Ausarbeitung der Detail- und Zusammenstellungszeichnungen durch *Technische Zeichner(innen)* ohne Rückfragen erlauben. Dies trifft insbesondere zu für alle Funktionselemente (Wirkflächen, Wirkräume) und Formelemente, deren Geometrie und Dimensionen durch Berechnungsfaktoren bei Auslegung und Dimensionierung erfaßt wurden.

Ergeben sich auch innerhalb der Konstruktionsentwurfsphase noch mehrere sinnvoll erscheinende Konstruktionsentwurfs-Varianten oder Detailvarianten, so ist nochmals eine Bewertung durchzuführen, die schließlich zu einem *optimalen Konstruktionsentwurf* führt.

1.4.5.3 Dimensionieren

Da der maßstäbliche Konstruktionsentwurf den endgültigen Konstruktionsstand dokumentiert, ist die während der Entwurfsphase durchgeführte Vordimensionierung zu bestätigen bzw. zu korrigieren.

Außerdem liegen mit dem maßstäblichen Konstruktionsentwurf alle Informationen, wie z. B. endgültige Werkstoffe, Gestaltung von ermüdungskritischen, z. B. „gekerbten", Zonen, Verbindungen von Bauteilen unterschiedlicher Werkstoffe ... vor, die eine detaillierte Festigkeits-, Steifigkeits-, Stabilitätsberechnung und Lebensdauer-Abschätzung der versagenskritischen Bauteile ermöglichen.

1.4.5.4 Fertigungsunterlagen erstellen

In dieser Phase werden sämtliche Fertigungsunterlagen, in der Praxis auch *Bauunterlagen* genannt, unter Anwendung aller Anforderungen sowie der Regeln des technischen Zeichnens, der Normen und der anwendbaren und mit dem Konstruktionsauftrag vorgegebenen Vorschriften erstellt.

Die auszuführenden Arbeiten, deren Umfang jeweils vertraglich mit dem Auftraggeber festzulegen ist, können im Maximalfall sein:

— Detaillieren (Erstellung von Fertigungszeichnungen) einschließlich
  - vollständiger Angaben von Werkstoffen und Werkstoffzuständen,
  - Fertigungsklassen (z. B. bei Guß- oder Schweißkonstruktionen),
  - Toleranzen und Passungen,
  - Oberflächenqualität,
  - Oberflächenhärte,
  - Oberflächenschutz.
— Erstellen von Festigkeitsnachweisen für noch nicht dimensionierte Teile.
— Erstellen erforderlicher Schaltpläne.
— Erstellen von Zusammenstellungszeichnungen (Montagezeichnungen).
— Erstellen von Stücklisten und sonstigen Listen.
— Erstellen von Fertigungs- und Montagevorschriften.

Außer diesen unmittelbar für die Herstellung erforderlichen Dokumente müssen weitere Unterlagen für die Betriebsphasen des technischen Systems erstellt werden. Dabei handelt es sich um

— Aufstell-, Einricht- und Betriebsanleitungen,
— Wartungs- und Instandsetzungsunterlagen,
— Ersatzteilkataloge.

Diese Arbeiten werden normalerweise von hierzu eingerichteten Fachgruppen erstellt. Die erforderlichen Informationen müssen jedoch in jedem Fall vom Konstrukteur aufbereitet und geliefert werden.

Alle Zeichnungen, die zu einem technischen System gehören, bilden den sogenannten *Zeichnungssatz*.

Damit alle Dokumente bereits während ihrer Erstellung, insbesondere aber nach ihrer Fertigstellung weiterverwendet, d. h. geordnet, zugeordnet, abgelegt, ausgefaßt, verteilt ... werden können, müssen sie identifizierbar gemacht werden. Dies geschieht durch die *Benummerung* der Bauunterlagen in Verbindung mit den zugehörigen Stücklisten.

1. Die Nummerung der Bauunterlagen

Die *Nummerung* der Bauunterlagen muß, zumindest in ihren oberen Hierarchieebenen, bereits zu Beginn der Ausarbeitungsphase erfolgen, damit jedes begonnene Dokument sofort identifizierbar und klassifizierbar wird. Die anzuwendende Nummerungstechnik, d. h., der formale Aufbau einer Nummer und die Verknüpfung einzelner Nummern zu *Nummernsystemen*, erfolgt wiederum entweder nach Auftraggeber- oder nach Unternehmensrichtlinien. Grundlegende Empfehlungen finden sich in [23].

Ausgangspunkt für die Nummerung ist die bereits in Kapitel 1.4.4.3 behandelte Strukturierung eines technischen Systems, dargestellt im Systemstammbaum. Allerdings müssen für die Nummerung im Gegensatz zum Systemstammbaum sämtliche Bauteile bis auf die Ebene der Einzelteile erfaßt werden. Diese Gliederung wird *Erzeugnisgliederung* genannt. In den Hierarchieebenen einer Erzeugnisgliederung können im Gegensatz zu denen des Systemstammbaums auch Einzelteile auftreten, beispielsweise alle Verbindungsteile, mit denen zwei Baugruppen höherer Ebene verbunden werden (vgl. Bild 1.47).

Die Strukturierung der Erzeugnisgliederung erfolgt entweder funktions-, fertigungs-, montage- oder ersatzteilorientiert. In der Regel sind die Baugruppen der oberen Ebenen funktions-, die der unteren Ebenen gemischt orientiert. Die Nummerung von Bauunterlagen ist entweder unternehmensintern geregelt (freie Entwicklung) oder wird vom Auftraggeber vorgeschrieben (Auftragsentwicklung).

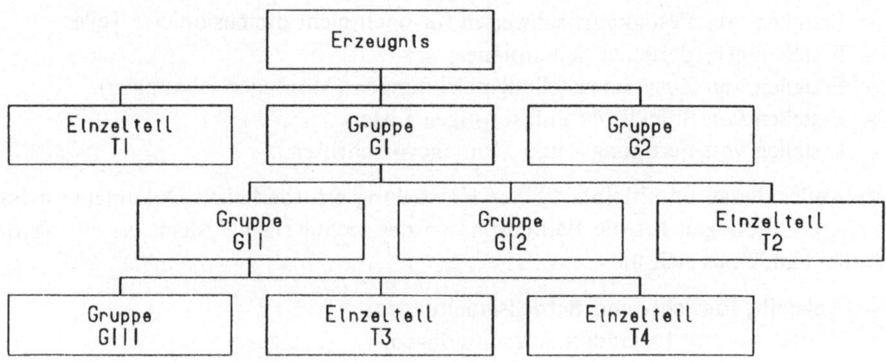

Bild 1.47. Schema einer Erzeugnisgliederung

Häufig sind Nummernsysteme historisch gewachsen und ergeben im Zuge der EDV-Einführung oftmals große Probleme ihrer datentechnisch logischen Erfassung in Datenbasen entsprechender Datenbanken (vgl. Kapitel 7).

Die grundsätzlichen Anforderungen an ein Nummernsystem sind:

— *Identifizieren*, d. h. eindeutiges und unverwechselbares Erkennen eines Bauteils (Baugruppe oder Einzelteil), muß möglich sein.
— *Klassifizieren*, d. h. ordnen der Bauteile nach festen Begriffen, muß möglich sein.
— Identifizieren und Klassifizieren sollen getrennt möglich sein.
— Verständlichkeit und eindeutige Terminologie durch logischen Systemaufbau muß gewährleistet sein.
— Die Erweiterung eines Nummernsystems muß möglich sein.
— Die Nummer für ein Bauteil soll bei allen Verwendungszwecken unverändert bleiben.

Die wichtigsten Nummernsysteme sind

— das *Parallel-Nummernsystem*,
— das *Verbund-Nummernsystem*.

Beide Nummernsysteme beinhalten die sogenannte *Sachnummer*. Sie dient der Identifizierung einer *Sache*, ist also gleichzusetzen mit der Identifizierungsnummer. Vielfach werden Sachnummern innerhalb eines Projektes als Basisnummer für alle auf *ein* Bauteil bezogenen Gegenstände (z. B. Vorrichtungen), Dokumente und Sachverhalte beibehalten und lediglich durch entsprechende Nummernzusätze ergänzt.

Welches Nummernsystem für ein Entwicklungsvorhaben gewählt wird, hängt von den unternehmensspezifischen Gegebenheiten sowie den Fragen nach EDV-Einsatz, Produktprogramm in Umfang und Laufzeit, Erfassungsbereich im Rahmen der gesamten Auftragsabwicklung und anderen Zielsetzungen ab.

a. Das Parallel-Nummernsystem

Dieses Nummernsystem dient der Identifizierung *und* Klassifizierung eines Bauteils. Deshalb besteht die Nummer aus zwei Teilen, einer Identifizierungsnummer (*Identnummer*) und einer Klassifizierungsnummer (vgl. Bild 1.48). Da beide Nummernteile voneinander unabhängig sind, lassen sie sich flexibel handhaben und in gewissen Grenzen erweitern.

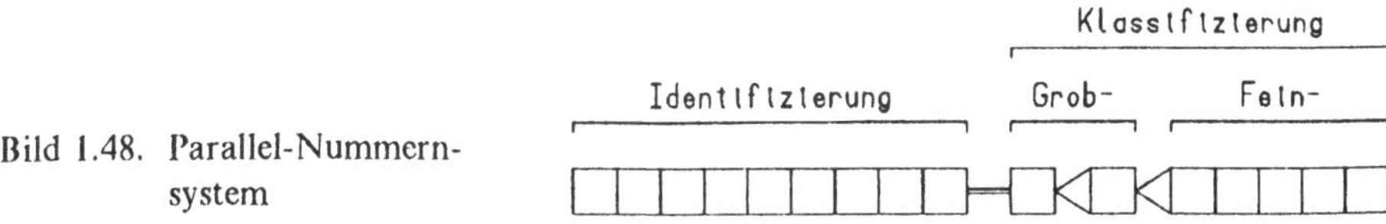

Bild 1.48. Parallel-Nummernsystem

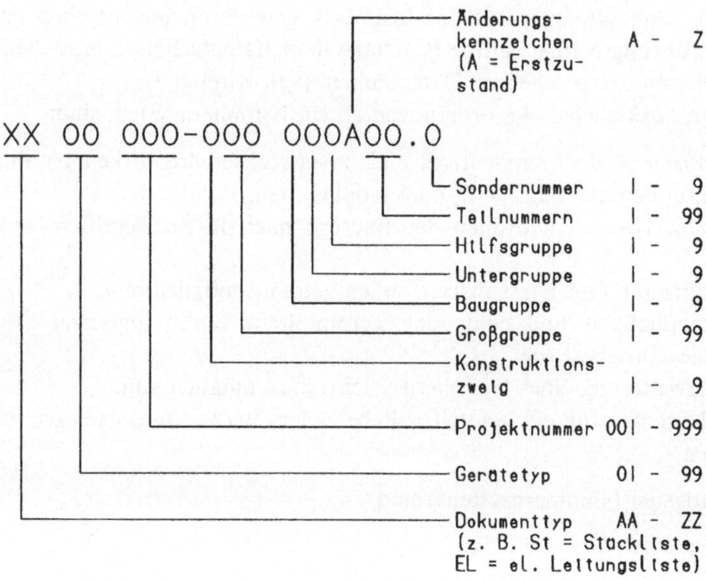

Bild 1.49. Nummernsystem aus dem Flugzeugbau

Beispiel: Im deutschen und teilweise auch europäischen Flugzeugbau hat sich ein Parallel-Nummernsystem entwickelt, dessen Identifizierungsnummer das Gerät als Gerätetyp, Projekt und Version beschreibt, während der Klassifizierungsteil in der ersten Stelle nach sogenannten *Konstruktionszweigen* festgelegt (genormt) ist und die weitere Unterteilung in hierarchisch gegliederte Baugruppen und zwar hauptsächlich nach Montage- und Wartungsgesichtspunkten erfolgt (vgl. Bild 1.49). Außerdem werden in der Sondernummer die Merkmale der Bauunterlagen nach folgenden Gesichtspunkten gekennzeichnet:

0 = Fertigteil
1 = Rohteil
2 = Vorgearbeitetes Teil
3 = Wiederholteil
4 = Aufmaße, Schemen
5 = Ersatzteil mit Über- oder Untermaß
6 = Baugruppe nicht ausgerüstet (leer)
7 = Baugruppe teilweise ausgerüstet
8 = Baugruppe voll ausgerüstet
9 = Nahtstellenzeichnung

Parallel-Nummernsysteme sind für den EDV-Einsatz gut geeignet.

b. Das Verbund-Nummernsystem

Bei einem Verbund-Nummernsystem dient die Gesamtnummer der Identifizierung und schließt darin die Klassifizierung als Bestandteil der Identifizierung sowie eine sogenannte *Zählnummer* mit ein (vgl. Bild 1.50). Identifizierung und Klassifizierung sind also starr miteinander verbunden. Dies wirkt sich bei Nummernerweiterung nachteilig aus, da die an die Klassifizierungsnummer angehängte Zählnummer eine Erweiterung nur entsprechend ihrer maximal möglichen Stellenzahl zuläßt.

Verbund-Nummernsysteme sind für den EDV-Einsatz nicht geeignet.

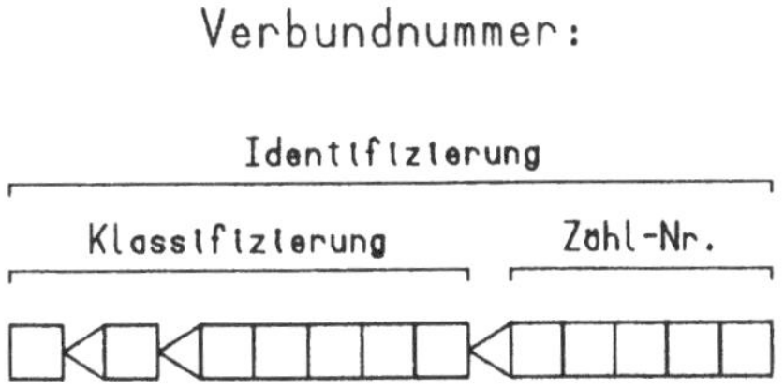

Verbundnummer:

Bild 1.50. Verbund-Nummernsystem

2. Die Stücklisten

Die Stücklisten, in ihrem Aufbau genormt (vgl. [24], [25]), sind neben den Zeichnungen die wichtigsten Dokumente zur Beschreibung eines technischen Systems.

Normalerweise wird für jede Baugruppe auf jeder Hierarchieebene des Systemstammbaumes eine separate Stückliste erstellt. Alle Stücklisten eines technischen Systems bilden den *Stücklistensatz*. Bei Einzelanfertigungen wie beispielsweise im Vorrichtungsbau werden die Stücklisten auch häufig über dem Zeichnungsschriftkopf der Zusammenstellungszeichnungen angeordnet.

Der separate Stücklistensatz ist in jedem Fall *dann* erforderlich, wenn seine Erstellung und/oder Verwaltung über die elektronische Datenverwaltung erfolgen soll.

Abhängig vom Verwendungszweck, haben sich im Laufe der Zeit verschiedenartige Stücklistensysteme entwickelt. Die drei wichtigsten und deshalb am meisten verbreiteten sind:

— Mengenübersichts-Stücklisten
— Struktur-Stücklisten
— Baukasten-Stücklisten

a. Die Mengenübersichts-Stücklisten

Sie stellen die einfachste Form dar und spiegeln keine Strukturierung wider. Sie dienen der Auflistung von Einzelteilen einfacher technischer Systeme, deren Sachnummern und Mengenangaben und eignen sich besonders für ihre Anordnung über dem Zeichnungskopf einer Konstruktionszeichnung. Eine separate Stückliste zu dem Beispiel gemäß den Bildern 1.51 bis 1.53 ist in Bild 1.56 a gezeigt.

b. Struktur-Stücklisten

Sie sind aufgegliedert nach der zugrundegelegten Erzeugnisstruktur und beinhalten in ein und derselben Liste sämtliche Baugruppen aller hierarchisch geordneten Strukturebenen bis hinunter zu den Einzelteilen. Damit spiegeln sie unmittelbar die Zugehörigkeit jedes Teiles zu jeder Gruppe und dieser wiederum zur Gruppe höherer Ordnung wider (vgl. Bild 1.56 b).

c. Baukasten-Stücklisten

Sie bilden einen entsprechend der Erzeugnisgliederung hierarchisch geordneten Listensatz, wobei für jede Baugruppe einer jeden Hierarchieebene bis hinauf zur übergeordneten *Aufbauübersicht* eine eigene Stückliste, zugehörig zur jeweiligen Baugruppenzeichnung, erstellt wird. Die Positionierung und die Mengenangaben in den Listen beziehen sich also nur auf die im Stücklistenkopf genannte Baugruppe.

In Verbindung mit einem Parallel-Nummernsystem eignet sich dieses Listensystem besonders für den EDV-Einsatz.

Die Stücklisten geben also die Struktur des technischen Systems mit allen Baugruppen und Einzelteilen wieder.

Zeichnungssatz und Stücklistsatz ergeben zusammen den sogenannten *Bauunterlagensatz*. In ihm muß das einmal gewählte Nummernsystem einheitlich sein. Mit Ausnahme der geometrischen Darstellungen darf jede Information in einem Bauunterlagensatz nur einmal erscheinen.

Beispiel: Der Werkstoff eines Bauteils darf entweder nur im Schriftkopf der Einzelteilzeichnung oder nur in der zugehörigen Stückliste erscheinen, damit eventuelle Änderungen nur an einer einzigen Stelle durchzuführen sind und dadurch Unterlassungsfehler vermieden werden.

Jede Stückliste muß für jedes auf der ihr zugeordneten Zeichnung positionierte Element mindestens folgende Angaben enthalten:

— Positionsnummer
— Menge und deren Einheit
— Sachnummer (z. B. Gruppennummer)
— Teil- bzw. Gruppenbenennung und/oder Norm-Kurzbezeichnung
— evtl. Bemerkungen wie z. B. Gewicht

Die Auflistung der einzelnen Positionen sollte aus Gründen der Übersichtlichkeit und damit der Fehlervermeidung eine durchgehende Ordnung aufweisen, z. B.

— Urgeformte Teile (z. B. Gußteile),
— umgeformte Teile (z. B. Schmiedeteile),
— Schweißgruppen,
— spanend gefertigte Teile,
   — gefräste Teile,
   — gedrehte Teile,
   — gebohrte Teile (z. B. Platten),
— Normteile (Maschinenelemente, Maschinenkomponenten),
— nichtgenormte Kaufteile,
— Gruppen aus der tieferen Hierarchiecbene der Erzeugnisgliederung.

Die Verbindungselemente zweier Bauteile werden zweckmäßigerweise der Stückliste des ranghöheren Bauteiles zugeordnet.

Außer sämtlichen Baugruppen und Einzelteilen beinhalten die Stücklisten auch die zu einer stoffschlüssigen Verbindung oder zum funktionsgerechten Betrieb erforderlichen, jedoch auf der zugehörigen Zeichnung nicht mit einer Positionsnummer versehenen, Zusatzwerkstoffe (Klebstoffe, Schweißzusatzwerkstoffe usw.) und Betriebsstoffe (Schmierstoffe, Getriebeöl usw.).

Beispiel: Den Zusammenhang zwischen Zeichnungssatz und Stücklistsatz zeigen die Bilder 1.51 bis 1.56. Es handelt sich dabei um die Maschinenbaugruppe einer Faser-Imprägniermaschine, der zugehörigen Schweißgruppe, den Einzelteilen dieser Schweißgruppe sowie den zugehörigen Stücklisten in unterschiedlichen Formen. Außerdem zeigt Bild 1.54 die Stücklisten der 1. und 2. Hierarchieebene der zugehörigen Erzeugnisgliederung.

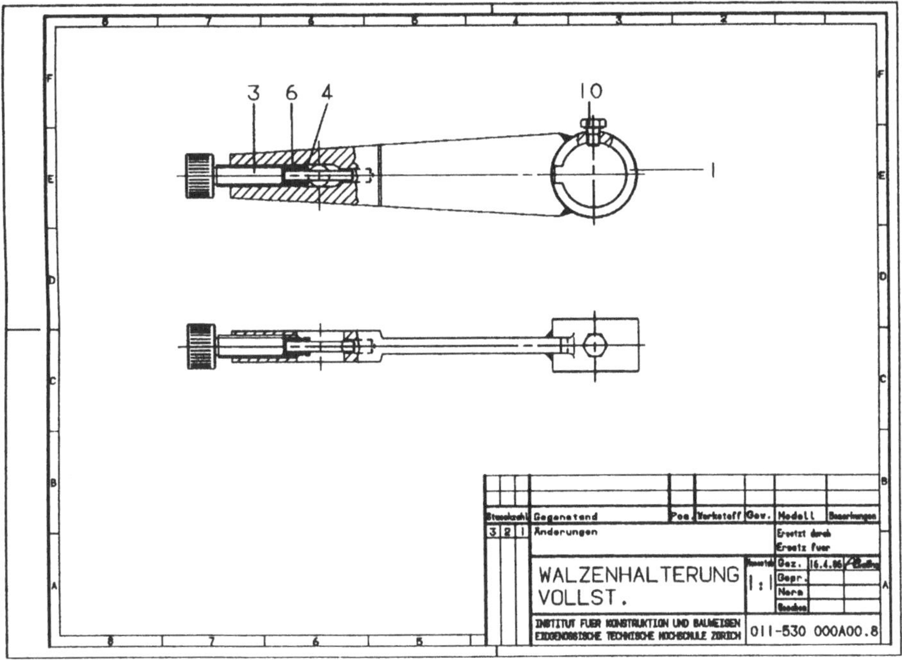

Bild 1.51. Zusammenstellungszeichnung einer Maschinenbaugruppe

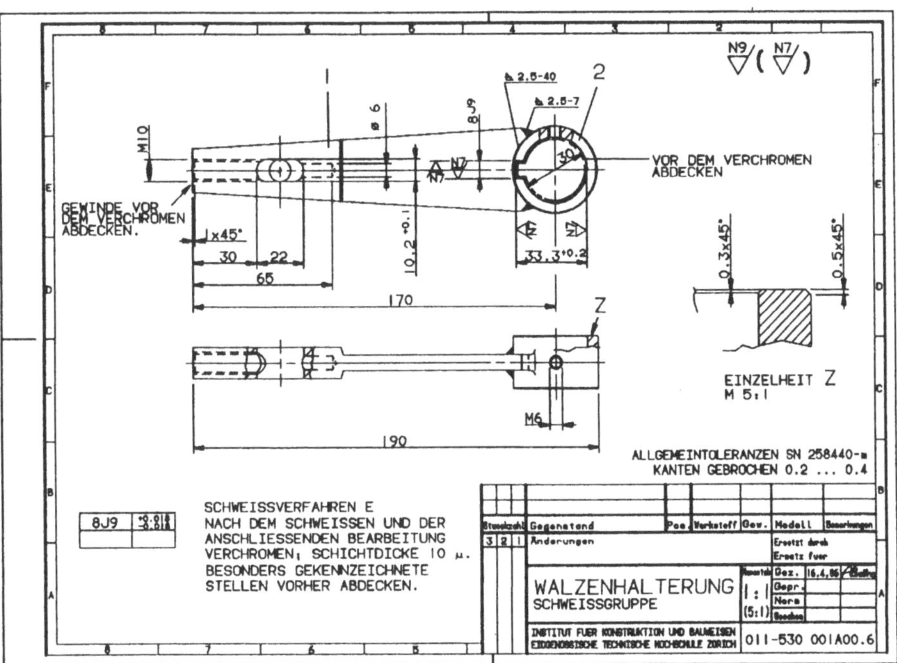

Bild 1.52. Schweißgruppenzeichnung einer Maschinenbaugruppe

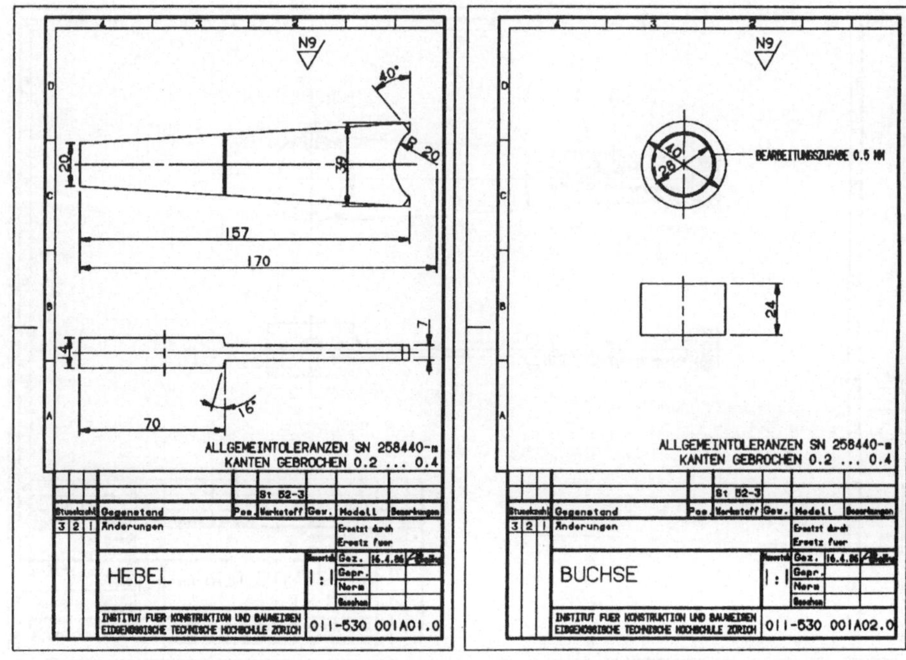

Bild 1.53. Einzelteilzeichnungen zur Schweißgruppe gemäß Bild 1.52

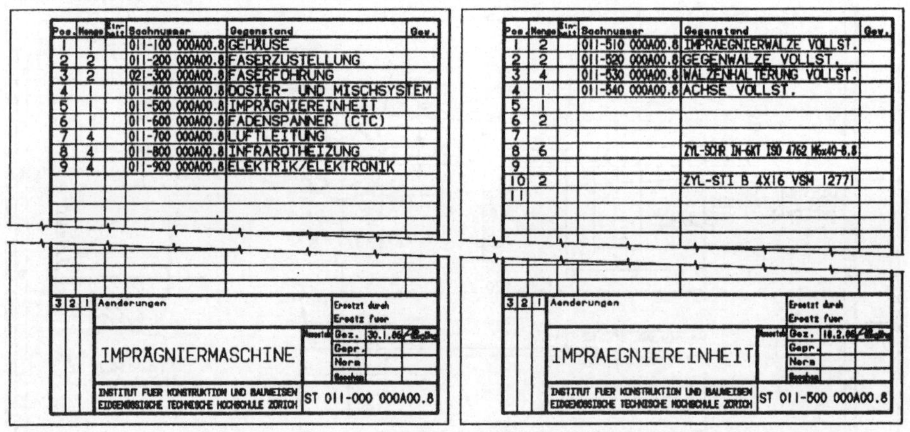

Bild 1.54. Baukasten-Stücklisten der 1. und 2. Hierarchieebene der Erzeugnisstruktur

Die gesamte Handhabung aller Bauunterlagen einschließlich der zu ihnen geführten Entwurfs- und Berechnungsunterlagen wird nachfolgend unter dem Begriff *Verwaltung* zusammengefaßt.

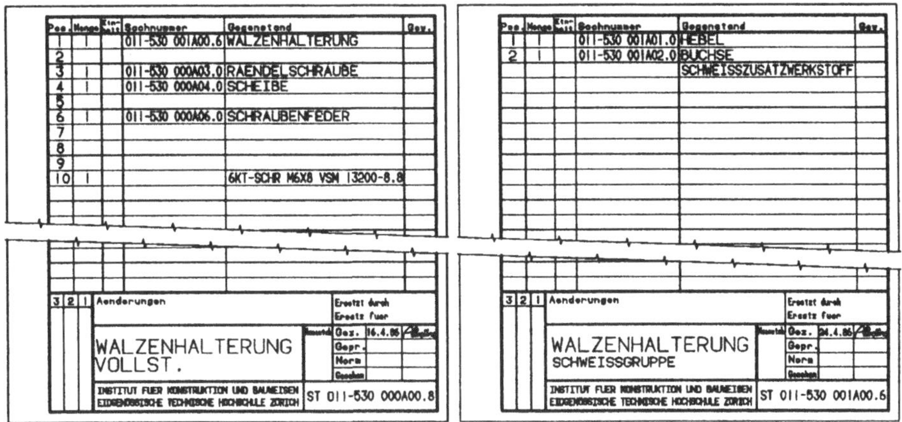

Bild 1.55. Baukasten-Stücklisten verschiedener Ebenen der Erzeugnisstruktur

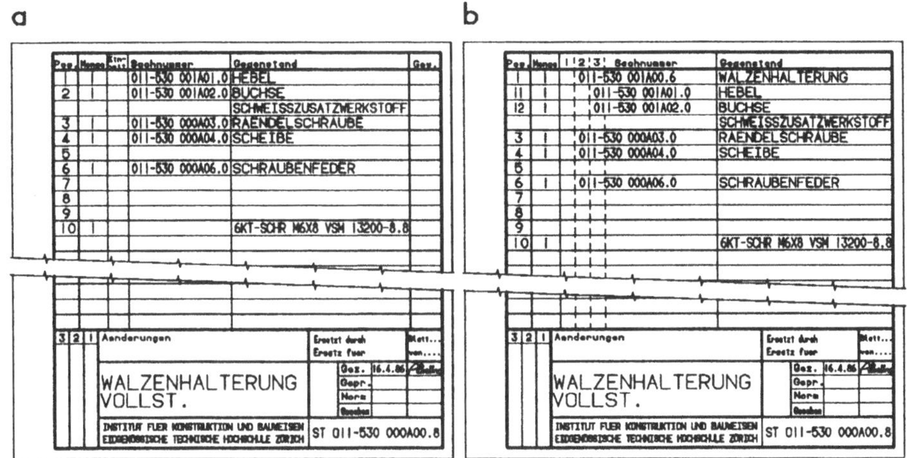

Bild 1.56. Stücklisten zur Walzenhalterung einer Imprägnieranlage
   a) Mengenübersichts-Stückliste
   b) Struktur-Stückliste

1.4.5.5 Fertigungsunterlagen verwalten

Nach der endgültigen Fertigstellung der Bauunterlagen durchlaufen diese je nach
Konstruktionsauftrag und Unternehmensstruktur verschiedene Stellen, bis sie zur
„Fertigung" gelangen, wo sie ihre eigentliche Verwendung finden. Im einzelnen
handelt es sich um

— das Prüfwesen,
— das Freigabe- und Änderungswesen und
— die Dokumentation.

1. Das Prüfwesen

Jede Bauunterlage muß nach ihrer Fertigstellung *geprüft* werden und durchläuft dazu entsprechende, von Fall zu Fall durch Auftraggeber- oder Unternehmensrichtlinien festgelegte *Instanzen.* Die wichtigsten Prüfinstanzen sind in Bezug auf

Erfüllung der Anforderungen:	Sachbearbeiter
	Fachgruppenleiter
Normung:	Normenprüfstelle
Beanspruchbarkeit:	Festigkeitsprüfstelle
Erfüllung des Konstruktionsauftrages:	Projektverantwortlicher

2. Das Freigabe und Änderungswesen

Alle für den Projektablauf wichtigen Bauunterlagen müssen von der Projektleitung überprüft und vor ihrer Verwendung *freigegeben* werden. Infolgedessen müssen auch alle Änderungen an freigabepflichtigen Bauunterlagen einem besonderen Freigabeverfahren unterworfen werden. Dieses hat meistens formalen Charakter und richtet sich in seiner Durchführung ebenfalls nach Auftraggeber- oder Unternehmensrichtlinien.

Verfahren zur Freigabe von Bauunterlagen kommen in verschiedenen Phasen des Konstruktionsprozesses zur Anwendung. Zunächst muß jede geprüfte und als fehlerfrei bestätigte funktionelle Baugruppe freigegeben werden (*Erstfreigabe*). Danach können sich notwendige Änderungen z. B. aus folgenden Gründen ergeben:

— Funktionsstörungen,
— Beeinträchtigung der Zuverlässigkeit,
— Beeinträchtigung der Verträglichkeit mit verschiedenen Operatoren,
— Korrektur von Entwurfs- oder Ausarbeitungsfehlern,
— Verbesserung der Wirtschaftlichkeit.

Diese Änderungen müssen zunächst beantragt werden. Die Entscheidung, ob eine Änderung durchgeführt werden soll, wird in einem sogenannten Freigabe- und Änderungsausschuß getroffen. Dieser ist zuständig für die Erstfreigabe und die Freigabe von Änderungen. Er setzt sich für jeden Entwicklungs- bzw. Konstruktionsauftrag beispielsweise aus folgenden Mitgliedern zusammen:

— Bearbeitender bzw. verantwortlich zeichnender Konstrukteur
— Projektleitung
— Auftraggeber (soweit vertraglich vereinbart)
— Vertreter der Qualitätssicherung
— Vertreter der Produktion
— Vertreter des Vertriebes

Bei Nahtstellenproblemen werden *alle* betroffenen Fachabteilungen miteinbezogen.

In der Regel unterliegen folgende Dokumente einem Freigabe- und Änderungsverfahren:

— Anforderungen
— Kosten- und Terminpläne, insbesondere vertraglich festgelegte *Meilensteinpläne*
— Bauunterlagen
— Bauunterlagen projektspezifischer Fertigungsmittel
— Prüfunterlagen

Der genaue Umfang der freigabepflichtigen Unterlagen wird von der Projektleitung in Zusammenarbeit mit dem Auftraggeber und den betroffenen Fachbereichen festgelegt. Bild 1.57 zeigt schematisch den Änderungsablauf von Erstfreigabe und Freigabe einer Änderung beliebiger Bauunterlagen und ihrer mitbetroffenen Dokumente.

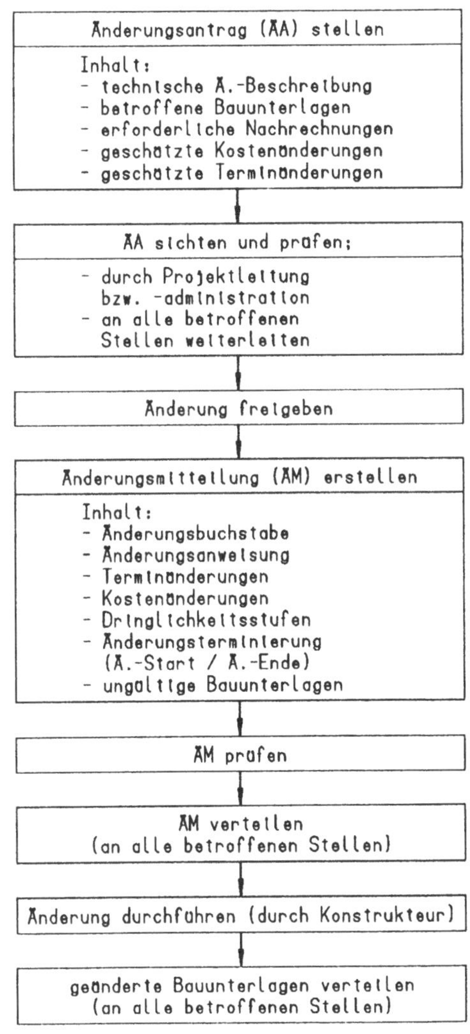

Bild 1.57. Änderungsablauf

3. Die Dokumentation

Vor der Freigabe einer jeden funktionellen Baugruppe müssen alle zugehörigen Bauunterlagen *dokumentiert*, d. h. in eine zusammenfassende Ordnung gebracht, werden. Dies erfolgt durch die bereits beschriebene Nummerung der Bauunterlagen. Erst dadurch werden diese für ihre weitere Verwendung nutzbar.

In vielen Unternehmen besteht als Dienstleistungsbereich die sogenannte „Dokumentation". Ihre Aufgaben sind unter anderem die *Registratur*, d. h. die datenmäßige Erfassung, die *Ablage* und die *Pflege* aller Bauunterlagen sowie deren *Vervielfältigung* und *Verteilung* an alle in einem sogenannten, meistens projektabhängigen, *Verteiler* festgelegten Stellen.

2 Methoden zur Ideenfindung

2.1 Übersicht

Der Prozeß der Ideenfindung beruht im wesentlichen auf den in Kapitel 1.1 bereits erwähnten geistigen Vorgängen Intuition und Diskursion. Dabei müssen intuitives und diskursives Vorgehen miteinander gepaart werden. Dieses Vorgehen erfahrener Konstrukteure bei der Lösungsfindung darf jedoch über Tagesverfassung und Informationslücken sowie fehlendes oder mangelndes Fachwissen nicht hinwegtäuschen. Deshalb ist in vielen Fällen ein methodisches Vorgehen bei der Ideenfindung zu bevorzugen. Allerdings dürfen dabei Intuition und Gefühl nicht unterdrückt werden, denn schließlich gehen die meisten heute als selbstverständlich angesehenen technischen Errungenschaften auf grundlegende und bahnbrechende *Erfindungen* im Laufe der gesamten Entwicklungsgeschichte der Menschen zurück.

Erfinden kommt von *Finden*, und Finden setzt normalerweise ein *Suchen* voraus. Viele Erfindungen entstanden und entstehen jedoch aus unbewußten Assoziationsvorgängen im Gehirn der als *Erfinder* bezeichneten Menschen, beruhen also auf Zufällen. Die Geschichte der Technik weist viele solcher Zufälle auf. Damit diese Zufälle als auswertbare Neuerungen *erkannt* werden, setzt Erfinden in jedem Fall einen Blick für das Neue, das Machbare und das Brauchbare voraus. Diese Voraussetzung aber gilt auch in ganz besonderem Maße für den Konstrukteur, der zu einer gestellten Konstruktionsaufgabe eine Lösung *finden* muß.

Die Zusammenhänge der Mittel, die ihm dabei zur Verfügung stehen, lassen sich wie folgt verdeutlichen:

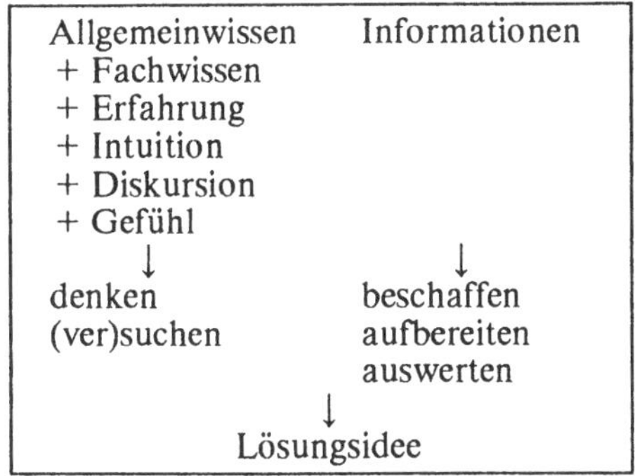

Bild 2.1. Zusammenhänge zwischen Grundwissen, Informationen und Lösungsidee

Zunächst muß Klarheit über die Zusammenhänge zwischen Wissen, Denken und Handeln herrschen. Diese lassen sich folgendermaßen definieren:

— *Wissen* ist die im Gehirn des Menschen abgespeicherte Menge aller im Laufe seines Lebens gesammelten Erfahrungen, also alles das, was er über seine Sinne, d. h. durch Fühlen, Schmecken, Riechen, Hören und Sehen, *erfahren* hat.

— *Denken* ist das Abrufen und Vergleichen des *vorhandenen* Wissens aus den Gehirnspeicherplätzen sowie das Vergleichen mit *neuen*, dem vorhandenen Wissen sofort zugeordneten Erfahrungen.

— Bewußtes *Handeln* ist der *beabsichtigte* Vollzug ausgedachter Tätigkeiten.

Daneben stehen das *nicht unmittelbar beabsichtigte* emotionale, reflexartige und motorische Handeln.

Unterstützt und gesteuert werden Denken *und* Handeln durch ebenfalls aus der Erfahrung entwickelte Denkalgorithmen, allgemein Logik genannt, sowie durch die bereits in der embrionalen Phase angelegten lebenswichtigen Reflex-, Assoziations- und motorischen Anlagen.

Das Wissen läßt sich allgemeingültig bei jedem Menschen einteilen in

— Allgemeinwissen,
— fachliches Grundwissen,
— fachliches Expertenwissen.

Im Verlauf der neuzeitlichen Konstruktionslehre wurden viele Methoden entwickelt, die dem Konstrukteur beim - ohne Zweifel nicht immer einfachen - Lösen gestellter Aufgaben helfen sollen, möglichst die optimale Lösung zu finden. Diese Methoden werden auch *heuristische* Methoden genannt. Der Begriff geht auf den Ausruf Ευρηχα! ("Ich hab's gefunden!") des *Archimedes* (287 - 212 v. Chr.) zurück, als er die Gesetzmäßigkeit des spezifischen Gewichtes entdeckte.

Allgemein lassen sich drei Methodengruppen unterscheiden:

1. vorrangig *recherchierende Methoden*
2. vorrangig *intuitive Methoden*
3. vorrangig *diskursive Methoden*

Der Zusatz *vorrangig* besagt, daß bei jeder dieser Methoden schon aufgrund der assoziierenden Arbeitsweise des menschlichen Gehirns die Merkmale der anderen, hier ebenfalls kurz umrissenen, Methoden vorhanden sind.

Eine eindeutige Aussage darüber, welche dieser Vorgehensweisen den größten Erfolg versprechen, kann nicht ohne weiteres gemacht werden, da dies unter anderem von der speziellen Erfahrung des Konstrukteurs abhängt. Auch ist die Wahl der Methode abhängig von der durch die Aufgabenstellung bestimmten Konstruktionsart.

Um sicherzustellen, daß bei umfangreichen Konstruktionsaufgaben mit hoher Wahrscheinlichkeit die bestmögliche Lösung gefunden wird, ist dem systematischen *Erarbeiten von Ideen im Team* der Vorrang vor anderen Praktiken zu geben.

Diese Empfehlung gilt grundsätzlich für *alle* im Rahmen eines Konstruktionsprozesses durchzuführenden Arbeiten.

2.2 Beschreibung heuristischer Methoden

2.2.1 Vorrangig recherchierende Methoden

Hierunter werden alle heuristischen Methoden verstanden, bei denen die Informationsbeschaffung und -aufbereitung sowie deren Auswertung gegenüber dem „grübeln" im Vordergrund stehen. Im einzelnen handelt es sich um

— Literaturrecherchen,
— Patentrecherchen,
— Analyse analoger, technischer Systeme
— Analyse natürlicher Systeme und
— Analyse von Modellversuchen.

In heuristischen Prozessen interessieren nicht nur das Fachwissen und das Expertenwissen. Häufig werden *zündende* Ideen aus - oftmals nicht mehr recherchierbaren - Erfahrungen, also auch Beobachtungen, innerhalb völlig anderer Lebensbereiche geboren.

Beispiel: Bei der Suche nach geeigneten Absperrorganen ergeben sich allein bei der Betrachtung von Lebewesen eine Menge von Lösungen. Bild 2.2 zeigt das biologisch-technische Prinzip des Augenlides und die daraus abgeleitete Lösung einer allerdings gegenüber der Funktion des Augenlides völlig anders gelagerten Aufgabenstellung.

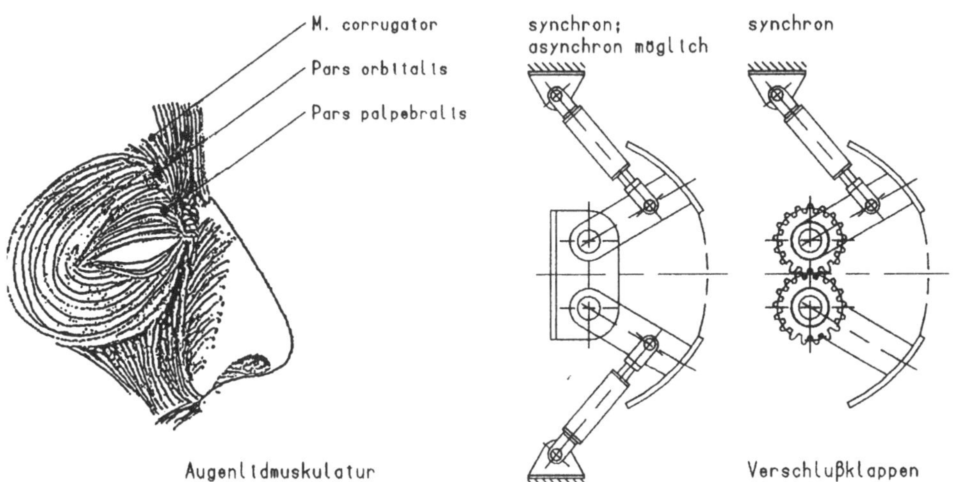

Bild 2.2. Beispiel naturanaloger Konstruktionen

2.2.2 Vorrangig intuitive Methoden

Hierunter werden alle heuristischen Methoden verstanden, bei denen intuitives Denken, gepaart mit Wissen und Gefühl, vorrangig zu Lösungen führen. Die bekanntesten intuitiven Methoden sind:

Brainstorming

Die Methode des *Brainstorming* [13] ist eine sogenannte Konferenzmethode. In zwangsloser Atmosphäre soll das unterbewußte gedankliche Potential der Konferenzmitglieder durch spontane Äußerungen und gegenseitige geistige Beeinflussung sowie der daraus entstehenden Assoziationsketten zu neuen Ideen führen.

Da diese Methode der üblichen Fachdiskussion sehr ähnlich ist und ihre Anwendungsregeln die typischen Schwächen, unter denen Fachdiskussionen häufig leiden, vermeiden helfen, wird sie in Kapitel 2.3 eingehend beschrieben.

Synektik

Diese Methode entspricht dem Brainstorming, jedoch mit der Absicht, durch Analogie aus dem nichttechnischen Bereich (also z. B. aus der Natur, vgl. auch Bild 2.2) Anregungen zu erhalten.

Brainwriting

Diese Methode gehört ebenfalls zu den sogenannten Konferenzmethoden. Sie vereinigt eine intuitiv-kreative Denkweise mit einer systematisch-logischen, also diskursiven, Vorgehensweise. Es bestehen verschiedene Spielarten wie

— Methode 635

Die *Methode 635* [15] läuft nach streng formalistischen Regeln ab, die neben dem Vorteil, daß *jeder* Teilnehmer Gelegenheit hat, seine Ideen mitzuteilen, vor allem auch über *Assoziationsketten* zu neuen Ideen findet, die außerdem, da sie schriftlich festgehalten werden, nicht verlorengehen können. Diese Methode ist in Kapitel 2.4 ausführlich beschrieben.

— Delphi-Methode

Sie ist gekennzeichnet durch ein analoges Vorgehen wie bei der Methode 635, jedoch ohne die strenge Struktur des Ablaufs.

— Galeriemethode

Diese Methode beschränkt sich darauf, daß mehrere Teilnehmer ihre Lösungsideen skizzieren und zur Begutachtung galeriemäßig aufhängen, um so weitere Anregungen für eine eventuell zu wiederholende nächste Skizzierrunde zu erhalten bzw. zu geben.

2.2.3 Vorrangig diskursive Methoden

Hierunter fallen alle heuristischen Methoden, bei denen diskursives Vorgehen vor allen übrigen Methoden den Vorrang hat. Die drei wichtigsten Vertreter dieser Methoden sind:

Systematische Untersuchung des physikalischen Geschehens

Diese Methode beruht analog der Unterteilung von Funktionen in die auf physikalischen, chemischen oder biologischen Prinzipien beruhenden Grundfunktionen auf
der Zerlegung physikalischer Effekte in Einzeleffekte, um diese zu erkennen und
gezielt ausnutzen zu können.

Systematische Suche mit Hilfe von Ordnungsschemata

Diese Methode beruht auf der Schematisierung von Informationen bzw. Daten in
Tabellen- oder Matrizenform zur anschaulichen Darstellung aller bestehenden Lö-
sungsmöglichkeiten. Das wohl bekannteste Beispiel eines Ordnungsschemas ist die
morphologische Matrix.

Verwendung von Katalogen

Das Nachschlagen bereits gelöster Konstruktionsaufgaben ist die am wenigsten
aufwendige Methode und sollte für jeden Ingenieur, der eine technische Aufgabe zu
lösen hat, im wirtschaftlichen Sinne selbstverständlich sein. In Kapitel 2.5 sind einige Hinweise zur Handhabung von Katalogen bei der Lösungssuche zusammengefaßt.

2.3 Brainstorming

Diese Methode umfaßt alle Regeln, die in einer Fachdiskussion eingehalten werden
müssen, deren Ziel es ist, zu einem konkreten Ergebnis zu kommen. Damit unterscheidet sie sich von der allgemeinen Diskussion, in der lediglich Ansichten gegenübergestellt und gehört, aber kein einheitliches Ergebnis erwartet wird. Für Vorbereitung und Organisation gelten folgende Grundsätze:

— Teilnehmerkreis überschaubar (mindestens 5, maximal 12 Personen),
— Teilnahme nicht widerwillig, sondern freiwillig,
— breite Streuung von Fachwissen und Erfahrung,
— keine großen hierarchischen Unterschiede, um Ideenfluß nicht zu hemmen,
— Moderator (Sitzungsleiter) ohne firmenhierarchische Kompetenz,
— Bekanntgabe des *Problems* erst zu Beginn der Sitzung,
— Protokollführung *ja*, aber durch neutrale Person,
— Dauer der Sitzung maximal 30 Minuten.

Unter Berücksichtigung dieser Grundsätze müssen, soll ein Erfolg gewährleistet
sein, folgende Regeln eingehalten werden:

— Einfälle sollen spontan und frei geäußert werden (auch wenn sie ungewöhnlich
  und absurd erscheinen).
— Die Quantität der Einfälle ist ebenso wichtig wie ihre Qualität.
— Es gibt keinen Anspruch auf einzelne Urheberrechte; das Aufgreifen der Ideen
  des Vorredners ist erwünscht und bestimmt den Charakter dieser Methode.
— Kritik oder Bewertung *während* der Sitzung sind nicht erlaubt.

Zur Festlegung der weiter zu verfolgenden Ergebnisse aus der Brainstorming-Sitzung ist eine zusätzliche Arbeitssitzung erforderlich, an der dieselben Mitglieder der ersten Sitzung teilnehmen sollten und in der folgende Arbeitsschritte durchzuführen sind:

— Formulieren der Ergebnisse in allgemeinverständliche Lösungsvorschläge,
— Ordnen der Lösungsvorschläge,
— Konstruktive Kritik,
— Beurteilen der Lösungsvorschläge,
— Bestimmen der konstruktiv weiter zu verfolgenden Lösungsvorschläge.

2.4 Brainwriting-Methode 635

Diese Methode hat ihren Namen aufgrund der Regeln, nach denen eine derartige Sitzung abläuft, erhalten. Diese sind:

— **6** Teilnehmer sollen jeweils zu einer gestellten Konstruktionsaufgabe
— **3** Lösungsideen, aber auch Lösungsansätze oder Gedankensplitter, in allgemein verständlicher Form in jeweils
— **5** Minuten auf einem vorbereiteten Lösungsformular (vgl. Bild 2.3) verbal beschreiben oder skizzenhaft darstellen, um sie anschließend an die jeweiligen Nachbarn weiterzugeben. Diese fügen neue Lösungsideen hinzu oder vertiefen die von ihren Vorgängern bereits gefundenen Lösungsansätze.

Eine Variante sieht folgende Zeiteinteilung bis zur Weitergabe der formulierten Idee vor:

— 3 Lösungsvorschläge in 3 Minuten; Weitergabe A → B
— 3 Lösungsvorschläge in 4 Minuten; Weitergabe B → C
— 3 Lösungsvorschläge in 5 Minuten; Weitergabe C → D
— 3 Lösungsvorschläge in 6 Minuten; Weitergabe D → E
— 3 Lösungsvorschläge in 7 Minuten; Weitergabe E → F
— 3 Lösungsvorschläge in 8 Minuten; Weitergabe F → A

Daraus ergibt sich als arithmetisches Mittel eine Zeit von 5,5 Minuten. Die unterschiedlichen Zeiten sollen die zunehmende Schwierigkeit, weitere Lösungsvorschläge zu erdenken, berücksichtigen.

Für Vorbereitung und Organisation sollen folgende Grundsätze eingehalten werden:

— Teilnehmerkreis *maximal* sechs Personen,
— Teilnahme nicht widerwillig, sondern freiwillig,
— breite Streuung von Fachwissen und Erfahrung,
— ein bis zwei *neutrale* - nicht in das Problem eingebundene - Teilnehmer sind willkommen,
— Bekanntgabe der Konstruktionsaufgabe erst zu Beginn der Sitzung,
— nach der letzten Weitergabe der Lösungsformulare werden die Lösungsideen auf Dopplungen hin überprüft; eindeutige Dopplungen werden gestrichen,

— die verbleibenden Lösungsideen werden im Sinne der Aufgabenstellung analysiert, auf gleichen Informationsgehalt vervollständigt und als Entscheidungshilfe bewertet.

Gegenüber der Methode des *Brainstorming* hat diese Methode folgende Vorteile:

— Schriftlich formulierte Ideen gehen nicht verloren,
— parallel entwickelte Ideen werden sofort erkannt,
— *langatmige* Erklärungen, die oft zum Verlust beabsichtigter Formulierungen von evtl. guten Ideen führen, werden vermieden.

Beispiel: Bild 2.3 zeigt ein Lösungsformular aus einer *Brainwriting*-Sitzung vor der 4. Weitergabe mit eingetragener Aufgabenstellung.

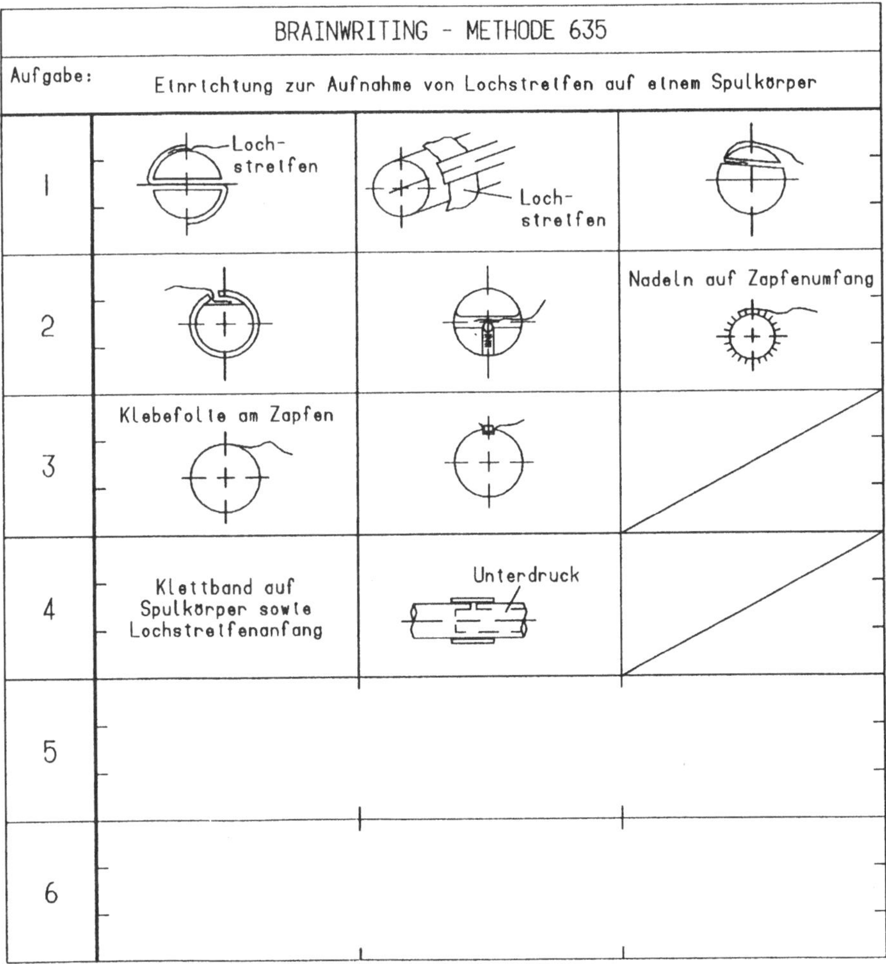

Bild 2.3. Lösungsformular zur Methode 635;
die Lösungsideen können zeilen- oder spaltenweise eingetragen werden

2.5 Verwendung von Katalogen

Für die Entwurfsphase, während der Prinzipkonzepte funktioneller Lösungen gefunden werden müssen, eignen sich insbesondere Kataloge technologischer Prinzipien. Ein Beispiel ist in Bild 2.4 dargestellt.

Prinzipkatalog: Vergrößern – Verkleinern physikalischer Größen

Ursache: ⟶▷⟶ Kraft / Druck / Mechanische Energie

Ursache	Physikalischer Effekt	Gesetz	Literatur	Anwendungsbeispiele
04.04 Kraft, Druck, Mechanische Energie	Fluid-Effekt	$F_2 = F_1 \dfrac{A_1}{A_2}$		Hydraulik, Pneumatik
	Hebel-Effekt	$F_2 = F_1 \dfrac{r_1}{r_2}$		Hebelgetriebe
	Reibung	$F = \mu N$		Bremse
	Hysterese	$W_{Verl} = \oint F \cdot ds$ W_{Verl} = pro Belastungszyklus in Wärme umgesetzte Energie	[37,41], S.761	

Bild 2.4. Beispiel eines Prinzipkonzepte-Katalogs [11];
Vergrößern - Verkleinern physikalischer Größen

Die Anwendung von Konstruktionskatalogen wie beispielsweise [16], [17] oder sonstiger verfügbarer Katalog- und Lösungssammlungen dient hauptsächlich dazu, *komplexe* konstruktive Zusammenhänge in *einfache* und *überschaubare* Elemente (Denkmodelle) zu zerlegen, um einerseits eine übersichtliche Zuordnung von *Funktionen* und *Funktionsträgern* zu erhalten und andererseits die damit verbundenen naturwissenschaftlichen Gesetze auf einfache Modelle übertragen und übersichtlich verknüpfen zu können.

Aber auch Fachbücher, Normblätter, Datenblätter in Firmenkatalogen usw. bieten eine Fülle von Lösungsideen an und sind den Konstruktionskatalogen in ihrer Anwendbarkeit gleichzusetzen. Nicht zu vergessen sind die vom Konstrukteur am Bildschirmarbeitsplatz (CAD) aufrufbaren Datenbasen relationaler Datenbanken und Symboldateien. Bild 2.6 zeigt beispielsweise das *Selectionpanel* einer Symboldatei aus der Datenbasis für Absperrorgane, wie sie in der Entwurfsphase für die Projektierung hydraulischer Anlagen verwendet werden kann.

Gliederungsteil		Hauptteil			Nr	Zugriffsteil							Anhang
Art des Flächenschlusses	Art der Kraftübertragung	Gleichung	Benennung	Anordnungsbeispiel		Übertragbares Moment	Momentübertragung abhängig von	Aufnahme von Axialkräften	Wirkung bei Überlastung	Verbindung zentrierbar	Nabe axial verschiebbar	Nabe versetzbar	Anmerkungen
1	2	1	2	3	Nr	1	2	3	4	5	6	7	8
Normal (Formschluß)	Unmittelbar	$M_t = \frac{d_m}{2} A_{\tau ges}\, \tau_{zul}$ $M_t = \frac{d_m}{2} A_p\, p_{zul}$ M_t übertragbares Moment d_m mittlerer wirksamer Durchmesser	Profilwelle		1	groß	Formfaktor	nein	Bruch	ja	möglich	in Stufen möglich	—
	Mittelbar		Formelementverbindung		2	klein	Formfaktor	möglich	Bruch	ja	möglich	möglich	einfache Montage
Tangential (Reibschluß)	Unmittelbar	$M_t = M_r = F_r\, d_m/2$ $= F_n\, \mu\, d_m/2$ α Keilwinkel M_r Reibmoment F_r Reibkraft d_{st} Stiftdurchmesser	Klemmsitz		3	klein bis groß	Temperatur, Rotationskräften, Axialkräften	ja	Rutschen	ja	nur bei $F_A > F_r$	stufenlos	—
	Mittelbar		Spannelement		4	mittel		ja	Rutschen	möglich	nur bei $F_A > F_r$	stufenlos	Herstell- und Montageaufwand klein
Tangential und normal	Mittelbar	—	Vorgespannte Verbindung		5	klein		möglich	Bruch	nein	nein	möglich	—

Bild 2.5. Beispiel aus einem Konstruktionskatalog [16];
Welle-Nabe-Verbindungen (Übersichtskatalog)

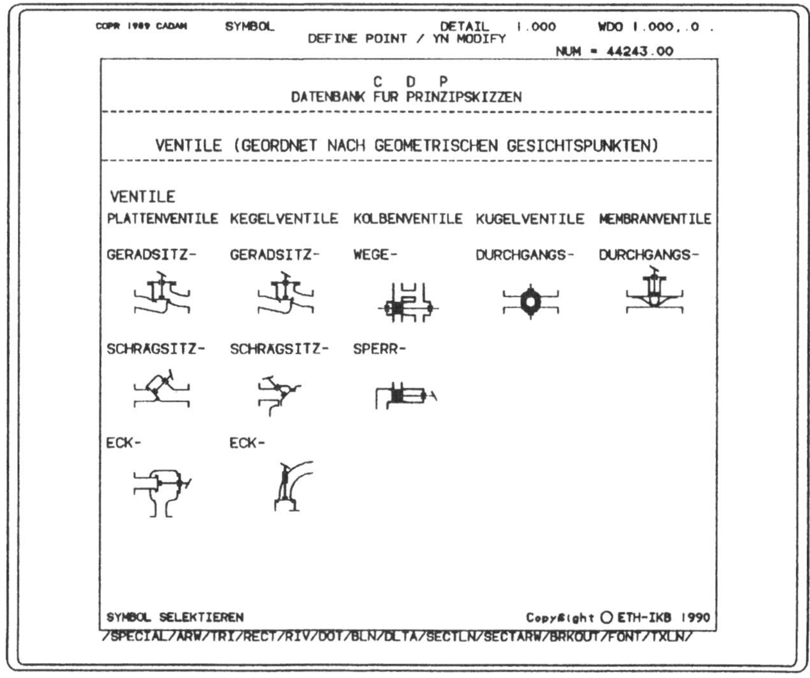

Bild 2.6. Prinzipskizzen von Ventilen;
dargestellt auf einem graphischen Bildschirm

3 Die Herstellkostenermittlung während der Konstruktion

3.1 Übersicht

Die Entwicklung technischer Systeme und insbesondere die darin eingebettete Neukonstruktion ist nur dann sinnvoll, wenn das abschließend herzustellende Produkt neben der Gewährleistung der Funktionserfüllung auch kostenmäßig vertretbar, gewinnbringend und konkurrenzfähig ist. In gleicher Weise trifft dies aber auch für Änderungs- bzw. Anpassungs- und Variantenkonstruktionen zu.

Deshalb ist das rechtzeitige Erkennen der Kosten in allen Entstehungsphasen eines technischen Systems besonders wichtig. Dies gilt bereits bei der Planung der Entwicklungskosten und setzt sich fort über die Planung der Investitionskosten, der Fertigungsplanungskosten, der Herstellkosten, der Kosten für eventuell erforderliche Entwicklungs- und Abnahmeversuche, der Lagerkosten, der Absatzkosten, der Kosten für eine mögliche Garantieübernahme und schließlich der Kosten für die Übernahme einer späteren Entsorgung, insbesondere dann, wenn es sich um schwer entsorgbare Produkte oder einiger ihrer Baugruppen bzw. Einzelteile handelt.

Aus Bild 3.1 geht eindeutig hervor, welche Bedeutung einer frühzeitigen Kostenabschätzung während der Entwicklungs- und Konstruktionsphase beizumessen ist. In jeder Abteilung werden Kosten verursacht. Es werden aber auch Kosten festgelegt, die sich in anderen Abteilungen ergeben. In den Entwicklungs- und Konstruktionsabteilungen werden beispielsweise nur ca. 10% der Herstellkosten abgerechnet, jedoch gleichzeitig zwischen 70 und 80% festgelegt. Diese Aussage gilt für die Produktion großer Stückzahlen, z. B. der Konsumgüterindustrie. Bei Entwicklung und Produktion technischer Systeme geringer Stückzahlen, wie beispielsweise im Handelsschiffs- oder Flugzeugbau, verschiebt sich dieses Verhältnis zugunsten der Entwicklung.

Deshalb ist der Konstrukteur nicht nur verantwortlich für die Funktionsfähigkeit seiner konstruktiven Lösung im Rahmen der als explizite Anforderungen vorgegebenen und als implizite Anforderungen zu berücksichtigenden Randbedingungen, sondern auch für die wirtschaftliche Herstellung, Nutzung und abschließende Entsorgung des konstruierten technischen Systems. Damit ist er in ganz besonderem Maße gefordert, kostengünstig zu konstruieren. Das kann er aber nur dann, wenn er die Kosten frühzeitig erkennt, d. h. schon während der Konzeptphase (Anzahl der Teile, Komplexität der Funktionserfüllung), der Entwurfsphase (Wahl der Werkstoffart, Wahl der Bauweise) und insbesondere während der Ausarbeitungsphase (Wahl der Werkstoffe, der Werkstoff- bzw. Oberflächenbehandlung, der Toleranzen und Passungen, der Oberflächenbearbeitung).

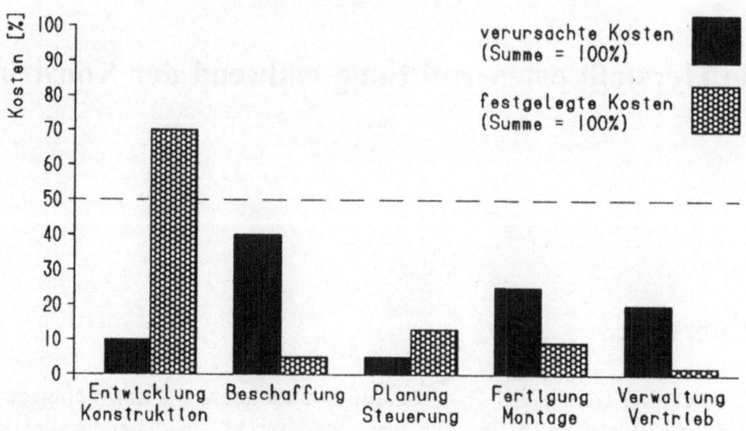

Bild 3.1. Gegenüberstellung von Kostenverursachung und Kostenfestlegung

Die Ermittlung der Herstellkosten während der Konstruktion technischer Systeme ist insbesondere dann von Bedeutung, wenn gesamtwirtschaftliche Aussagen einzelwirtschaftlicher Vorhaben der Industrie oder gesamtwirtschaftliche Vorhaben öffentlicher Auftraggeber in die Bewertung beispielsweise nach der *Kosten-Wirksamkeits-* oder der *Kosten-Nutzen-Analyse* (vgl. Kapitel 4.7) einfließen sollen.

Darum ist es besonders wichtig, daß dem Konstrukteur ein Hilfsmittel zur Verfügung gestellt wird, mit dem er die Herstellkosten seiner Konstruktion frühzeitig abschätzen kann.

Mit dieser Früherkennung wird es auch den Projekt- und Produktverantwortlichen rechtzeitig möglich, die in der Planungsphase festgelegte Kostenplanung auf ihre Einhaltung hin zu überprüfen und gegebenenfalls geeignete Maßnahmen zur Vermeidung von Verlusten zu ergreifen.

Wirtschaftliche Merkmale und Eigenschaften, welche die Herstellung eines Produktes beschreiben und in einer Gegenüberstellung mit anderen funktionsgleichen Produkten als Kriterien herangezogen werden können, sind zahlreich und werden je nach dem Ziel einer wirtschaftlichen Bewertung ausgewählt. Innerhalb des Konstruktionsprozesses sind Aussagen über die Herstellkosten so früh wie möglich zu machen, da sie eines der wichtigsten Kriterien darstellen für die als Abschluß zu jeder Prozeßphase durchzuführende Bewertung (vgl. Kapitel 4) zwecks Verringerung von zu vielen parallel zu betrachtenden Lösungsvarianten bzw. -alternativen.

In diesem Kapitel wird ein Überblick über die Herstellkostenermittlung während der Entwurfs- und Ausarbeitungsphase vermittelt und anschließend das Programm und die Anwendung einer computergestützten *Herstellkostenberechnung* (HKB) vorgestellt.

Da dieses Programm auf die in einem CAD-System erzeugten geometrischen Daten technischer Zeichnungen zurückgreift, ist die Kopplung mit einem CAD-System eine wichtige Voraussetzung. In Kapitel 3.3 wird das mit dem CAD-System CADAM® verknüpfte Herstellkostenberechnungs-Programm CADCOST® stellvertretend für alle marktgängigen, an CAD-System gekoppelte, Herstellkostenberechnungs-Programme vorgestellt.

3.2 Theoretische Grundlagen

3.2.1 Einleitung

Die Grundlagen zur Herstellkostenermittlung wurden durch den deutschen *Verband für Arbeitsstudien* REFA e. V. (ursprünglich 1924 in Deutschland gegründeter *Reichsausschuß für Arbeitszeitermittlung*; seit 1948 umbenannt) festgeschrieben. Die Vorgehensweisen und die statistischen Daten wurden und werden laufend durch Untersuchungen betrieblicher Abläufe in Form von Arbeits-, Zeit- und Bewegungsstudien erarbeitet.

Die Ermittlung der Herstellkosten erfolgt in mehreren Phasen. Zunächst werden in der dem Fertigungs-, teilweise auch bereits in der einem Entwicklungsauftrag, vorausgehenden Planungsphase die Herstellkosten geschätzt. Dazu eignen sich beispielsweise folgende Hilfsmittel:

— Die Nachkalkulation bereits früher hergestellter, gleicher oder ähnlicher Produkte,
— die Kostenschätzung durch Regressionsrechnungen (vgl. [28]),
— die Kostenschätzung durch Ähnlichkeitsbeziehungen zu vorkalkulierten Grundmodellen (vgl. Kapitel 6.2),
— die Verwendung statistisch ermittelter, branchen- oder systemspezifischer Kosten (z. B. [Fr./kg], [Fr./kW)], auch *Relativkosten* genannt.

Desweiteren werden während der Entwurfs- und/oder der Ausarbeitungsphase die Herstellkosten - zumindest für kostenkritische Komponenten - überprüft, und zwar ebenfalls mit Hilfe der in diesem Kapitel behandelten Herstellkostenberechnung.

Schließlich werden nach Vorlage der Bauunterlagen (Einzelteilzeichnungen, Zusammenstellungszeichnungen, Stücklisten sowie Fertigungs- und Montagevorschriften) die Fertigungs- und Montagekosten im Rahmen der *Arbeitsvorbereitung*, einem Arbeitsgebiet der Fertigungsplanung und -steuerung, kalkuliert und dem Produktionsbereich vorgegeben. Dabei werden die fertigungsspezifischen Gegebenheiten wie einzusetzende Maschinen, Werkzeuge, Kühlmittel, Transport usw. berücksichtigt.

Zum Abschluß eines Fertigungsauftrages sollte in jedem Fall eine sogenannte *Nachkalkulation* durchgeführt werden, um einerseits Planungsfehler zu erkennen, damit diese in Zukunft vermieden werden können, und um andererseits statistisch auswertbares Material für zukünftige Aufträge gleicher oder ähnlicher Art zu erhalten.

3.2.2 Begriffsdefinitionen und -zusammenhänge

Zusammenfassend sind hier die wesentlichen Begriffe und deren Zusammenhänge zur Ermittlung der Herstellkosten erklärt (vgl. Bild 3.2).

Kosten

ist der umfassende Begriff für den in Geld bewerteten Einsatz der Produktionsfaktoren menschliche Arbeitskraft, Herstellungsmittel und Material, der zum Erstellen und zum Absetzen von Gütern oder Dienstleistungen sowie zur Aufrechterhaltung der Betriebsbereitschaft benötigt wird.

Einzelkosten EK

sind diejenigen Kosten, die einem Kostenträger direkt zugerechnet werden können, z. B. Materialeinzelkosten *MEK* und Fertigungslohnkosten *FLK* für ein Einzelteil, im Unterschied zu den Gemeinkosten, die einem Kostenträger nur indirekt in Form von Zuschlägen zugerechnet werden.

Die mengenspezifischen Materialeinzelkosten, also z. B. [Fr./kg], werden mit MEK' bezeichnet.

Gemeinkosten GK

sind diejenigen Kosten, die durch zeitveränderliche oder über bestimmte Zeiträume unverändert bleibende Einflüsse auf die Fertigung anfallen und einem Kostenträger durch entsprechend *variable* und/oder *fixe* Zuschläge zugerechnet werden wie z. B. die Materialgemeinkosten *MGK*.

Variable Gemeinkosten hängen beispielsweise ab vom Auftragsvolumen, vom Beschäftigungsgrad, von der Losgröße innerhalb einer Serienproduktion, und damit von Rabatten für Werkstoffe und Hilfsstoffe, sowie von den Lernkurven bei überwiegend manueller Arbeit (vgl. Kapitel 3.2.4).

Fixe Gemeinkosten hingegen errechnen sich durch Umlage von Gehältern des nicht unmittelbar an der Fertigung beteiligten Personals sowie der Mieten, Transportkosten, Lagerkosten und Kapitalzinsen.

Materialkosten MK

ergeben sich aus

$$MK = MEK + MGK. \qquad (3.1)$$

Sie erfassen den Aufwand für den Werkstoff, der entweder in Form von Rohmaterial (Gußmasseln, Kunststoffgranulat, Faserfilament usw.), eines ur- oder umgeformten Rohlings oder eines Halbzeugs (Bleche, Profile, Faserprepregs usw.) angeliefert wird.

Fertigungslohnkosten FLK

sind Einzelkosten und ergeben sich als Summe aller Produkte, gebildet aus der Fertigungszeit eines Einzelteils (*Auftragszeit* t_a) und dem jeweils verrechneten zeitbezogenen Lohn (*Verrechnungslohnsatz* k_L), also

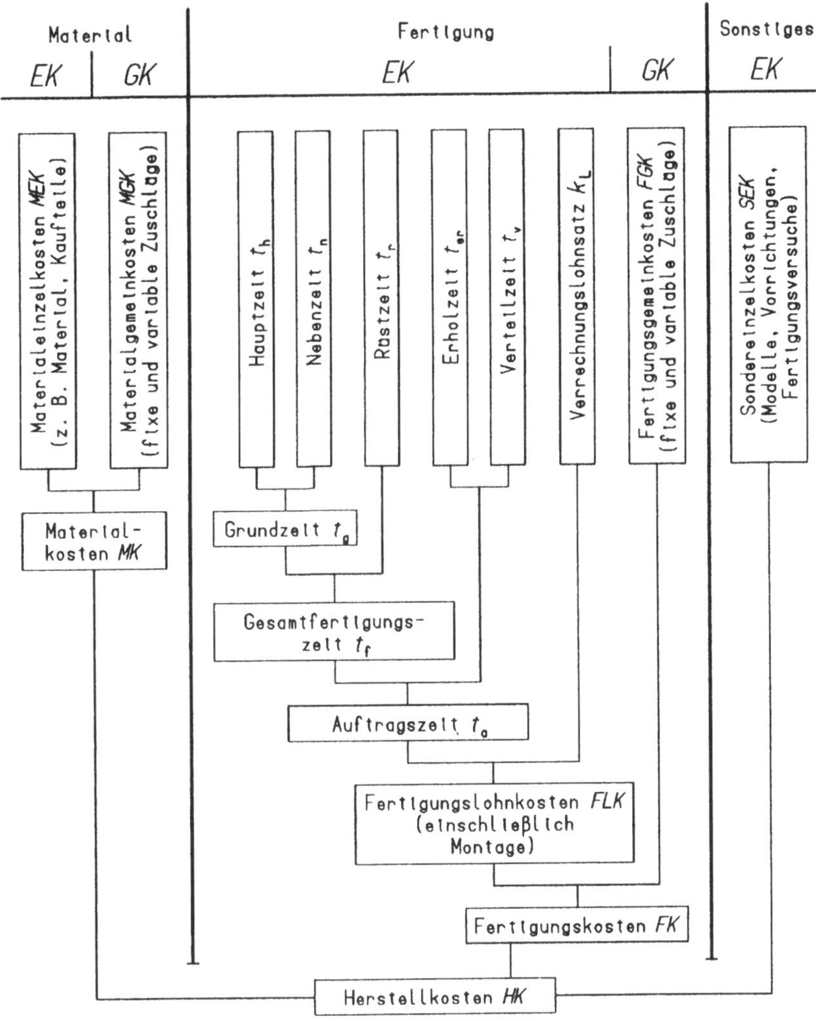

Bild 3.2. Entstehung und Zusammensetzung der Herstellkosten

$$FLK = k_L \sum t_a. \tag{3.2}$$

Bei der Fertigung von Baugruppen oder komplexen technischen Systemen werden zu der Kostensumme der Einzelteilfertigung noch die Produkte aus Montagezeiten t_M (vgl. Kapitel 3.2.4) und Verrechnungslohnsatz k_L addiert. Die Berechnung der gesamten Fertigungslohnkosten erfolgt in der Regel tabellarisch.

Grundzeit t_g ist die Summe von Hauptzeit t_h und Nebenzeit t_n, also

$$t_g = t_h + t_n. \tag{3.3}$$

Gesamtfertigungszeit t_f ist die Summe aller kinematisch berechenbaren und statistisch erfaßbaren Zeiten von Einzelvorgängen während der Fertigung. Bei Einzelteilen errechnet sie sich aus der Summe von *Hauptzeiten* t_h, *Nebenzeiten* t_n und *Rüstzeiten* t_r, also

$$t_f = t_h + t_n + t_r. \tag{3.4}$$

Auftragszeit t_a Bei der Fertigung einer bestimmten Losgröße Lg kommen zur Gesamtfertigungszeit noch die *Verteilzeit* t_v bzw. die Erholzeit t_{er} hinzu und ergeben die *Auftragszeit* t_a, also

$$t_a = t_h + t_n + \frac{1}{Lg}(t_r + t_v + t_{er}). \tag{3.5}$$

Liegen Erfahrungswerte vor, so werden Verteil- und Erholzeiten als konstante Summanden den Haupt- und Nebenzeiten zugeschlagen und gehen bereits in die Grundzeit t_g ein. Damit entspricht die Auftragszeit der Gesamtfertigungszeit, die sich in diesem Fall errechnet aus

$$t_f = t_h + t_n + t_v + t_{er} + \frac{t_r}{Lg} = t_g + \frac{t_r}{Lg}. \tag{3.6}$$

Hauptzeit t_h ist die reine Fertigungszeit und beschreibt beispielsweise die Zeit der Spanabnahme beim Langdrehen einer Welle oder die Zeit beim Wickeln eines langfaserverstärkten Kunststoffbehälters.

Nebenzeit t_n ist die Zeit für die maschinell abhängige Zu- und Wegstellung beispielsweise eines Spanwerkzeuges bei der spanenden Formgebung oder eines Werkstückes beim Wasserstrahlschneiden.

Erholzeit t_{er} ist die Zeit zur Erledigung persönlicher Bedürfnisse des Fertigungspersonals, aber auch der Erholung von Fertigungseinrichtungen (z. B. Abkühlzeit).

Verteilzeit t_v ist die Zeit für alle nicht unmittelbar von der Fertigungseinrichtung abhängigen Arbeiten wie beispielsweise Materialbeschaffungs-, Sortier- und Transportzeiten.

Rüstzeit t_r ist die Zeit der Vorbereitungen zur eigentlichen Fertigung wie beispielsweise das Besorgen des Werkstoffrohlings oder -halbzeugs, der erforderlichen Werkzeuge und Vorrichtungen oder das Einrichten von Werkzeugen und Vorrichtungen auf Bearbeitungsmaschinen.

Verrechnungslohnsatz k_L ist der zeitspezifische Arbeitslohn des jeweiligen Maschinenarbeitsplatzes in [Fr./Std.] bzw. [Fr./min].

Fertigungsgemeinkosten FGK sind alle den Fertigungslohnkosten von Einzelteilen, Serien oder komplexen technischen Systemen (*Kostenträger*) zugeordneten variablen und fixen Zuschläge wie beispielsweise

	Verwaltungs-, Miet-, Lizenz-, Versorgungs- und Entsorgungskosten.
Fertigungskosten FK	entstehen durch den Einsatz von menschlicher Arbeitskraft, Herstellungsmitteln und Material für die Bearbeitung des Werkstoffs von seinem Ausgangszustand bis zum fertig bearbeiteten Einzelteil oder technischen System.
Sondereinzelkosten SEK	sind alle nach den bisher beschriebenen Zusammenhängen ermittelten Material- und Fertigungskosten, die bei der Herstellung von Anschauungs- und Funktionsmodellen, Vorrichtungen und Fertigungsversuchen anfallen.
Herstellkosten HK	sind die Gesamtheit aller Material-, Fertigungs- und Sondereinzelkosten, also

$$HK = MK + FK + SEK. \tag{3.7}$$

Das Kalkulationsschema zur Berechnung der Herstellkosten zeigt Bild 3.3.

Als Entscheidungsgrundlage werden in der Praxis häufig nur die *variablen Anteile* der Herstellkosten, *VHK*, berechnet, da die *fixen* Kostenanteile - zumindest bei der Bewertung von Konstruktionsvarianten - gleich bleiben. Bei der Bewertung von Konstruktionsalternativen können allerdings auch die fixen Kostenanteile unterschiedlich sein, da bei diesen die Fertigungsprozesse erheblich voneinander abweichen können.

Die variablen Anteile der Herstellkosten errechnen sich aus

$$VHK = MEK + \sum FLK . \tag{3.8}$$

Bild 3.3. Kalkulationsschema der Herstellkosten

Materialeinzelkosten
+ Materialgemeinkosten } Materialkosten

+ Fertigungslohnkosten
+ Fertigungsgemeinkosten
+ Sondereinzelkosten } Fertigungskosten

Σ Herstellkosten

3.2.3 Die allgemeine Vorgehensweise bei der Herstellkostenermittlung

Die Vorgehensweise bei der Ermittlung der Herstellkosten ist grundsätzlich immer die gleiche und gliedert sich, unabhängig von der jeweiligen Phase der Kostenermittlung, in nachfolgende Arbeitsschritte.

Während der Entwurfs- oder Ausarbeitungsphase möchte der Konstrukteur lediglich eine tendenzielle Herstellkosten*schätzung* durchführen, die der Überprüfung bzw. Gegenüberstellung von Konstruktionsvarianten oder dem Vergleich mit den geplanten Kosten dient. Hierfür muß er nur die mit einem * gekennzeichneten Arbeitsschritte ausführen.

— Prüfen der Bauunterlagen auf Verständlichkeit.
— Prüfen der dargestellten Bauteile auf Herstellbarkeit, also Fertigbarkeit und Montierbarkeit.
— Aufteilen der Bauteile nach Werkstoffarten und Bauweisen*.
— Einteilen jedes einzelnen Bauteils in geometrische Formelemente, (Formsysteme)*.
— Festlegen der Fertigungs- und Montageverfahren einschließlich Technologiedatenbestimmung.
— Bestimmen der Arbeitsvorgangsfolge einschließlich dem
    — Zuordnen der Fertigungsmittel (Maschinen, Werkzeuge, Vorrichtungen, Meß- und Prüfmittel) je Formsystem,
    — Festlegen evtl. erforderlicher Umspannungen, Zwischenbehandlungen usw.,
    — Festlegen der Zwischentransporte und -lagerungen.
— Bestimmen des Rohmaterials.
— Ermitteln bzw. Berechnen der Hauptzeiten je Arbeitsschritt und Formsystem*.
— Ermitteln der Rüst-, Neben-, Verteil- und Erholzeiten.
— Berechnen der Herstellkosten*.

In der Industrie sind diese Vorgänge normalerweise entweder durch Formulare oder sogenannte Eingabe*panels* computergestützter Fertigungsplanungssysteme vorgegeben, wie sie beispielsweise unter dem Begriff *Computer Aided Processplanning* (CAP) als Bestandteil des *Computer Integrated Manufacturing* (CIM) bekannt und auf die Belange der Kostenkalkulation zugeschnitten sind.

Beispiel: Für die Herstellung einer Serie von Lg = 100 Stück (Losgröße) Lagerzapfen gemäß Konstruktionszeichnung Bild 3.4 müssen Rohlinge aus gewalztem Rundstahl St 50 mit den Maßen D_R = 90 mm und L_R = 85 mm (einschließlich Sägezugabe) gefertigt werden. Der Marktpreis für Stahl St 50 beträgt MEK' = 8,--Fr./kg, d. h., die Materialeinzelkosten ergeben sich aus

$$MEK = Lg \cdot \frac{D_R^2 \pi}{4} \cdot L_R \cdot \gamma \cdot MEK', \qquad\qquad (3.9)$$

$$MEK = 424.5 \, kg \cdot 8,\text{--} \, Fr./kg = 3396,\text{--} \, Fr..$$

Für den vorbestellten Zuschnitt sowie Verpackung, Transport und Verladung betragen die geschätzten Materialgemeinkosten

$$MGK = 200,\text{--} Fr..$$

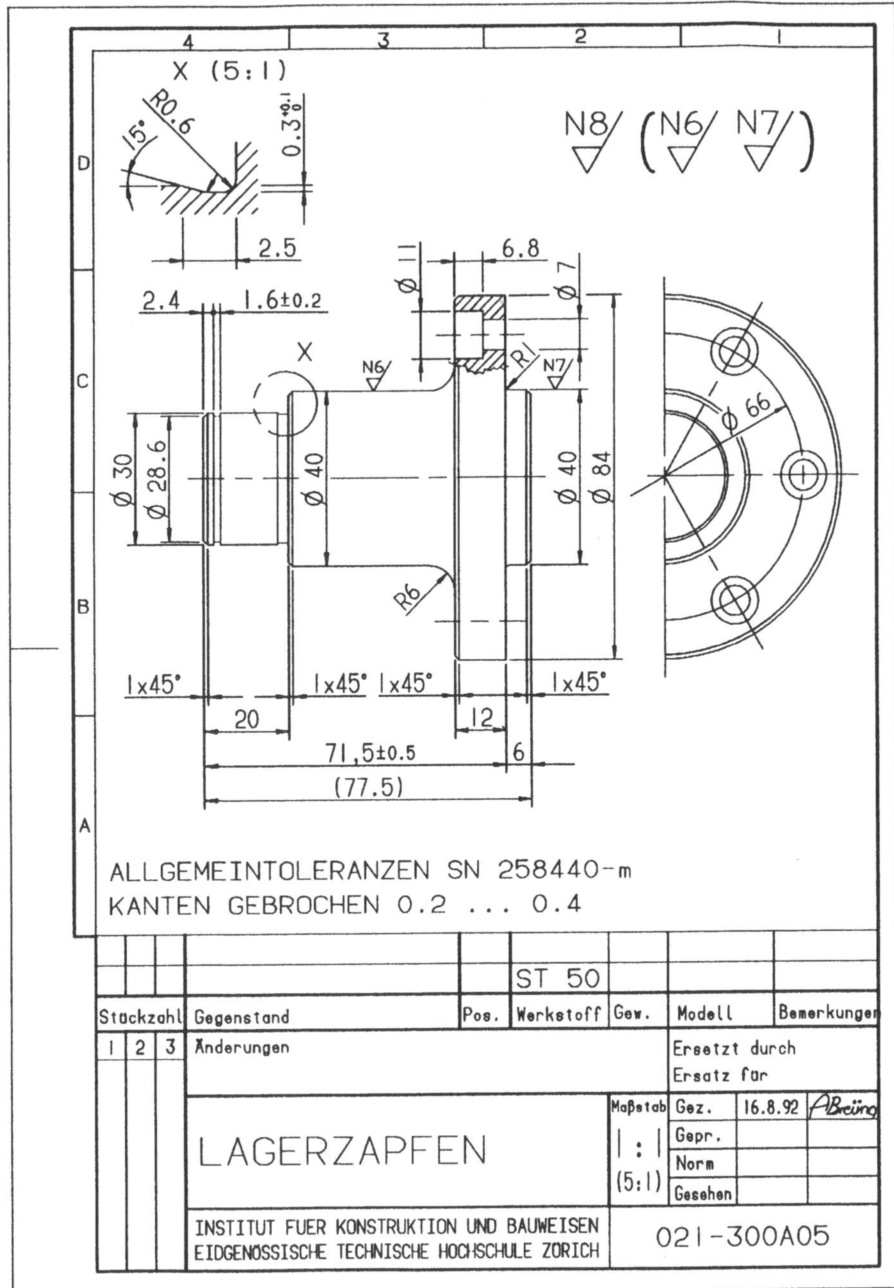

Bild 3.4. Konstruktionszeichnung der Lagerachse (in Gebrauchslage dargestellt)

Die Fertigung des Lagerzapfens besteht aus Dreh-, Schleif- und Bohrarbeiten. In diesem Beispiel werden auszugsweise nur die Dreharbeiten und deren detaillierte Herstellko-

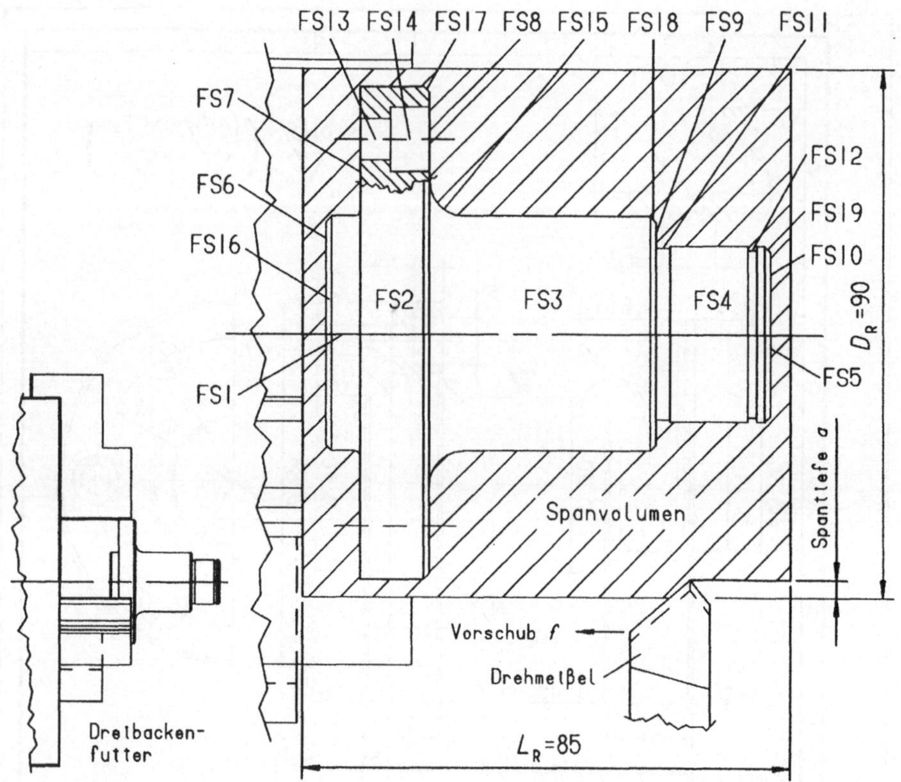

Bild 3.5. In Formsysteme eingeteiltes Werkstück (in Bearbeitungslage dargestellt)

stenberechnung beschrieben. Vor der Aufnahme dieser Arbeiten müssen der Auftrag übernommen und sowohl die Fertigungsunterlagen als auch der Arbeitsplan der Arbeitsvorbereitung gesichtet und geprüft werden. Desweiteren müssen die Drehmaschinengruppe, der Werkstückspanner (*Dreibackenfutter*) und die erforderlichen *Drehmeißel* sowie *Kühlmittel* und *Meßwerkzeuge* vorbereitet bzw. beschafft werden. All diese Arbeiten erfolgen innerhalb der Rüstzeit. Sie fällt für die gesamte Serie nur einmal an und beträgt $t_r = 15$ min.

Die Anlieferung und handgerechte Stapelung der zugeschnittenen Rohlinge sowie die Bereitstellung der Paletten für den Transport der gedrehten Lagerzapfen in ein Zwischenlager oder zur anschließenden Schleifbearbeitung erfolgt innerhalb der Verteilzeit $t_v = 20$ Minuten. Die anschließende Bearbeitung, also die Beseitigung des in Bild 3.5 schraffiert dargestellten Materialvolumens ΔV, verlangt folgende zeitlich zu erfassende und die Formgebung ermöglichende Arbeitsschritte:

— Werkstück ein- und ausspannen
— verschiedene Werkzeuge positionieren, spannen und wechseln
— Kühlmittel einsetzen
— Spananfall beseitigen
— messen

Durch die Hauptzeit t_h wird die eigentliche Bearbeitung erfaßt:

— Längs und plan vordrehen (schruppen)
— Längs und plan feindrehen (schlichten)
— Fasen drehen
— Freistich drehen
— Nut für Sicherungsring drehen

Sie hängt von den Dimensionen des Rohlings und des Werkstückes, der Zähigkeit des Werkstoffes und der auf der Zeichnung vorgeschriebenen Oberflächenqualität ab.

Nach diesen Faktoren richtet sich die Wahl der Drehmeißel, des Kühlmittels und die an der Drehmaschine einzustellenden kinematischen Werte *Spantiefe a*, *Schnittgeschwindigkeit v_c* und *Vorschub s*.

Für das Längsdrehen beispielsweise eines jeden Formsystems FSi (vgl. Bild 3.5) errechnet sich die Hauptzeit aus

$$t_{h\,(\mathrm{FSi})} = \frac{D \cdot \pi \cdot B \cdot i}{v_c \cdot s} \tag{3.10}$$

mit

D : Drehdurchmesser; mittlerer Durchmesser von Rohlingsdurchmesser D_R und Fertigdurchmesser d_{FSi}, also

$$D = \frac{D_R + d_{\mathrm{FSi}}}{2}, \tag{3.11}$$

a : radiale Spantiefe,
s : Vorschub des Drehmeißels [mm/U],
B : Drehlänge,
i : Anzahl der Schnitte; sie errechnet sich bei einer gewählten Spantiefe a aus

$$i = \frac{D_R - d_{\mathrm{FSi}}}{2\,a}, \tag{3.12}$$

v_c : Schnittgeschwindigkeit; sie errechnet sich einerseits bei gegebenem Durchmesser D und einer gewählten Drehzahl n_c aus

$$v_c = D \pi n_c , \tag{3.13}$$

andererseits aus dem Quotient von Spanleistung N_c und der Spankraft F_c, die sich aus den Spaneigenschaften k_s des zu spanenden Werkstoffes und dem Spanquerschnitt $q = a \cdot s$ errechnet aus

$$v_c = \frac{N_c}{q \cdot k_s} = \frac{N_c}{F_c} . \tag{3.14}$$

Die Zusammenhänge für die Einstellung der kinematischen Werte an Maschinen der spanenden Bearbeitung werden in der Regel aus sogenannten *Netztafeln* ermittelt. Bild 3.6 zeigt eine solche Netztafel für Drehmaschinen.

Beispiel: Um die Hauptzeit für das Abdrehen des Rohlings gemäß Bild 3.5 bis auf den Durchmesser des Formsystems FS3 (Drehlänge $B = 63$ mm) zu erhalten, wird bei Einsatz eines Drehmeißels mit einer Schneide aus *Schnellschnittstahl* SS eine radiale Spantiefe $a = 3$ mm und ein Vorschub $s = 1$ mm/U (aus dem lt. Literatur zulässigen Bereich $s = 4.0 \ldots 0.5$ mm/U) gewählt.

Mit dem sich ergebenden Spanquerschnitt $q = a \cdot s = 3$ mm^2 und dem Werkstoff St 50 mit einem Bruchspannungsbereich von 500 bis 600 Nmm^{-2}, der durch den Spaneinfluß-

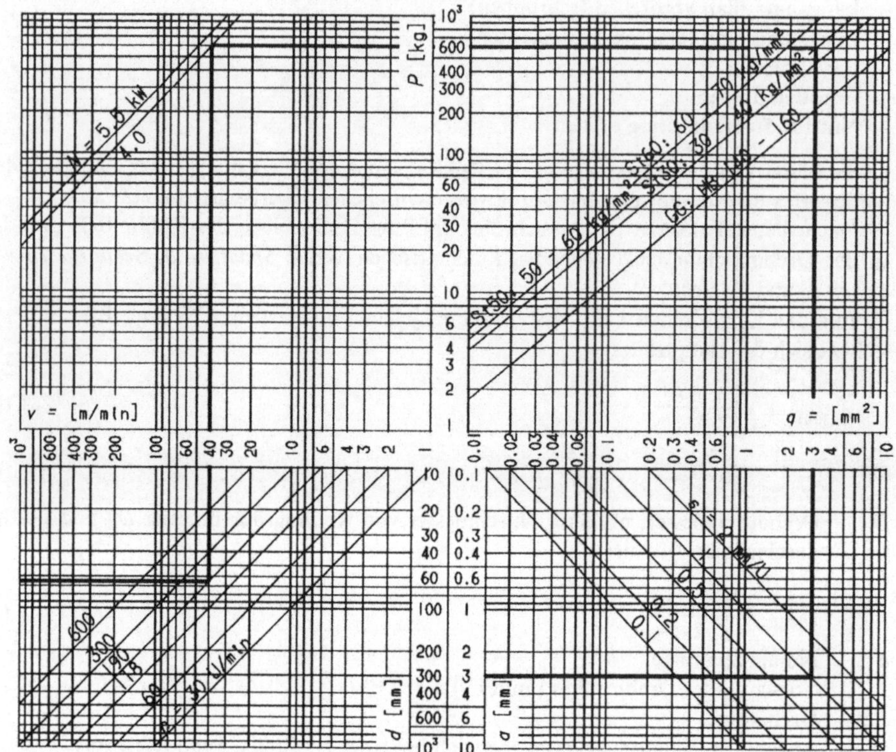

Bild 3.6. Netztafel für Drehmaschinen zur Bestimmung von a, s, v_c, F_c und N_c

faktor k_s berücksichtigt wird, ergibt sich bei einer Drehmaschine mit einer Schnittleistung $N_c = 4$ kW eine Schnittgeschwindigkeit $v_c = 40$ m/min.

Mit dieser Schnittgeschwindigkeit und dem Drehdurchmesser $D = 65$ mm ergibt sich aus

$$ n_c = \frac{v_c}{D\,\pi}, \tag{3.15} $$

eine Drehzahl von 195 min^{-1}.

Mit diesen Werten ergibt sich die Hauptzeit für das Längsschruppen bis auf den Durchmesser $d_{FS3} = 40$ mm zu $t_{h\,(FS3)} = 2.68$ Minuten.

Die Berechnung der Hauptzeiten für die übrigen Dreharbeiten erfolgt in der gleichen Weise. Die gesamte Hauptzeit für alle Dreharbeiten ergibt sich aus

$$ t_h = \sum_{i=1}^{n} t_h\,(FSi) \tag{3.16} $$

und beträgt 3.5 Minuten. Als Nebenzeit t_n werden 2.0 Minuten, als Erholzeit $t_{er} = 0.5$ Minuten angesetzt. Mit diesen Zeiten und den bereits vorher genannten Werten von Rüstzeit t_r und und Verteilzeit t_v ergibt sich gemäß Gl. (3.4) die Auftragszeit t_a für ein einzelnes Bauteil zu 6.35 Minuten.

Die Fertigungskosten für die Dreharbeiten der Lagerachsen ergeben sich bei einem angenommenen durchschnittlichen Verrechnungslohnsatz von $k_L = 60,--$ Fr./Std. aus

$$FK = Lg \cdot t_a \cdot k_L \tag{3.17}$$

zu 635,-- Fr..

In gleicher Weise wurden die Fertigungskosten der Schleif-, Bohr- und Entgratarbeiten zu 320,-- Fr. ermittelt, so daß sich schließlich die Herstellkosten der gesamten Losgröße gemäß Gl. (3.7) unter Einbezug der bereits ermittelten Materialeinzel- und -gemeinkosten und der sich daraus ergebenden Materialkosten $MK = 3\,596,--$ Fr. zu

$$HK = 635,--\text{Fr.} + 320,--\text{Fr.} + 3\,596,-- \text{Fr.} = 4\,551,-- \text{Fr.}$$

errechnen.

Das hier beschriebene Vorgehen soll lediglich einen kurzen Einblick in die Arbeitsweise der Arbeitsvorbereitung bei der Berechnung der Herstellkosten zeigen, und verdeutlicht, daß der Konstrukteur schon aufgrund wirtschaftlicher Überlegungen diese umfangreichen Arbeiten nicht erledigen kann.

Um ihm dennoch die Möglichkeit zu geben, die bereits erwähnte wirtschaftliche Verantwortung für seine Konstruktionsergebnisse wahrzunehmen, sollte er ein Werkzeug besitzen, das ihm schnelle und sichere Ergebnisse auf die Frage nach den von ihm *erzeugten* Kosten liefert.

Deshalb wird in Kapitel 3.3 ein Werkzeug vorgestellt, das die Berechnung der Herstellkosten bereits in der Entwurfsphase des Konstruktionsprozesses ermöglicht, sobald die ersten Entwürfe mit Hilfe eines CAD-Systems festgelegten worden sind.

Dieses Programm wurde am *Institut für Konstruktion und Bauweisen* der ETH Zürich in Zusammenarbeit mit der Firma MIRAKON, St. Gallen, entwickelt und in der Industrie bereits erfolgreich eingesetzt. Der Konstrukteur muß lediglich eine genaue Vorstellung von der Geometrie einzelner Flächen einschließlich Toleranzen und Oberflächenqualität der zu kalkulierenden Teile besitzen, um die Herstellkosten seiner Konstruktion ermitteln zu können bzw. mehrere Varianten einander kostenmäßig gegenüberzustellen. (vgl. Bild 3.13). Fehlt ihm diese Vorstellung noch, beispielsweise in der Entwurfsphase, so muß er bezüglich dieser Werte erste Annahmen treffen. Außerdem werden von ihm Grundkenntnisse über die gängigen Fertigungsverfahren verlangt. Die Ergebnisse der Kostenberechnung stellen dann ein wichtiges Kriterium für die Wahl der besten Konstruktionsvariante bzw. -alternative im Rahmen einer Bewertung dar. Ein Beispiel hierfür ist in Kapitel 3.3.4.4 wiedergegeben.

Bezüglich der theoretischen Grundlagen und der Erfahrungswerte der Fertigungstechnik wird auf die Vorlesungen und die Fachliteratur der Betriebs- und Produktionswissenschaften verwiesen.

3.2.4 Die Herstellkostenberechnung bei vorwiegend manueller Arbeit

3.2.4.1 Übersicht

Bei vorwiegend manueller Fertigung von Einzelteilen (z. B. manuelle Arbeit in der Gießerei, naßlaminieren von faserverstärkten Kunststoffteilen ...) sowie dem Zu-

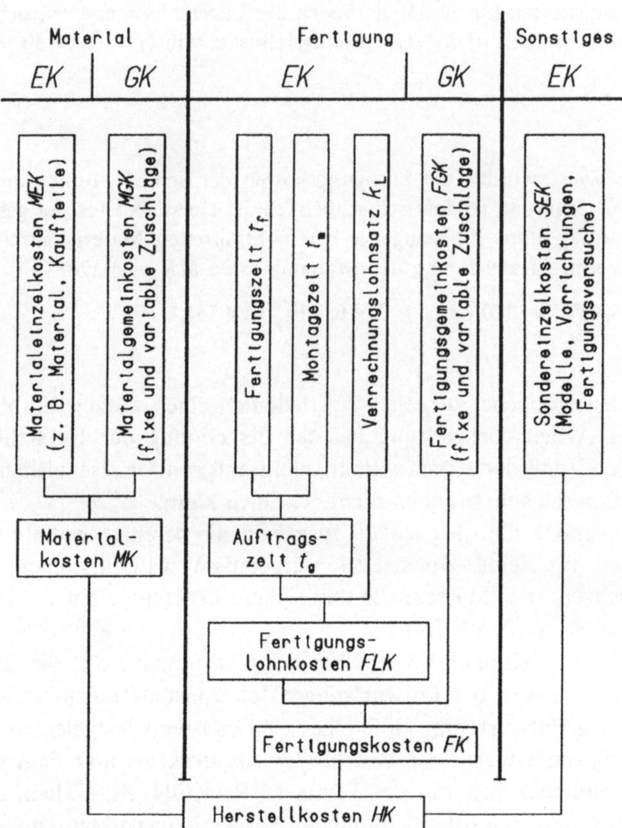

Bild 3.7. Zusammensetzung der Herstellkosten bei vorwiegend manueller Herstellung

sammenbau (*Montage*) maschinengefertigter und handgefertigter Einzelteile werden die Fertigungslohnkosten aus der für die einzelnen Arbeitsgänge benötigten Zeit und dem Verrechnungslohnsatz berechnet (Bild 3.7). Die weiteren Schritte zur Herstellkostenermittlung entsprechen denjenigen für maschinengefertigte Einzelteile oder deren automatisierte, beispielsweise durch Roboter durchgeführte, Montage.

Allerdings besitzt der Mensch bekanntlich die geistige und körperliche Fähigkeit, einmal durchgeführte Handlungen in ihrem Ablauf im Gehirn abzuspeichern, zu überdenken und gleichzeitig erneut zu speichern, um schließlich die zunächst erlernten und durchdachten Handlungen in motorische Bewegungsabläufe umzusetzen. Dieser Prozeß wird allgemein als *Lernfähigkeit* des Menschen bezeichnet. Aufgrund dieser Lernfähigkeit haben die für einzelne manuell durchgeführte Arbeitsgänge ermittelten Zeiten zunächst keine statistische Aussagekraft.

Um die für eine Kostenschätzung wesentlichen Auftragszeiten manueller Tätigkeiten trotzdem erfassen zu können, wurden auf der Grundlage statistischen Materials in der Luftfahrtindustrie der USA vor dem 2. Weltkrieg sogenannte *Einarbeitungskurven* (*Learning Curves*), heute als *Lernkurven* bezeichnet, entwickelt und die zugehörige Theorie von *T. P. Wright* veröffentlicht, weshalb die Lernkurven auch unter der Bezeichnung *Wright'sche Kurven* bekannt wurden. In der Fachliteratur finden sich auch die Begriffe *Ablauf-* oder *Degressionskurven*.

3.2.4.2 Die Lernkurven

1. Theorie und Definition

Die Gesetzmäßigkeiten für den Verlauf von Lernkurven ergeben sich aus folgenden Überlegungen:

— Die für eine manuelle Arbeit erforderliche Zeit nimmt ab, je öfter diese Arbeit wiederholt wird. Die Differenz zwischen den Zeiten für zwei gleiche, aufeinanderfolgende Arbeiten ist die *Zeitersparnis*.

— Der durch die Zeitersparnis gekennzeichnete *Lerneffekt* verringert sich bei jeder nachfolgenden Zeit gegenüber der vorhergegangenen, d. h. die Zeitersparnis nimmt ab. Die absolute Zeitersparnis wird mit zunehmender Stückzahl also immer geringer.

Damit ergibt sich folgender Ansatz zur Definition der den Lernkurven zugrundeliegenden Gesetzmäßigkeiten:

Die Zeitersparnis, die gleichzeitig Kostenersparnis bedeutet, wird prozentual angegeben und als gleichbleibend angenommen. Damit wird die in Währungseinheiten ausgedrückte absolute Ersparnis bei gleichbleibender prozentualer Ersparnis mit zunehmender Stückzahl immer geringer. Die prozentuale Ersparnis wird *Zeit-* oder *Kostendegression DEGR* genannt, wobei die als Diagramme vorliegenden Lernkurven immer die Zeitdegression darstellen.

Die mathematische Formulierung geht von dem vorher definierten Ansatz aus, daß bei einer Verdoppelung der Stückzahl die prozentuale Zeitersparnis beispielsweise der Gesamtfertigungszeit t_f einer manuellen Arbeit konstant bleibt.

Wird also für die manuelle Herstellung des 1. Werkstückes einer Serie von n Werkstücken die Zeit t_{f1} benötigt, und beträgt die prozentuale Ersparnis bei der Herstellung des 2. Werkstückes k_e bzw., in dezimaler Schreibweise, $k = k_e / 100$, so ergibt sich bei der Herstellung des 2. Werkstückes die absolute Zeitersparnis

$$\Delta t_f = t_{f1} - t_{f2} = k\, t_{f1} \tag{3.18}$$

bzw. die absolute Herstellungszeit für das 2. Werkstück

$$t_{f2} = t_{f1} - \Delta t_f = t_{f1} - k\, t_{f1} = t_{f1}(1 - k). \tag{3.19}$$

Bei einer Verdoppelung der Stückzahl auf $n = 4$ beträgt die absolute Zeitersparnis in Bezug auf die vorherige Stückzahl $n = 2$ analog Gl. (3.18) bei gleichbleibender prozentualer Zeitersparnis

$$\Delta t_f = t_{f2} - t_{f4} = k\, t_{f2}$$

bzw. die absolute Herstellungszeit analog Gl. (3.19)

$$t_{f4} = t_{f2} - k\, t_{f2} = t_{f2}(1 - k) = t_{f1}(1 - k)^2$$

usw., bis

$$\Delta t_f = t_{f(n/2)} - t_{fn} = k\, t_{f(n/2)} \tag{3.20}$$

bzw.

$$t_{fn} = t_{f(n/2)} - k\, t_{f(n/2)} = t_{f1}(1 - k)^m, \tag{3.21}$$

wobei n immer der Potenz der Basis „2" zum Exponenten m entspricht, also $n = 2^m$. Dieser Zusammenhang läßt sich auch durch folgende empirische Herleitung erkennen:

Stückzahl	Einzelwertfaktor
$2 = 2^1$	$f_{e2} = f_{e2}{}^1$
$4 = 2^2$	$f_{e4} = f_{e2}{}^2$
$8 = 2^3$	$f_{e8} = f_{e2}{}^3$
$\vdots$	
$n = 2^m$	$f_{en} = f_{e2}{}^m$

Bild 3.8. Empirische Herleitung der Einzelwertfaktoren

Aus $n = 2^m$ folgt

$$m = \left(\frac{\ln n}{\ln 2} \right). \tag{3.22}$$

Damit kann Gl. (3.21) auch in der Form

$$t_{fn} = t_{f1}(1 - k)^{\left(\frac{\ln n}{\ln 2} \right)} \tag{3.23}$$

geschrieben werden.

In der Praxis wird der Faktor $(1 - k)^m$ durch den sogenannten *Einzelwertfaktor* f_{en} (für das n-te Werkstück einer Serie) ersetzt, und es ergibt sich Gl. (3.19) zu

$$t_{f2} = t_{f1} f_{e2}$$

usw. bis

$$t_{fn} = t_{f1} f_{e2}{}^m = t_{f1} f_{en}. \tag{3.24}$$

Damit gilt also

$$f_{en} = f_{e2}{}^{\left(\frac{\ln n}{\ln 2} \right)}, \tag{3.25}$$

$$t_{fn} = t_{f1} f_{e2}{}^{\left(\frac{\ln n}{\ln 2} \right)}. \tag{3.26}$$

Der Vorteil dieser Schreibweise besteht darin, daß die Herstellzeiten t_{fn} für beliebige Stückzahlen n ermittelt werden können und nicht nur für diejenigen, die der Potenz der Basis „2" zum Exponenten m entsprechen.

2. Darstellung der Lernkurven

Üblicherweise werden Lernkurven in kartesischen Koordinaten dargestellt, wobei die Stückzahlen n auf der Abszisse und die Fertigungszeiten t_{fn} entweder absolut oder für die allgemeine Anwendung in Prozent aufgetragen werden.

Die Lernkurven folgen der Exponentialgleichung Gl. (3.24), wobei sich aufgrund verschiedener f_{e2} eine Kurvenschar für den gewählten Parameterbereich von $f_{e2} = \mathrm{f}(k)$ ergibt. Die einzelnen Kurven werden durch die prozentualen Werte von $f_{e2} = DEGR = 1 - k$ gekennzeichnet.

Bei linearer Koordinateneinteilung ergeben sich degressiv verlaufende *Exponentialkurven* (vgl. Bild 3.9).

Aus praktischen Gründen werden Lernkurven jedoch über doppellogarithmisch eingeteilten Koordinaten aufgetragen, wodurch einerseits bei großen Stückzahlen eine gute Auflösung erreicht wird und andererseits die Lernkurven zu *Geraden* werden und sich deshalb besonders einfach konstruieren lassen (vgl. Bild 3.10).

Ab einer bestimmten Stückzahl wird die prozentuale und damit auch die absolute Ersparnis zu *Null*, d. h. die Lernkurve verläuft ab diesem Punkt horizontal (vgl. Bild 3.11). Gründe hierfür sind beispielsweise

— das Erreichen der Grenze motorischer Fähigkeiten,
— das Erreichen der Minimalzeiten für Verfahrensabläufe (z. B. Aushärtezeit bei faserverstärkten Thermoplasten, Abkühlzeit vor dem Messen ...) sowie
— der innerbetriebliche Materialzu- und -abfluß (z. B. Kranlaufgeschwindigkeit).

In der Praxis liegt dieser Übergang im Bereich von $f_{e2} = 0.4 \ldots 0.3$.

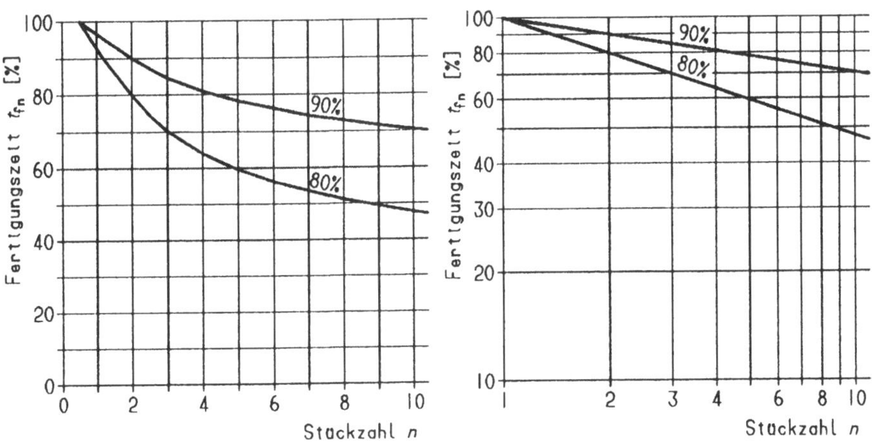

Bild 3.9. Lernkurve in linear eingeteilten Koordinaten

Bild 3.10. Lernkurve in doppellogarithmisch eingeteilten Koordinaten

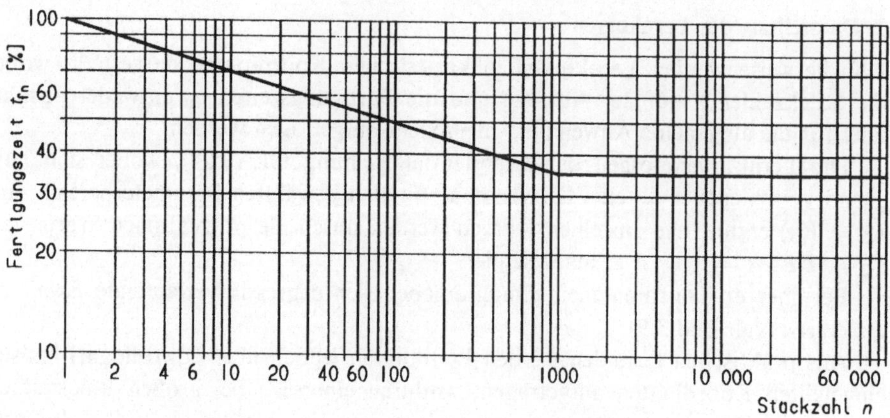

Bild 3.11. Praktische Lernkurve mit $DEGR = 90\%$ bis 1 000 Stück

3. Wahl der anzusetzenden Lernkurve

Die Wahl der bei der Kalkulation anzuwendenden Lernkurve setzt vorhergegangene statistische Ermittlungen oder Erfahrungen in den einzelnen Produktionsbereichen voraus. Jeder Produktionsbereich besitzt unter Umständen eine andere Lernkurve, denn je einfacher die Arbeit oder je intensiver sie mechanisiert ist, desto geringer ist die mögliche Einsparung infolge des Lerneffektes.

Bei Kenntnis der einzelnen Lernkurven-Degressionen $DEGR_i$ und der prozentualen Produktionsbeteiligung PB_i kann eine gemittelte Lernkurve mit der Degression $DEGR_m$ über alle beteiligten Produktionsbereiche p nach dem folgenden, als *Mischregel* bezeichneten Zusammenhang gefunden werden:

$$DEGR_m = \sum_{i=1}^{p} \frac{DEGR_i\,PB_i}{100} \qquad (3.27)$$

Die Wirksamkeit einer Lernkurve tritt selbstverständlich erst dann in Kraft, wenn nach Anlauf eines neuen Produktes die Einzelwerte und die Degression durch ein Testlos (*Nullserie*) ermittelt worden sind. Wirtschaftlich kritische Größen bei der Festlegung einer Lernkurve sind der Ansatz der Degression $DEGR$ sowie der Anfangswert der Gesamtfertigungszeit t_{f1}.

Auch während der Fertigung sollte nach jedem Los eine Kontrolle der Istwerte erfolgen, um rechtzeitig Korrekturen der Kalkulationsansätze vornehmen zu können. Außerdem sollte die Änderung der Lernkurve auf 100% nicht zu spät angesetzt werden, zumal ab dieser Stückzahl der kalkulierte Gewinn gesichert wäre. Diese Grenze kann auch durch Preisvergleiche mit auf dem Markt vorhandenen Konkurrenzprodukten erkannt werden.

3.2.4.3 Kalkulationsfaktoren für die vorwiegend manuelle Herstellung

Neben den Lernkurven werden in der Praxis Tabellen sowie Computerprogramme verwendet, die häufig aus den Kurven hergeleitet sind.

Mit Hilfe dieser Werkzeuge lassen sich für jede beliebige Stückzahl n zu jeder beliebigen Degression f_{e2} jeder Einzelwertfaktor f_e sowie die kumulierten Einzelwertfaktoren f_c und die Mittelwertfaktoren f_m ermitteln. Bild 3.12 zeigt einen Ausschnitt aus einer solchen Tabelle.

Fortschritts-zahl	Einzelwert-faktor	Kumulierter Einzelwert-faktor	Mittelwert-faktor
1	100.00	100.0	100.00
2	90.00	190.0	95.00
3	84.62	274.6	91.54
.			
.			
.			
48	55.52	3103.7	64.66
49	55.35	3159.0	64.47
50	55.18	3214.2	64.28
.			
.			
.			

Bild 3.12. Kalkulationsfaktoren in $[\%]$ für $DEGR = 90\%$

Ihre Anwendung und die mathematischen Zusammenhänge werden nachfolgend beschrieben.

1. Einzelwertfaktor

Der Einzelwertfaktor f_e und seine Anwendung wurden bereits in Kapitel 3.2.4.2 beschrieben.

2. Kumulierter Einzelwertfaktor

Dieser Faktor errechnet sich aus der Summe aller Einzelwertfaktoren f_e für jede Fortschrittszahl i einer Serie von n Werkstücken, also

$$f_{cn} = f_{e1} + f_{e2} + \ldots + f_{en} = 100 + \sum_{i=2}^{n} f_{ei} \quad [\%]. \tag{3.28}$$

Er dient der Berechnung der Gesamtfertigungszeit einer Serie von n Werkstücken. Diese errechnet sich aus

$$t_{cn} = t_{f1}\, f_{cn}. \tag{3.29}$$

3. Mittelwertfaktor

Dieser Faktor gibt den arithmetischen Mittelwert der kumulierten Faktoren f_c einer beliebigen Stückzahl n an und errechnet sich aus

$$f_{mn} = \frac{f_{cn}}{n}\,. \tag{3.30}$$

Er dient der Berechnung der mittleren Gesamtfertigungszeit je Werkstück. Diese ergibt sich aus

$$t_{mn} = t_{f1}\,f_{mn}. \tag{3.31}$$

Beispiel: Für die Montage einer Serie von $n = 1\,000$ Stück Kupplungen werden bei einer Lernkurve von $DEGR = 90\%$ für die Nullserie von 50 Kupplungen als Mittelwert $t_{m50} = 10$ Std. kalkuliert. Zu bestimmen sind:

1. der Anfangswert t_{f1},
2. der Mittelwert t_{m1000},
3. die Summe aller Stunden (kumulierte Stunden) t_{c1000}, die vom 1. bis zum 1 000. Stück anfallen,
4. die Fortschrittszahl i, ab der die Kosten je Kupplung unter den Mittelwert für 1 000 Stück sinken, so daß dort die Lernkurve abgebrochen werden kann.

Zu 1.: Der Anfangswert ergibt sich nach Gl. (3.31) und dem aus der Kalkulationsfaktorentabelle für $DEGR = 90\%$ entnommenen Mittelwertfaktor $f_{m50} = 64.28$ zu

$$t_{f1} = \frac{t_{m50}}{f_{m50}} = 15.56 \text{ Std.}.$$

Zu 2.: Der Mittelwert für 1 000 Stück ergibt sich nach Gl. (3.31) und dem aus der Kalkulationsfaktorentabelle entnommenen Mittelwertfaktor $f_{m1000} = 41.22$ zu

$$t_{m1000} = t_{f1}\,f_{m1000} = 6.41 \text{ Std.}.$$

Zu 3.: Die kumulierten Stunden für 1 000 Kupplungen ergeben sich mit Gl. (3.29) und dem aus der Kalkulationsfaktorentabelle entnommenen kumulierten Einzelwertfaktor $f_{c1000} = 41\,217.18$ zu

$$t_{c1000} = t_{f1}\,f_{m1000} = 6\,413.40 \text{ Std.}.$$

Dieser Wert ergibt sich auch aus $t_{c1000} = n\cdot t_{m1000}$.

Zu 4.: Die Fortschrittszahl i entspricht dem Schnittpunkt der Degressionskurve mit der Geraden des Mittelwertes (vgl. Bild 3.11) und ergibt sich aus dem Ansatz

$$t_{fi} = t_{m1000} = t_{f1}\cdot f_{e2}^{\left(\frac{\ln i}{\ln 2}\right)}$$

(vgl. Gl. (3.26)). Aus dieser Gleichung ist durch arithmetische Umstellung der Wert

$$\ln i = \frac{\ln\left[\left(\frac{t_{mn}}{t_{f1}}\right)^{\ln 2}\right]}{\ln f_{e2}}\,, \tag{3.32}$$

zu ermitteln, aus dem sich die Fortschrittszahl über die Beziehung

$$i = e^{\ln i} \tag{3.33}$$

zu 341 Stück errechnet.

3.2.4.4 Anwendungsgebiete der Lernkurven und der Kalkulationsfaktoren

Die Lernkurven und die daraus resultierenden Kalkulationsfaktoren können nur
dort angewendet werden, wo vorwiegend manuelle Tätigkeiten durchgeführt werden, da nur diese deren Bildungsgesetze beeinflussen wie beispielsweise

— an Handarbeitsplätzen (Schlosserei, manuelle Schweißerei, manuelle Löterei,
  Zwischen- und Endmontage usw.),
— an nichtautomatisierten Meß- und Prüfarbeitsplätzen,
— innerhalb nichtautomatisierter Transport- und Verpackungsabläufe.

Keinen Einfluß auf die Lernkurven und die Kalkulationsfaktoren haben also
beispielsweise

— eingesetzte Fertigungsmittel (Fertigungsvorrichtungen),
— eingesetzte Meßmittel und Lehren,
— leistungsstärkere Maschinen,
— automatisierte Transport- und Verpackungsabläufe,
— günstigere Materialdispositionen wie Mengenrabatte und dergleichen.

Die durch derartige Faktoren hervorgerufenen Kosteneinsparungen werden in
die Grundkalkulation eingerechnet. Werden während der laufenden Produktion
nachträgliche Verbesserungen eingebracht, ergeben sich Preis- oder Gewinn*sprünge*.
Für eine lang laufende Serie ist in diesen Fällen eine neue Bestimmung der Degression angebracht.

3.3 Die computergestützte Herstellkostenberechnung

3.3.1 Übersicht

Für die Berechnung der Herstellkosten ist der Einsatz des Computers aus vielen
Gründen von Vorteil. Die wichtigsten Gründe sind:

— Bei der Erstellung einer Konstruktionszeichnung mit Hilfe eines CAD-Systems
  werden alle Geometriedaten, die zur Herstellkostenberechnung eines Bauteils
  benötigt werden, erzeugt und damit computerintern weiterverwendbar.
— Die Herstellkosten können genauer, schneller und weitgehend fehlerfrei berech-
  net werden.
— Der Konstrukteur kann sehr schnell den Einfluß verschiedener Auswahlkriterien
  ermitteln und Parameterstudien durchführen bezüglich
  − Werkstoff,
  − Gestalt,
  − Toleranzgröße und Passungsqualität,
  − Oberflächenqualität usw..

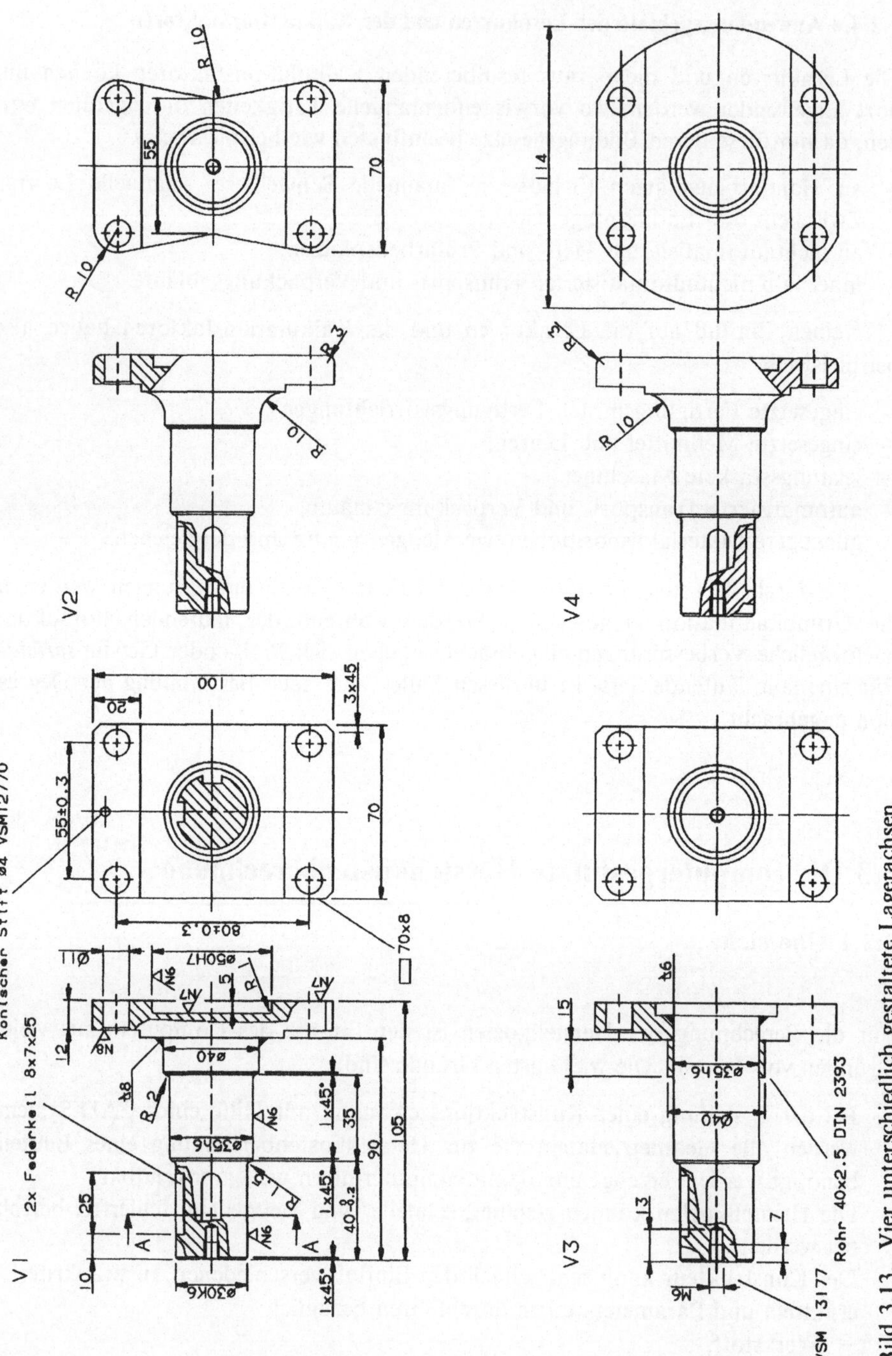

Bild 3.13. Vier unterschiedlich gestaltete Lagerachsen

— Alle speziellen Randbedingungen eines Unternehmens können in der entsprechenden Datenbasis einer Datenbank (vgl. Kapitel 7.3) berücksichtigt werden.
— Programme lassen sich an alle unternehmensspezifischen Änderungen beliebig anpassen.

3.3.2 Kostenzusammensetzung und Formsystemfamilien

Die Herstellkosten setzen sich, wie bereits in Kapitel 3.2.2 beschrieben, aus den Material-, Fertigungs- und Sondereinzelkosten zusammen (vgl. Bild 3.2). Die Materialkosten werden aufgrund der Volumenpreise ermittelt, die auf der Basis relativ stabiler Verhältnisse zwischen den einzelnen Werkstoffen und den verschiedenen Arten von Rohlingen beruhen. Diese Verhältnisse werden in relativen Kostenfaktoren ausgedrückt, [27].

Die Ermittlung der Fertigungszeiten bezieht sich auf sogenannte *Formsysteme*, aus denen sich jedes Bauteil zusammensetzen läßt (vgl. Bild 3.5). Diese können als *finite Elemente* der Kostenberechnung angesehen werden. Jedes Formsystem erfordert mindestens einen Herstellungsvorgang. Typische Beispiele sind

— in der Familie der gedrehten Formsysteme:
  - Außenzylinder
  - Innenzylinder
  - Planfläche
  - Außenkonus
  - Innenkonus
  - Außengewinde
  - Innengewinde
  - Ringnut
  - Freistich
  - Fase
— in der Familie der gebohrten Formsysteme:
  - Durchgangsloch
  - Sackloch
  - Senkloch
  - Gewindeloch

— in der Familie der gefrästen und gehobelten Formsysteme:
  - Ebene
  - Absatz
  - Fräsnut und -tasche
  - Wellenkeilnut
  - Nabenkeilnut
  - Wellenfedernut
  - Nabenfedernut
  - Stirnradverzahnung
  - Innenverzahnung
  - Plankerbverzahnung
— in der Familie der Blech-Formsysteme:
  - gebogene Kanten
  - Sicken
  - Durchsetzungen
  - Einschneidungen

— und weitere Familien mit ihren Formsystemen wie beispielsweise
  - urgeformte Formsysteme (z. B. Guß- oder Laminat-Formsysteme),
  - umgeformte Formsysteme (z. B. geschmiedete oder superplastisch umgeformte Formsysteme),
  - geschweißte Formsysteme.

Die Fertigungskosten ergeben sich dann analog den in Kapitel 3.2.2 und 3.2.3 aufgeführten und erklärten Gleichungen.

3.3.3 Die Wissensbasis am Beispiel des CADCOST-Systems

3.3.3.1 Übersicht

Das Programm CADCOST® ist ein Programm zur Kostenerfassung einer CAD-Konstruktion. Es wurde vom *Institut für Konstruktion und Bauweisen* der ETH Zürich in Zusammenarbeit mit der Firma MIRAKON, St. Gallen, entwickelt und basiert auf dem Datenverarbeitungskonzept des auf *Personalcomputer* zugeschnittenen Herstellkostenprogramms HKB, ein Produkt der Firma MIRAKON [3], [7]. CADCOST ist bisher mit den CAD-Systemen CADAM® und CATIA® gekoppelt.

Die für die Berechnung notwendigen Informationen über Werkstoffe, Rohlinge, Werkstückmerkmale, Fertigungsverfahren und -operationen, Werkzeugmaschinen, Werkzeuge, Vorrichtungen, Kostensätze, Berechnungsformeln usw. müssen einmal ermittelt und eingegeben sowie periodisch aktualisiert werden.

In der Datenbasis einer Datenbank können diese Daten in Form von Tabellen (*Textdateien*) hinterlegt werden. Sämtliche Fertigungsverfahren, deren Kosten sich in Zeit- oder Geldeinheiten ausdrücken lassen, sind erfaßbar.

In den folgenden Abschnitten werden die für die Herstellkostenberechnung spanend geformter Bauteile benötigten Tabellen auszugsweise in ihrem Aufbau dargestellt und in Kapitel 3.3.3.9 erläutert. Ihr Zusammenhang entspricht den *Assoziationsregeln* relationaler Datenbanken (vgl. Kapitel 7.5.3.3).

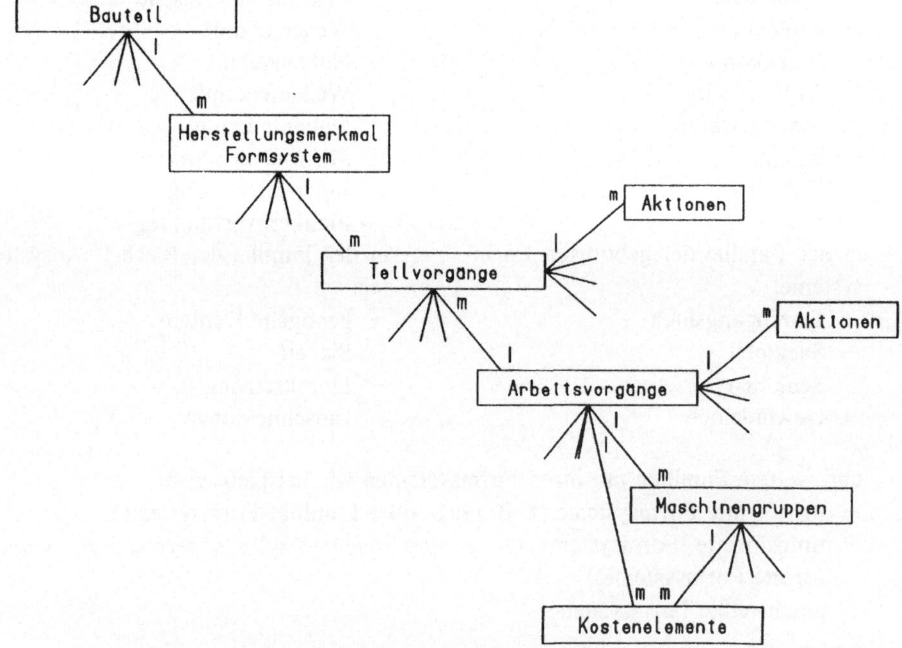

Bild 3.14. Zusammenhänge der Textdateien in der Datenbasis

Beispiel: Zum besseren Verständnis der Zusammenhänge zwischen Datenbasis und Programmablauf werden diese im weiteren Verlauf dieses Kapitels am Formsystem *Außenzylinder* erklärt (vgl. Bild 3.15). Alle diesbezüglichen Daten sind in den folgenden Tabellen **fett**gedruckt.

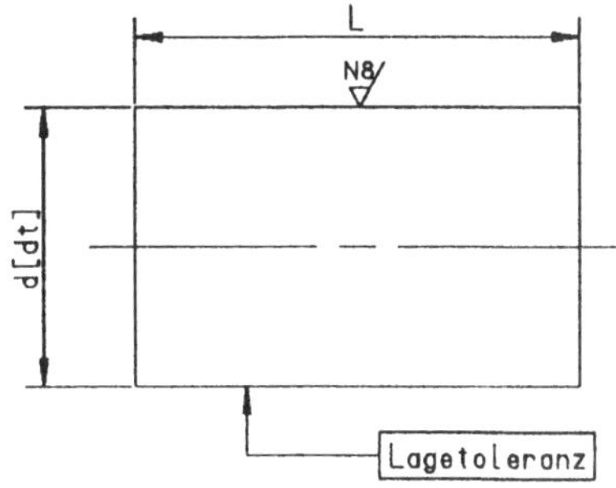

Bild 3.15. Maske des Formsystems Außenzylinder

3.3.3.2 Herstellungsmerkmale

Die in Bild 3.16 dargestellte Tabelle enthält eine Auswahl der als Herstellungsmerkmale bezeichneten *Formsysteme* (z. B. Außenzylinder, Innenzylinder, Keilnut ...), die in einem beliebigen Produktionsunternehmen vorkommen können. Zu jedem Formsystem müssen Parameter wie Geometrie, Maß-, Form- und Lagetoleranzen, Oberflächengüte definiert werden. Anhand dieser Informationen können die erforderlichen Fertigungsinformationen computergestützt ermittelt werden.

```
+------------------------------------------------------------------------+
!HERSTELLUNGS-MERKMALE                                                   !
+------------------------------------------------------------------------+
! BED = Bedingung fuer die Eingabemoeglichkeit                           !
! TV  = Aufgerufene Teilvorgaenge                                        !
+------------------------------------------------------------------------+
!NR   !5!NAME                    !5!MASK!5!BED   !4!A !5!TV            !5!
+------+---------------------------+------+--------+----+-----------------+
!D       !Gedrehte Formsysteme    !     !1      !    !                 !
! D1   !  Facetten_und_Radien     !hmD1 !1      !    !D9               !
! D2   !  Aussenzylinder          !hmD2 !1      !    !D1,D5,S4         !
! D3   !  Innenzylinder           !hmD3 !1      !    !D2,D6,S5         !
! D4   !  Planflaeche             !hmD4 !1      !    !D11,S8           !
! D5   !  Aussenkonus             !hmD5 !1      !    !D1,D3,D7,S6      !
! D6   !  Innenkonus              !hmD6 !1      !    !D2,D4,D8,S7      !
! D7   !  Aussengewinde           !hmD7 !1      !    !D1,G1,G2         !
! D8   !  Innengewinde            !hmD8 !1      !    !D2,G4,G5         !
! D9   !  Profile_spez.WZ         !hmD9 !1      !    !D10              !
! D14  !  Zentrierbohrung         !     !1      !    !D18              !
!B       !Bohrungen               !     !1      !    !                 !
! B1   !  Durchgangs/Sackloch     !hmL1 !1      !    !B2,B3,B4         !
! B2   !  Senkloch                !hmL2 !1      !    !B2,B3,B4,B5      !
```

Bild 3.16. Tabelle der Herstellungsmerkmale (Auszug)

3.3.3.3 Teilvorgänge

Die in Bild 3.17 gezeigte Tabelle enthält eine Auswahl der Fertigungsoperationen
(z. B. Vordrehen laengs aussen, Drehen laengs aussen, Aussenrundschleifen
...), die in dem jeweiligen Produktionsunternehmen durchgeführt werden können.

```
+--------------------------------------------------------------------------+
!TEILVORGAENGE                                                             !
+--------------------------------------------------------------------------+
!NR   !5!NAME                 !5!AV!4!BED              !4!A  !5!KE         !5!
+------+----------------------+----+----------------+-----+----------------+
!A1    !Maschine ruesten    !    !1                  !A1   !R2            !
!A2    !Vorrichtung richten !    !vo.{av.vo}.tr>0!A2   !R3            !
!D1    !Vordrehen_laengs_aus!D1  !f.dd0-hm.d>6       !D2   !HDL1A        !
!D2    !Vordrehen_laengs_inn!D1  !hm.d-ra.id>6       !D2   !HDL1I        !
!D3    !Konus_vordrehen_aus.!D1  !d.dd0-hm.d>6       !D2   !HD3          !
!D4    !Konus_vordrehen_inn.!D1  !1                  !D2   !HD4          !
!D5    !Drehen_laengs_aussen!D1  !1                  !D2   !ND1,N2,N3,ND3,HDL2A  !
!D6    !Drehen_laengs_innen !D1  !1                  !D2   !ND1,N2,N3,ND3,HDL2I  !
!D7    !Aussenkonus_drehen  !D1  !1                  !D2   !R4,ND1,ND3,HD6       !
!G2    !Aussengew. schneiden!D1  !hm.d<=16           !D5   !ND1,HDG2     !
!G4    !Innengewinde drehen !D1  !hm.d>=20           !D4   !ND1,ND2,HDG1 !
!B3    !Bohren              !B1  !1                  !B2   !N1,N2,N3,N4,NF5,HB2  !
!S4    !Aussenrundschleifen !SA1 !hm.o<=6            !S2   !NS1,N3,N4,HS2A       !
```

Bild 3.17. Tabelle der Teilvorgänge (Auszug)

3.3.3.4 Arbeitsvorgänge

Die in Bild 3.18 gezeigte Tabelle enthält die Fertigungsverfahren (z. B. Drehen,
Fraesen, Bohren, Schweissen ...), die in einem Produktionsunternehmen zur Verfügung stehen. Zu jedem Verfahren ist angegeben, auf welchen Maschinengruppen
oder an welchen Arbeitsplätzen es durchgeführt werden kann.

```
+--------------------------------------------------------------------------+
!ARBEITSVORGAENGE                                                          !
+--------------------------------------------------------------------------+
! MA  = moegliche Maschinengruppen                                         !
! A   = Aktionen                                                           !
+--------------------------------------------------------------------------+
!NR!5!NAME               !5!BED!4!MA            !4!MASK!5!A  !5!TV       !5!LG      !5!
+----+-----------------+----+----------------+------+-----+----------+-----------+
!D1  !Drehen           ! 1  !DN1,DN2,DM1,DM2  !avD1 !D1   !A1,A2,A3  !kd.lg      !
!B1  !Bohren           ! 1  !B_,F_            !avB1 !B1   !A1,A2,A3  !kd.lg      !
!F1  !Fraesen          ! 1  !F_,BW_           !avF1 !F1   !A1,A2,A3  !kd.lg      !
!SF1 !Flachschleifen   ! 1  !SF_              !avS  !     !A1,A2,A3  !kd.lg      !
!SA1 !Aussenrundschleifen ! 1 !SA_            !avS  !S1   !A1,A2,A3  !kd.lg      !
!SI1 !Innenrundschleifen ! 1 !SI_,DK1         !avS  !S1   !A1,A2,A3  !kd.lg      !
!TH1 !Stossen          ! 1  !TH_              !     !     !A1,A3     !kd.lg      !
!TS1 !Saegen           ! 1  !TS_              !     !     !A1        !kd.lg      !
```

Bild 3.18. Tabelle der Arbeitsvorgänge (Auszug)

3.3.3.5 Maschinengruppen und Arbeitsplätze

In Bild 3.19 sind die zur Verfügung stehenden Maschinen und Arbeitsplätze aufgeführt. Zu jeder Maschine werden spezielle Einsatzbedingungen BED und technische Daten angegeben sowie Kosten pro Stunde definiert.
Dieser Maschinenkostensatz bildet die Grundlage der Herstellkostenberechnung über die ermittelten Zeitarten.

```
+---------------------------------------------------------------------------+
!MASCHINENGRUPPEN                                                           !
+---------------------------------------------------------------------------+
! MGR = Maschinengruppen-NR die in der Ausgabe erscheint                    !
! KS  = Kostensatz in sFr/Std                                               !
! ST  = Steuerungscode: 1=manuell  2=CNC  3=2+WZ-Wechsler  4=3+WS-Wechs     !
! TR  = Grundruestzeit in Min                                               !
! KW  = Leistung in kw                                                      !
! NW  = Anzahl Umspannungen (Vorbelegung nur)                              !
+---------------------------------------------------------------------------+
!NR   !5!NAME                 !5!MGR !5!KS!4!ST!4!TR!4!KW!4!BED          !4!
+------+---------------------+------+----+----+----+----+--------------------+
!DM1  !Kleine_Drehbank       !1102 !50  ! 1 ! 30 ! 6  !f.maDM1            !
!DM2  !Universal_Drehbank    !1103 !60  ! 1 ! 40 !10  !f.maDM2            !
!DN1  !CNC_Drehbank          !1104 !80  ! 3 ! 50 !15  !f.maDN1            !
!DN2  !kleine_CNC_Drehbank   !1153 !75  ! 2 ! 50 ! 8  !f.maDN2            !
!DK1  !Karrousel_Drehbank    !1160 !140 ! 1 ! 60 !20  !f.maDK1            !
!F1   !Kleine_Fraesmaschine  !1201 !55  ! 1 ! 45 ! 5  !f.maF1             !
```

Bild 3.19. Tabelle der Maschinengruppen (Auszug)

3.3.3.6 Aktionen

Die in Bild 3.20 gezeigte Tabelle enthält die Aktionen, die von den Teil- bzw. Arbeitsvorgängen verursacht werden. Beispielsweise wird vom Teilvorgang D1 (Vordrehen laengs aussen) die Aktion D2 (Dreh-WZ bestimmen) aufgerufen (WZ = Werkzeug).

```
+------------------------------------------------------------------------------+
!AKTIONEN                                                                      !
+------------------------------------------------------------------------------+
!NR !5!NAME                 !5!BED !4!CODE                                  !5!
+------+---------------------+--------+-----------------------------------------+
!A1   !Maschine zuordnen     !1      !tv.ma:5=ma;                             !
!A2   !Spannvorrichtung best. !1      !tv.vo:5=av.vo;                          !
!D1   !Drehtechnologie bestimmen!1    !findt(av.vo,vo.'D_'.nr,bed); av.ne:4=2;!
!D2   !Dreh-WZ bestimmen      !1      !findt(tv.wz,wz.'D2,D1'.nr,bed);         !
!MG1  !Rohgewicht Rundstange  !1      !ra.kg:4=f.mg1; ra.id:4=0;               !
!MG2  !Rohgewicht Rundrohr    !1      !ra.kg:4=f.mg2;                          !
!S1   !Schleiftechn. bestimmen!1      !findt(av.vo,vo.'F_'.nr,bed); av.ne:4=1;!
!S2   !WZ fuer Rundschleifen  !1      !tv.wz:5='S2';                           !
```

Bild 3.20. Tabelle der Aktionen (Auszug)

3.3.3.7 Kostenelemente

In Bild 3.21 sind die Formeln und Faktoren für die Zeit- und Kostenermittlung enthalten.

```
+------------------------------------------------------------------------+
!KOSTENELEMENTE                                                          !
+------------------------------------------------------------------------+
! A = Kostenart: M = Materialkosten in Fr/Stck                           !
!                R = Ruestzeit in min/Los                                !
!                N = Nebenzeit in min/Stck                               !
!                H = Hauptzeit in min/Stck                               !
!                O = Operationskosten in Fr/Stck                         !
!                E = Einzelkosten der Fertigung in Fr/Stck               !
+------------------------------------------------------------------------+
!NR   !5!NAME                !5!A!5!BED          !4!WERT               !4!
+------+--------------------+---+-------------+-----------------------+
!N1       !Position_anstellen   !N  !ma.{ma}.st=1  !hm.n*(.3+(hm.t<0.1:1))       !
!N2       !Werkzeug_wechseln    !N  !ma.{ma}.st<3  !wz.{tv.wz}.tw                !
!N3       !Passung_messen       !N  !tol(hm.d)<9   !ma.{ma}.st=1:(1+(hm.d>100:2))!
!N4       !Lagetol_kontrol.     !N  !hm.t<0.1      !ma.{ma}.st=1:hm.n*5          !
!ND1      !Pos_anstellen Drehb. !N  !ma.{ma}.st=1  !0.3+(hm.t<0.1:1)             !
!ND3      !Lagetol._kontrol.    !N  !ma.{ma}.st=1  !hm.t<0.1:5                   !
!ND4      !Gew.WZ_anstellen     !N  !              !0.3*f.dgi                    !
!NS1      !Pos_anstellen Schlf. !N  !ma.{ma}.st=1  !1.5                          !
!HDL1A !Langdrehen schrupp.A. !H  !1             !f.dilu*f.dll/(f.su*f.dnu)    !
!HDL1I !Langdrehen schrupp.I. !H  !1             !1.3*f.dilu*f.dll/(f.su*f.dnu)!
!HDL2A !Langdrehen schlicht.A !H  !1             !f.dili*f.dll/(f.si*f.dni)    !
```

Bild 3.21. Tabelle der Kostenelemente (Auszug)

3.3.3.8 Werkstoffe

In Bild 3.22 ist ein Auszug der Werkstoffdefinitionen dargestellt. Zu jedem Werkstoff werden die Materialeigenschaften sowie die Werkstoffpreise (KP) angegeben.

```
+------------------------------------------------------------------------+
! WERKSTOFFE                                                             !
+------------------------------------------------------------------------+
! k     = Rohmaterialzerspannungsklasse                                  !
! zf    = Zerspannbarkeitsfaktor relativ zu St37 (beim Drehen schruppen) !
! di    = Dichte in kg/dm3                                               !
! kp    = Kilopreis fuer einfachen Rohling (z: B: Rundstange d=20)       !
+------------------------------------------------------------------------+
!NR   !5!NAME                !5!BED        !4!K  !5!ZF!4!DI!4!KP    !4!
+------+--------------------+------------+-----+----+----+--------+
!SB    !Baustaehle            !1           !    !    !    !      !
! SB1 !  St37..St50           !1           !S1  !1.0 !7.8 !1.2   !
! SB2 !  St60..St70           !1           !S2  !.70 !7.8 !1.3   !
! SB2A!  St90                 !1           !S3  !.50 !7.8 !1.4   !
! SV1 !  Verg.St._Ck45        !1           !S2  !.70 !7.8 !1.9   !
! SR2 !  X5CrNi18_9           !1           !S4  !.40 !7.8 !6.6   !
```

Bild 3.22. Tabelle der Werkstoffe (Auszug)

Alle Tabellen sind logisch miteinander verknüpft, da in den Zugriffsspalten der Tabellen Referenzen auf die Identifizierungsschlüssel anderer Tabellen zu finden sind. Die verwendeten Parameter können jeweils in mehreren Tabellen vorkommen und entweder als Bestandteile von Formeln oder als Kriterien für Entscheidungen auftreten.

Ausgehend von den verschiedenen Formsystemen werden über die vielfachen Verknüpfungen der Entscheidungstabellen sämtliche Vorgänge und Aktionen schließlich in Kostenelemente aufgelöst, um die Herstellkosten bestimmen zu können.

Beispiel: In der Spalte der Teilvorgänge (TV) der Herstellungsmerkmale (vgl. Bild 3.16) werden für den Außenzylinder, D2, die Teilvorgänge D1, D5 und S4 angestoßen, die hierüber in der Teilvorgangstabelle identifiziert werden können. Die Länge des Außenzylinders geht einerseits in die Formel zur Berechnung der Zeit ein, die zum Drehen benötigt wird. Andererseits kann sie aber auch verwendet werden, um aus verschiedenen zur Verfügung stehenden Drehbänken die kleinste auszuwählen, auf der der Außenzylinder noch gedreht werden kann.

Die Tabellen sind unternehmens-, nicht aber bauteilspezifisch. Daher müssen sie lediglich bei der Installation des Programmes zum Aufbau der Wissensbasis eingegeben werden. Bei Änderungen innerhalb eines Unternehmens, beispielsweise bei einer Erweiterung des Maschinenparks oder bei Einschränkungen der Lagerhaltung von Halbzeugen ausgewählter Werkstoffe, ist eine Modifikation erforderlich. Der Anwender des Programmes, also z. B. der Konstrukteur, sollte immer davon ausgehen können, daß die verwendeten Daten auf dem aktuellen Stand sind. Für den Datenbestand sind in der Regel die für die Fertigung und das Materialwesen verantwortlichen Fachbereiche (z. B. die „Arbeitsvorbereitung") zuständig.

Neben den konstruktiven Daten eines zu berechnenden Bauteils muß der Konstrukteur jedoch noch weitere Informationen haben wie beispielsweise

— die Produktionsdaten (Losgröße, Gesmatproduktion ...),
— die Rohlingsmerkmale (Abmessungen, Werkstoff, Bestellmenge ...),

da diese Informationen maßgeblich an der Kostenstruktur beteiligt sind.

3.3.3.9 Die Funktionsweise der Wissensbasis

Unter dem Begriff Wissensbasis wird hier der gesamte zur Herstellkostenberechnung von Bauteilen erforderliche Datenbestand verstanden, der die tatsächlichen Produktionsverhältnisse eines Unternehmens widerspiegelt.

Beispiel: Die Funktionsweise der Wissensbasis und das Zusammenwirken der Beziehungen zwischen den Tabellen soll anhand des Formsystems Außenzylinder verdeutlicht werden. Da eine detaillierte Erklärung aller Parameter der verschiedenen Tabellen den Rahmen dieses Kapitels sprengen würde, sollen nur die wichtigsten Zusammenhänge erklärt werden. Alle übrigen Parameter werden jedoch in der gleichen Art und Weise im Programm verarbeitet. Der erste Schritt ist die Definition der zur Herstellung des jeweiligen Formsystems notwendigen Fertigungsoperationen. Dies geschieht durch die Zuordnung von Teilvorgängen in der Tabelle der Herstellungsmerkmale und erfordert keine Eingabe durch den Anwender (vgl. Bild 3.16).

Formsystem: Teilvorgänge:

D2 (Aussenzylinder) D1: Vordrehen längs Aussen
                     D5: Drehen längs aussen
                     S4: Aussenrundschleifen

Die Tabelle der Teilvorgänge (vgl. Bild 3.17) wird vom Formsystem Aussenzylinder aufgerufen. In dieser Teilvorgangs-Tabelle werden folgende wichtigen Operationen durchgeführt:

1. Die Bedingungen für die Durchführung der Teilvorgänge werden festgelegt:

   Teilvorgang: Bedingung:

   D1   Das Vordrehen längs findet nur dann statt, falls die Differenz zwischen dem Ausgangsdurchmesser (f.dd0) und dem Außenzylinder-Durchmesser (hm.d) > 6mm ist.
   D5   Dieser Teilvorgang wird immer durchgeführt (Bedingung ist 1).
   S4   Das Aussenrundschleifen wird durchgeführt, falls die geforderte Oberflächenqualität des Außenzylinders (hm.o) $\leq$ N6 ist.

2. Die zur Herstellung eines Formsystems erforderlichen Teilvorgänge werden in Arbeitsvorgängen zusammengefaßt:

   Teilvorgang: Arbeitsvorgang:

   D1   Das Vordrehen längs gehört zum Arbeitsvorgang D1 (Drehen).
   D5   Das Drehen längs aussen gehört zum Arbeitsvorgang D1 (Drehen).
   S4   Das Aussenrundschleifen gehört zum Arbeitsvorgang SA1.

3. Jedem Teilvorgang wird eine Aktion zugeordnet:
   Teilvorgang: Aktion:

   D1   D2: Dreh-WZ bestimmen
   D5   D2: Dreh-WZ bestimmen
   S4   S2: WZ für Rundschleifen bestimmen

4. Jedem Teilvorgang werden ein oder mehrere Kostenelemente zugeordnet:

   Teilvorgang: Kostenelemente:

   D1   HDL1A: Längsdrehen Schruppen Aussen
   D5   ND1: Position einstellen
                         N2: Werkzeug wechseln
                         N3: Passung messen
                         ND3: Lagetoleranz kontrollieren
                         HDL2A: Längsdrehen Schlichten Aussen
   S4   NS1: Position einstellen
                         N3: Passung messen
                         N4: Lagetoleranz kontrollieren
                         HS2A: Rundschleifen Aussen

In der Aktionstabelle (vgl. Bild 3.20) werden Parameter zu den Aktionen definiert und zugeordnet:

Aktion:	Code:
D2	Die Variable für das Werkzeug heißt 'tv.wz'. Der entsprechende Wert ist in der Tabelle 'wz' zu finden (findt). In der Tabelle 'wz' wird für die Aktion D2 zuerst in der Kolonne 'nr' die Bedingung 'bed' überprüft. Falls diese Bedingung nicht erfüllt ist, wird der Variablen 'tv.wz' der Wert D1 zugewiesen.
S2	Die Variable für das Werkzeug heißt 'tv.wz' und ist vom Typ *String*. Der Wert ist eine Konstante (S2).

In der Aktionstabelle werden für jedes Verfahren die möglichen Maschinengruppen angegeben (vgl. Bild 3.19). Jeder Arbeitsvorgang ist mit einer Aktion verbunden.

Arbeitsvorgang:	Aktion:
Drehen (D1)	D1: Drehtechnologie bestimmen

Für jeden Arbeitsvorgang sind aber auch eine Anzahl von Operationen notwendig, die unabhängig vom Herstellungsmerkmal sind:

Arbeitsvorgang:	Teilvorgänge:
Drehen (D1)	A1: Maschine zuordnen A2: Spannvorrichtung bestimmen

Die Kostenelemente-Tabelle (vgl. Bild 3.21) ermöglicht die Ermittlung der Rüst-, Neben- und Hauptzeiten jedes Teilvorgangs. Das folgende Beispiel beschränkt sich auf einige Kostenelemente des Teilvorgangs Drehen längs aussen, die aus der Teilvorgangstabelle aufgerufen werden (vgl. Bild 3.17).

Kostenelement:	Wert:
ND1	Der berechnete Wert ist eine Nebenzeit (Kostenart = N). Der Wert wird nur berechnet, falls der Steuerungscode der Maschine 1 (manuell) ist. Für die Berechnung gilt die Formel 0.3+(hm.t<0.1:1). Wenn die Lagetoleranz des Außenzylinders < 0.1 ist, werden für diese Operation hieraus 1.3 Min. berechnet, ansonsten 0.3 Min..
N3	Der berechnete Wert ist eine Nebenzeit (Kostenart = N). Die Berechnung wird durchgeführt, falls die Durchmesser-Toleranz < 9 ist. Wenn die Maschine eine manuelle Steuerung besitzt (Steuerungscode = 1), wird die entsprechende Nebenzeit mit der Formel (1+(hm.d>100:2)) berechnet. Dies bedeutet: Falls der Außenzylinder-Durchmesser > 100 mm ist, werden für diese Operation 3 Min. berechnet, ansonsten 1 Min..
HDL1A	Der berechnete Wert ist eine Hauptzeit (Kostenart = H). Die Berechnung wird immer durchgeführt (Bedingung ist 1). Die Zeit ergibt sich aus f.dilu*f.dll/(f.su*f.dnu). Die Arbeitsschritte (f.dilu) werden mit dem Arbeitsweg (f.dll) multipliziert und durch das Produkt aus Vorschub (f.su) und Drehzahl (f.dnu) dividiert.

Zur Durchführung der Kostenberechnung werden noch weitere Tabellen benötigt, auf die aus den bereits erwähnten Gründen nicht näher eingegangen wird. Die
Verarbeitung dieser Tabellen erfolgt entsprechend der bisherigen Beschreibung.

3.3.4 Das Herstellkostenberechnungs-Programm CADCOST

3.3.4.1 Der Datenfluß

Das CADCOST-Programm besteht im wesentlichen aus zwei Moduln (vgl.
Bild 3.23), die in den nächsten Kapiteln näher beschrieben werden.

1. Einem Schnittstellenmodul (Interface) für die Kopplung mit den CAD-Systemen
   — CADAM®,
   — CATIA®.

2. einem Herstellkostenberechnungs-Modul (HKB).

3.3.4.2 Das CADCOST-Interface

1. Die Gliederung des CADCOST-Interface

Das CADCOST-Interface dient als Schnittstelle zwischen dem Herstellkostenberechnungs-Programm (HKB) und dem CAD-System, in welchem der Anwender die
Konstruktionszeichnung erstellt. Ziel des CADCOST-Interface ist es, die im CAD-
System vorhandenen Daten auszunutzen, um eine Kostenanalyse auf möglichst ra-
schem und einfachem Wege durchzuführen.

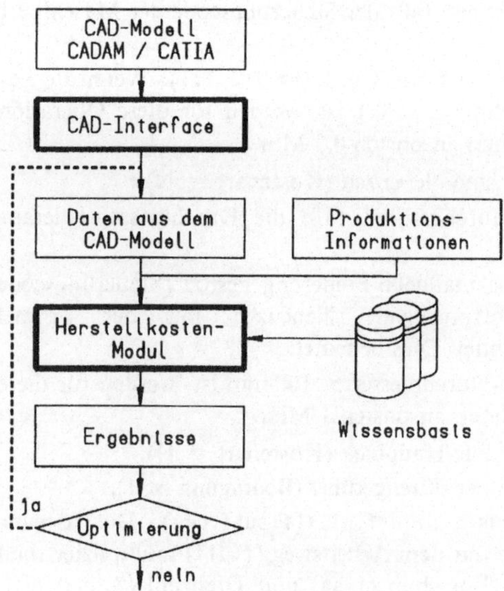

Bild 3.23. CADCOST-Datenfluß

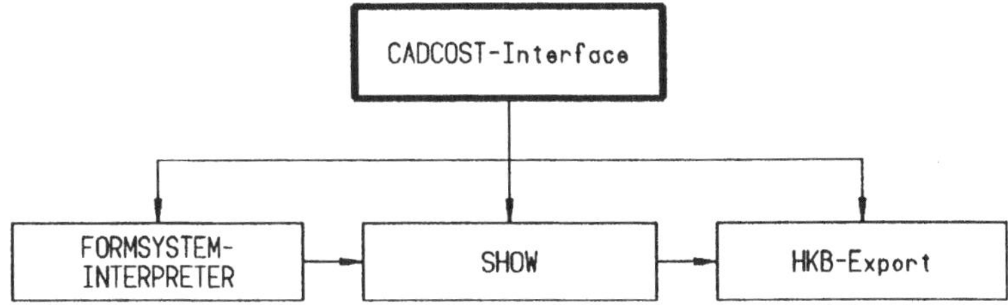

Bild 3.24. CADCOST-Interface

Für die im HKB-Modul durchzuführende Kostenanalyse werden die in der CAD-Zeichnung vorhandenen Informationen wie Maße, Toleranzen und Oberflächenqualität benötigt. Zusätzliche Informationen wie die Rohlingsmaße oder der Werkstoff werden erst nach Aufruf des Herstellkostenberechnungs-Moduls eingegeben. Wichtig für die Kostenberechnung ist die Gliederung des zu berechnenden Bauteils in Formsysteme.

Da es nicht möglich ist, die Daten aller in der Praxis verwendeten und denkbaren Formsysteme standardmäßig zu implementieren, bietet das System dem *Anwender* die Möglichkeit, seine Formsysteme den jeweiligen Bedürfnissen entsprechend zu definieren. Bei der Auswahl eines der angebotenen Formsysteme erzeugt das CADCOST-Interface einen entsprechenden Dialog mit dem Anwender. Im CAD-System CADAM® werden Formsystemdefinitionen und deren spätere Benutzung im Dialog in der Funktion **ACCESS** mittels *Interactive User Exit*-Programmen (IUE) durchgeführt, im CAD-System CATIA® werden die Dialoge durch die im *Graphical Interactive Interface* (GII) definierten Funktionen unterstützt.

Wird innerhalb der Funktion **ACCESS** das Menü /CADCOST/ selektiert, bietet das Programm folgende Hauptmenüs an (vgl. Bild 3.24):

— FORMSYSTEM-INTERPRETER
— SHOW
— HKB-EXPORT

2. Das Hauptmenü FORMSYSTEM-INTERPRETER

Das durch dieses Menü aufgerufene Programmmodul liest das *Formsystem-Dialog-File* und interpretiert daraus den Dialog, der am CAD-Bildschirm für das ausgewählte Formsystem erfolgen soll, an. Nach dem Start dieses Menüs erscheint eine Bildschirmmaske, in der alle zur Verfügung stehenden Formsysteme dargestellt sind (vgl. Bild 3.25). Durch Selektieren des Formsystem-Textes kann das gewünschte Formsystem aktiviert werden. Der Dialog wird nun gestartet. Die sich aus dem Dialog ergebenden Informationen werden in Form von HKB-Attributen den im Dialog beteiligten Elementen angehangen. Unter diesen Elementen sind hier die zur Definition verwendeten CAD-Geometrieelemente (z. B. 2D-Linien und -Kreisbögen) und nicht die vollständigen Formsysteme zu verstehen. HKB-Attribute sind dadurch erkennbar, daß ihr Text mit den vier Zeichen „HKB," beginnt.

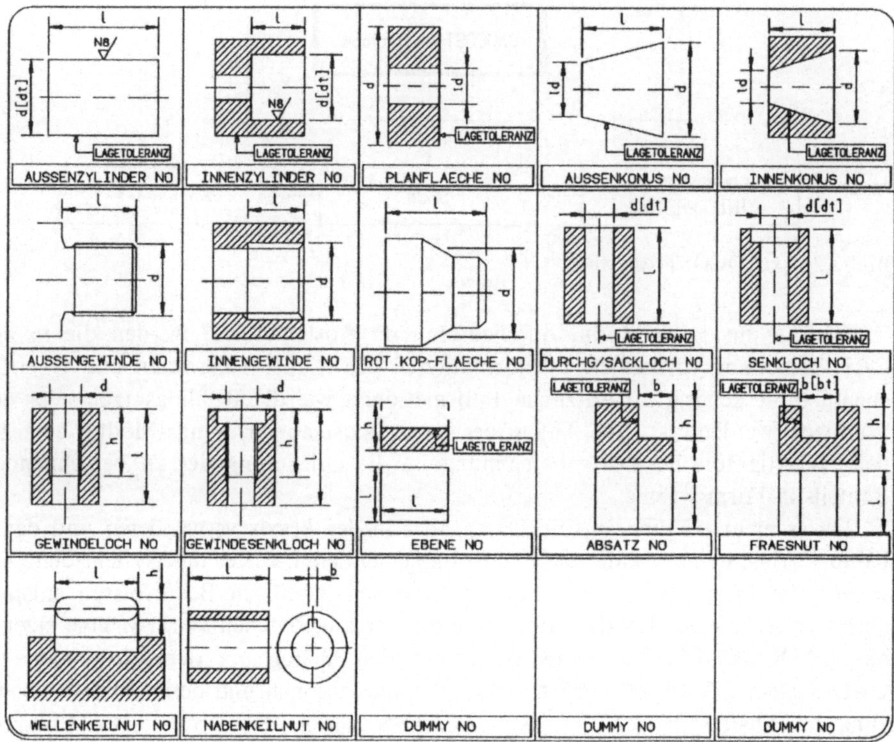

Bild 3.25. Beispiel einer Bildschirmmaske mit definierten Formsystemen

3. Das Hauptmenü SHOW

Dieses Menü dient zur Kontrolle der im Dialog festgelegten Informationen. Hierdurch wird der Arbeitsstand in der Zeichnung verdeutlicht, indem alle in ihr mit HKB-Attributen behafteten Geometrieelemente farbig (*highlighted*) hervorgehoben werden. Gleichzeitig erscheint in unmittelbarer Nähe eines jeden Elementes die Bezeichnung des Formsystems, an dessen Definition es beteiligt ist.

4. Das Hauptmenü HKB-EXPORT

Mit diesem Menü werden alle in dem Zeichnungsmodell vorhandenen HKB-Attributwerte in ein Ausgabe-*File* geschrieben, welches in das HKB-Programm *exportiert* wird. Das Programmodul wird angewendet, nachdem die Zeichnung mit Hilfe des FORMSYSTEM-INTERPRETERS analysiert und die Formsystemdefinitionen mit Hilfe des Hauptmenüs SHOW kontrolliert wurde.

3.3.4.3 Detaillierte Menüerklärung am Beispiel des CAD-Systems CADAM

1. Anwendung des Hauptmenüs FORMSYSTEM-INTERPRETER

In der Funktion **ACCESS** erscheinen nach Selektieren von /CADCOST/ die Hauptmenüs FORMSYSTEM-INTERPRETER, SHOW und HKB-EXPORT.

Nach Selektieren des Hauptmenüs FORMSYSTEM-INTERPRETER werden folgende Schritte durchgeführt:

1. Auf dem Bildschirm erscheint die Bildschirmmaske mit den Symbolen zur Formsystemdefinition. Jedes Symbol beschreibt ein Formsystem und ist mit einem Formsystem-Text (Name und Identifizierung) versehen, wobei der letztere auf den logischen Wert „NO" voreingestellt ist. Durch Selektieren des Formsystem-Textes kann die Identifizierung auf den logischen Wert „YES" umgestellt werden. Dabei werden alle anderen Texte automatisch auf „NO" zurückgestellt.
    Wird das Menü /ACCEPT/ selektiert, so erfolgt der nächste Programmschritt.

2. Das Formsystem-Dialog-*File* wird gelesen und interpretiert. Auf dem Bildschirm erscheint wieder die Konstruktionszeichnung. Durch die Aktivierung des *i*-ten Formsystem-Textes wird im Formsystem-Dialog-*File* der *i*-te Formsystem-Dialog ausgeführt.
    Mit dem Menü /ABORT/ geht das Programm auf den Punkt 1 zurück.

3. Nachdem der vom Anwender ausgewählte Dialog durchgeführt wurde, erscheinen auf der Eingabe-Zeile die im Dialog definierten Formsystemparameter. Diese können mit Y/N oder Enter bestätigt oder durch eine gewünschte Änderung überschrieben werden.
    Falls das Menü /ABORT/ selektiert wird, geht das Programm auf Punkt 1 zurück und alle definierten Attribute werden zurückgesetzt.

4. Die Formsystem-Maske erscheint erneut. Nun kann entweder die Arbeit, wie unter Punkt 1 beschrieben, fortgesetzt oder zum Abbruch der Dialogsitzung das Menü /ABORT/ selektiert werden. Falls die Dialogsitzung abgebrochen wird, erscheinen die Menüs /RESTORE/ und /KEEP/. Durch Selektion des Menüs /RESTORE/ verliert das Zeichnungsmodell alle ihm zugeordneten Attribute, befindet sich also wieder im Ausgangszustand. Durch Selektion des Menüs /KEEP/ bleiben die während der Dialoge erstellten Attribute im Zeichnungsmodell erhalten und können bei einem erneuten Programmstart weiterverwendet werden, das Abspeichern des Modells vorausgesetzt.

Formsysteme und deren Anwendungen im Dialog

Alle verfügbaren Formsysteme können im Dialog durch Selektieren geometrischer Elemente oder deren Bemaßung (in der Schweiz nach VSM 10201 auch *Vermaßung*) definiert werden. Um Länge und Durchmesser eines Außenzylinders zu definieren genügt es beispielsweise, zwei parallele Geraden zu selektieren. Alternativ hierzu ist es auch möglich, Punkte, Kreise oder entsprechende Bemaßungen zu selektieren, d. h., es können auch eine Bemaßung für die Länge und ein Kreis für den Durchmesser genutzt werden.

Beispiel: Für das Formsystem *Außenzylinder* sollen die Herstellkosten ermittelt werden.
    Dazu ruft der Anwender im CAD-System aus der dargestellten Konstruktionszeichnung heraus die Funktion **ACCESS** auf und selektiert nacheinander die Menüs /CAD-COST/, /IUE-PGM/ und FORMSYSTEM-INTERPRETER. Damit erscheint die Bild-

schirmmaske mit einer Auswahl von Formsystemen (vgl. Bild 3.25). Die Masken geben eine Übersicht über die im Dialog verlangten Informationen.

Die Maske des Formsystems *Außenzylinder* (vgl. Bild 3.15) zeigt, daß im anschließenden Dialog folgende Informationen verlangt werden:

— Länge des Außenzylinders
— Durchmesser des Außenzylinders
— Maßtoleranz des Durchmessers
— Lagetoleranz des Zylinders
— Oberflächenbeschaffenheit der Zylinderfläche

Der Dialog wird gestartet durch Selektieren des Formsystem-Textes *Außenzylinder* und des Menüs /ACCEPT/. Danach sind folgende Arbeitsschritte durchzuführen:

1. Im Dialogfeld am oberen Bildschirm-Rand sind die verschiedenen Möglichkeiten angegeben, mit denen die Geometrie-Definition begonnen werden kann, d. h. Selektieren einer Geraden, einer Bemaßung oder eines Punktes, Indizieren oder Tastatureingabe. Die erste Geometrie-Definition gibt die Länge des Außenzylinders an.

    — Falls eine Gerade selektiert wird, wird nach einer zweiten Geraden gefragt. Mit den zwei selektierten Geraden sind gleichzeitig Länge und Durchmesser des Zylinders definiert. Als Länge des Zylinders wird die Länge der ersten selektierten Geraden verwendet. Der Durchmesser ergibt sich aus dem normalen Abstand beider selektierter Geraden. Falls die beiden selektierten Geraden nicht parallel sind, erscheint eine entsprechende Meldung am obersten Bildschirmrand, und der Dialog beginnt erneut von vorne. Falls die Geraden erfolgreich selektiert wurden, geht der Dialog unter Punkt 3 weiter.

    — Falls eine Bemaßung selektiert wird, gilt das Maß als Länge des Zylinders.

    — Falls eine alphanumerische Eingabe erfolgt, gilt diese als Länge des Zylinders.

    — Falls ein Punkt selektiert wird, wird nach einen zweiten Punkt gefragt. Der Abstand beider Punkte gilt als Länge des Zylinders.

    — Falls ein Punkt indiziert wird, wird nach einen zweiten Punkt gefragt. Der Abstand beider indizierten Punkte gilt als Länge des Zylinders.

2. Der Dialog wird fortgesetzt, indem nach dem Durchmesser gefragt wird. Dazu kann zwischen dem Selektieren eines Punktes, eines Kreises oder einer Bemaßung, dem Indizieren oder der alphanumerischen Tastatureingabe gewählt werden.

    — Falls ein Kreis oder ein Kreisbogen selektiert wird, gilt der Durchmesser des Kreises bzw. des Kreisbogens als Durchmesser des Zylinders.

    — Falls eine Bemaßung selektiert wird, gilt das Maß als Durchmesser des Zylinders.

    — Falls eine alphanumerische Tastatureingabe erfolgt, gilt diese als Durchmesser des Zylinders.

    — Falls ein Punkt selektiert wird, wird nach einen zweiten Punkt gefragt. Der Abstand beider Punkte gilt als Durchmesser des Zylinders.

    — Falls ein Punkt indiziert wird, wird nach einen zweiten Punkt gefragt. Der Abstand beider indizierten Punkte gilt als Durchmesser des Zylinders.

3. Der Dialog wird fortgesetzt, indem nach der Maßtoleranz des Durchmessers, der Lagetoleranz des Zylinders und der geforderten Oberflächenqualität der Zylinder-Mantelfläche gefragt wird. Zu jeder Frage erscheint auf der Eingabe-Zeile ein Vorschlag. Dieser kann jeweils durch Y/N bestätigt oder durch alphanumerische Tastatureingabe geändert werden.

4. Zum Abschluß wird mit einer Anzeige der eingegebenen Formsystemparameter nach einer Bestätigung des Attribut-Textes gefragt. Diese können mit Y/N bestätigt oder durch alphanumerische Tastatureingabe noch abgeändert werden.

2. Anwendung des Hauptmenüs SHOW

In der Funktion **ACCESS** erscheinen nach Selektieren des Hauptmenüs /CADCOST/ die Hauptmenüs FORMSYSTEM-INTERPRETER, SHOW und HKB-EXPORT.

Mit dem Hauptmenü SHOW lassen sich die mit einem HKB-Attribut versehenen Elemente farbig hervorheben, wodurch der Stand der Bearbeitung verdeutlicht wird. Außerdem kann der Attribut-Text eines Formsystems verändert werden.

a. Das Untermenü /ALL/

Mit dem Untermenü /ALL/ lassen sich alle Elemente, die mit einem HKB-Attribut behaftet sind, gleichzeitig farbig darstellen.

Der Bezug zum definierten Formsystem wird durch die in unmittelbarer Nähe eines jeden Elementes dargestellte Formsystemidentifizierung verdeutlicht. Diese Identifizierung wird aus dem Attribut-Text des Elementes entnommen.

Falls ein Element mehrere Formsysteme definiert, erscheinen die Formsystemidentifizierungen der Reihe nach nebeneinander.

b. Das Untermenü /STEP/

Mit dem Untermenü /STEP/ lassen sich die mit einem HKB-Attribut versehenen Elemente darstellen. Hierbei erscheint der zugehörige Attribut-Text jeweils auf der Eingabe-Zeile und kann somit auf einfache Weise geändert oder gelöscht werden. Das Menü /STEP/ wird durch Menü-Selektion und Bestätigung mit der Y/N-Taste aktiviert.

c. Das Untermenü /NEXT/

Durch das Untermenü /NEXT/ im Menü /STEP/ des Hauptmenüs /SHOW/ wird das nächste Formsystem angezeigt. Das Durchsehen des Zeichnungsmodells erfolgt durch Bestätigung mit der Y/N- oder der ENTER-Taste.

3. Anwendung des Hauptmenüs HKB-EXPORT

In der Funktion **ACCESS** erscheinen nach Selektieren von /CADCOST/ die Hauptmenüs FORMSYSTEM-INTERPRETER, SHOW und HKB-EXPORT. Das Hauptmenü HKB-EXPORT wird aufgerufen, nachdem die Formsysteme durch den FORMSYSTEM-INTERPRETER definiert und mit Hilfe des Hauptmenüs SHOW kontrolliert wurden.

Durch HKB-EXPORT werden alle in der Zeichnung vorhandene HKB-Attributwerte in ein Ausgabe-*File* geschrieben, das in das HKB-Modul exportiert wird.

Für das Ausgabe-*File* muß ein Dateiname sowie eine Versionennummer für etwaige Fallstudien angegeben werden. In diesem HKB-EXPORT-*File* wird jedes Formsystem in eine separate Zeile geschrieben. Das HKB-EXPORT-*File* enthält daher soviel Zeilen, wie Formsysteme im Zeichnungsmodell definiert wurden. Wieviele und welche Formsysteme definiert wurden, läßt sich zuvor mit dem Hauptmenü SHOW feststellen.

Aus jedem der drei Hauptmenüs ist ein Programmausstieg über folgende Untermenüs möglich:

a. Das Untermenü /ABORT/

Durch Selektieren des Untermenüs /ABORT/ erfolgt der Ausstieg aus einem der drei CADCOST-Hauptmenüs. Es erscheinen die Abschlußmenüs /RESTORE/ und /KEEP/.

b. Das Untermenü /RESTORE/

Durch Selektieren des Untermenüs /RESTORE/ verliert das Zeichnungsmodell alle vorher definierten Attribute, d. h. es wird auf den Zustand vor dem Einstieg in das jeweilige Hauptmenü zurückgesetzt.

c. Das Untermenü /KEEP/

Durch Selektieren des Untermenüs /KEEP/ werden die während der vorausgegangenen Arbeitssitzung definierten oder veränderten Attribute akzeptiert und können abgespeichert werden.

3.3.4.4 Das Herstellkosten-Berechnungsmodul HKB

1. Die Programmstruktur

Die Daten aus dem CAD-Modell dienen als Eingabe für das HKB-Modul. Diese Daten müssen hierfür mit Fertigungs-Informationen vervollständigt werden (vgl. Bild 3.23). Die Programmstruktur des HKB-Moduls ist Bild 3.26 zu entnehmen.

Im HKB-Modul findet die eigentliche Herstellkostenberechnung statt. Die zur Berechnung notwendigen Informationen über Kostensätze, Fertigungsverfahren, usw. sind in Form von Entscheidungstabellen in der Wissensbasis gespeichert.

Die Eingabe der Daten erfolgt im Dialog und ist unterstützt durch moderne Softwaremethoden wie z. B. Menü- und *Window*-Technik, Graphik und Fehlerunterdrückung. Zusätzlich zu den Daten des HKB-EXPORT-*Files* aus dem CAD-System werden für die Kostenermittlung folgende Informationen eingegeben:

Stammdaten: Gegenstand-Nr., Bezeichnung, Baugruppe, Bemerkungen
Rohlingsmerkmale: Werkstoff
                         Form und Abmessungen
                         Vorbehandlungen
                         Fertigungsverfahren (gegossen, geschmiedet, gewalzt usw.)
                         Bestellmenge
Fertigungsmerkmale: Losgröße

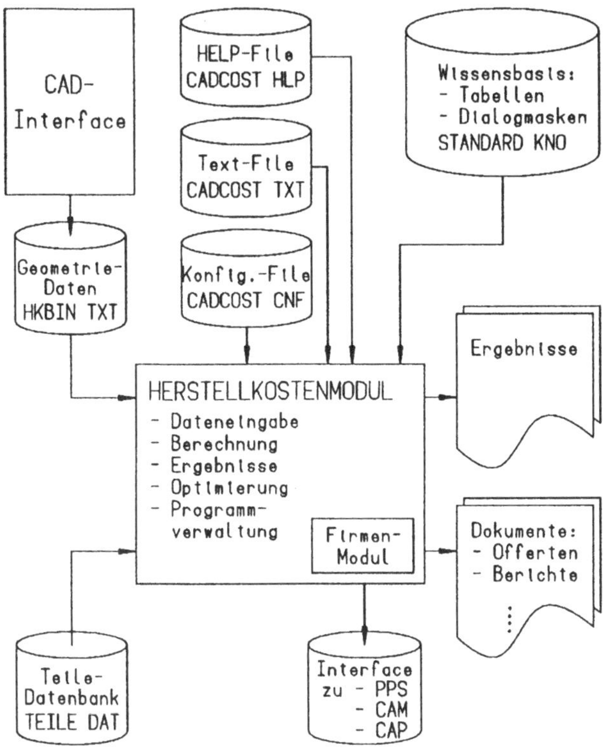

Bild 3.26. HKB-Programmstruktur

2. Ausgabe der Ergebnisse

Die Ausgabe der Herstellkosten ist möglich

— nach *Formsystemen,*
— nach *Fertigungsverfahren.*

Beispiel: Diese Unterschiede sollen anhand einer Konstruktion gemäß Bild 3.27 verdeutlicht werden.

Vorausgesetzt wurde eine Gesamtproduktion von 1 000 Stück und eine Losgröße von 200 Stück.

Die Herstellkosten für dieses Bauteil sind in Bild 3.28 nach Formsystemen gegliedert und in Bild 3.30 nach Fertigungsverfahren gegliedert wiedergegeben. Beide Aufstellungen erlauben eine eingehende Analyse der Herstellkosten und geben dem Konstrukteur wichtige Anhaltspunkte für die weitere Arbeit.

Der Konstrukteur kennt demnach die Gesamtherstellkosten des Bauteils sowie deren Aufgliederung nach unterschiedlichen Gesichtspunkten. Durch Kostenvergleiche ist er in der Lage, die von ihm festgelegten Kosten zu überprüfen und gegebenenfalls durch Änderung seiner Konstruktion zu senken, falls dies die Anforderungen und insbesondere die zu erfüllende Funktion erlauben.

Bild 3.28 zeigt die Kostenstruktur des berechneten Bauteils.

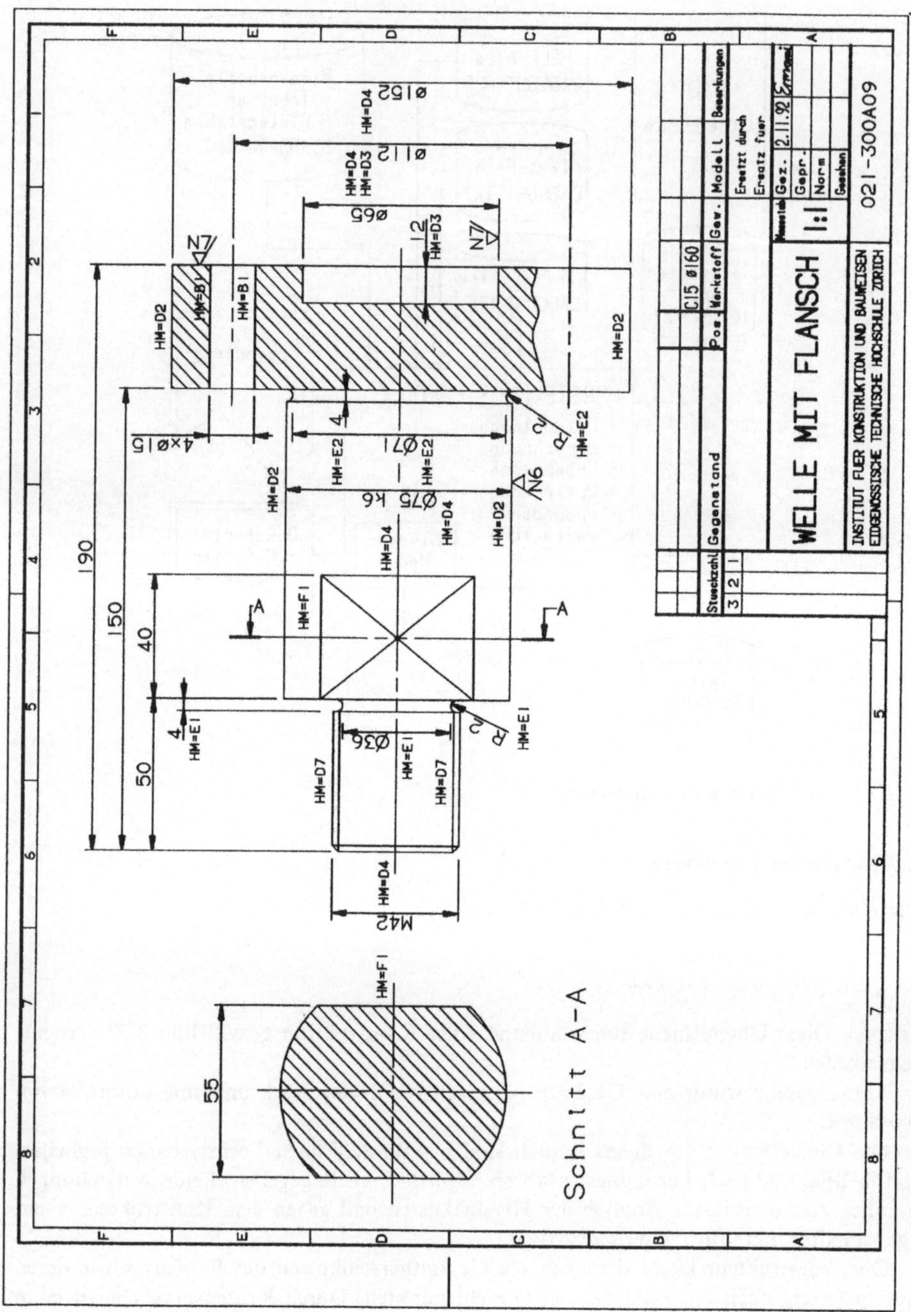

Bild 3.27. Welle mit definierten Formsystemen

Besonders auffallend sind hierbei die besonders hohen Herstellkosten des durch Fettdruck hervorgehobenen Außenzylinders. Um deren Ursache genau ergründen zu können wurde von der Möglichkeit Gebrauch gemacht, für dieses Formsystem eine detaillierte Aufgliederung der Herstellkosten ausweisen zu lassen. Bild 3.29 zeigt einen Ausschnitt aus der nach Formsystemen gegliederten und durch die einzelnen Arbeits- bzw. Teilvorgänge ergänzten Ausgabetabelle.

Aus dieser Tabelle ist zu erkennen, daß aufgrund der verlangten Oberflächenqualität N6 ein zusätzliches Außenrundschleifen der Oberfläche erforderlich ist. Dieser Teilvorgang allein kostet 15.18 Fr., das sind 44% der Herstellkosten dieses Formsystems.

Falls für den Außenzylinder eine etwas schlechtere Oberflächenqualität zulässig wäre, könnten die Herstellkosten auf einfache Weise reduziert werden. Durch die Änderung des Parameters Oberflächenqualität von N6 auf N8 würden sich die Selbstkosten des Bauteils von 127,82 Fr. auf 112,27 Fr., d. h. um 12.17%, senken, da in diesem Fall der Arbeitsvorgang Aussenrundschleifen entfällt (vgl. Bilder 3.28 und 3.30).

```
+-----------------------------------------------------------------------+
!   ETH Zuerich    !   HERSTELLKOSTENBERECHNUNG MIT CADCOST  !Datum:    !
!      IKB         !      ECUA WELLE MIT HKB-ATTRIBUTEN       !Bearb:    !
!----------------------------------------------------------------------!
! Kopfdaten: LG=200 GP=1000                                             !
!----------------------------------------------------------------------!
! MATERIALPOSITIONEN                                          ! HK      !
!--------------------------------------------------------------+--------!
! 1 * Rundstange gewalzt RM=SB1 L=196 D=158 ME=1000 KG=30 ID=0 !  30.57!
!--------------------------------------------------------------+--------!
! HERSTELLUNGSMERKMALE                               ! TR  ! TE  ! HK   !
!-----------------------------------------------------+-----+-----+-----!
! Aussenzylinder L=40 D=152k6 T=0.500 O=7            !  5.71!  3.93!   5.28!
! Ebene L=40 B=50.99 H=10 P=1 T1=0.500 T2=0.500 O=7 N ! 60.00! 13.79!  12.91!
! Aussenzylinder L=95 D=75k6 T=0.500 O=6             ! 60.78! 29.30!  34.40!
! Aussengewinde L=43 D=42 P=2                         ! 18.91! 13.02!  17.49!
! Planflaeche D=42 ID=0 T=0.000 O=7 N=1               !  0.55!  0.38!   0.51!
! Durchgangs/Sackloch L=40 D=15h7 T=0.500 P=1 N=4    ! 35.00! 13.56!  10.30!
! Innenzylinder L=12 D=65h7 T=0.500 O=7               !  1.59!  1.10!   1.47!
! Planflaeche D=152 ID=65 T=0.000 O=7 N=2             !  2.46!  1.69!   2.27!
!-----------------------------------------------------------+--------!
! KALKULATIONSSCHEMA                                         !        !
!-----------------------------------------------------------+--------!
! Materialkosten_(inkl.15%_Gemeinkosten)                     !  30.57!
! Fertigungskosten                                           !  85.63!
! Sondereinzelkosten_der_Fertigung                           !   0.00!
! Herstellkosten                                             ! 116.20!
! Verkaufs-_und_Verwaltungskosten (10%)                      !  11.62!
! Selbstkosten                                               ! 127.82!
+-----------------------------------------------------------------------+
```

Bild 3.28. Ausgabe der Herstellkosten nach Formsystemen

```
+------------------------------------------------------------------------+
!   ETH Zuerich   ! HERSTELLKOSTENBERECHNUNG MIT CADCOST  !Datum:        !
!      IKB        !     ECUA WELLE MIT HKB-ATTRIBUTEN      !Bearb:        !
!------------------------------------------------------------------------!
! Kopfdaten: LG=200 GP=1000                                              !
!------------------------------------------------------------------------!
! MATERIALPOSITIONEN                                            ! HK     !
!----------------------------------------------------------------+-------!
! 1 * Rundstange gewalzt RM=SB1 L=196 D=158 ME=1000 KG=30 ID=0   !  30.57!
!----------------------------------------------------------------+-------!
! HERSTELLUNGSMERKMALE                             ! TR  ! TE  ! HK     !
!--------------------------------------------------+------+------+-------!
! Aussenzylinder L=40 D=152k6 T=0.500 O=7          !  5.71!  3.93!   5.28!
! Ebene L=40 B=50.99 H=10 P=1 T1=0.500 T2=0.500 O=7 N! 60.00! 13.79!  12.91!
! Aussenzylinder L=95 D=75k6 T=0.500 O=6           ! 60.78! 29.30!  34.40!
!                                                  !      !      !       !
!   TEILVORGAENGE:                                 !      !      !       !
!   Drehen / CNC_Drehbank                          !      !      !       !
!   - Maschine ruesten (42%) MA=DN1                ! 20.78!  0.00!   0.14!
!   - Werkstueck umspannen (42%) VO=D1             !  0.00!  4.99!   6.65!
!   - Vordrehen_laengs_aus. (100%) WZ=D2           !  0.00!  8.54!  11.38!
!   - Drehen_laengs_aussen (100%) WZ=D2            !  0.00!  0.79!   1.05!
!   Aussenrundschleifen / Ausenrundschleifm.       !      !      !       !
!   - Maschine ruesten (100%) MA=SA1               ! 25.00!  0.00!   0.12!
!   - Vorrichtung richten (100%) VO=F2             ! 15.00!  0.00!   0.07!
!   - Werkstueck umspannen (100%) VO=F2            !  0.00!  8.00!   8.00!
!   - Aussenrundschleifen (100%) WZ=S2             !  0.00!  6.99!   6.99!
!                                                  !      !      !       !
! Aussengewinde L=43 D=42 P=2                       ! 18.91! 13.02!  17.49!
! Planflaeche D=42 ID=0 T=0.000 O=7 N=1             !  0.55!  0.38!   0.51!
! Durchgangs/Sackloch L=40 D=15h7 T=0.500 P=1 N=4   ! 35.00! 13.56!  10.30!
! Innenzylinder L=12 D=65h7 T=0.500 O=7             !  1.59!  1.10!   1.47!
! Planflaeche D=152 ID=65 T=0.000 O=7 N=2           !  2.46!  1.69!   2.27!
!--------------------------------------------------+------+------+-------!
! KALKULATIONSSCHEMA                                            !       !
!--------------------------------------------------------------+-------!
! Materialkosten_(inkl.15%_Gemeinkosten)                        !  30.57!
! Fertigungskosten                                              !  85.63!
! Sondereinzelkosten_der_Fertigung                              !   0.00!
! Herstellkosten                                                ! 116.20!
! Verkaufs-_und_Verwaltungskosten (10%)                         !  11.62!
! Selbstkosten                                                  ! 127.82!
+------------------------------------------------------------------------+
```

Bild 3.29. Ausgabe der Herstellkosten nach Formsystemen; detaillierte Kostenstruktur

Mit Hilfe dieser konstruktionsbegleitenden Herstellkostenberechnung wird dem Konstrukteur ein Einblick in die durch ihn festgelegten Kosten ermöglicht. Darüberhinaus kann er die Auswirkungen von Parameteroptimierungen auf die Herstellkostenstruktur und die sich daraus ergebenden Kosteneinsparungen überprüfen.

```
+-------------------------------------------------------------------------------+
!   ETH Zuerich      !   HERSTELLKOSTENBERECHNUNG MIT CADCOST   !Datum:          !
!       IKB          !        ECUA WELLE MIT HKB-ATTRIBUTEN     !Bearb:          !
!-------------------------------------------------------------------------------!
! Kopfdaten: LG=200 GP=1000                                                     !
!-------------------------------------------------------------------------------!
! MATERIALPOSITIONEN                                                  ! MK      !
!-------------------------------------------------------------------+-------!
! 1 * Rundstange gewalzt RM=SB1 L=196 D=158 ME=1000 KG=30 ID=0      !   30.57!
!-------------------------------------------------------------------+-------!
! ARBEITSVORGAENGE                                    ! TR   ! TE   ! HK     !
!-----------------------------------------------------+------+------+-------!
! Saegen/1716 Kreissaege                              ! 10.00!  1.63!   0.98!
! Drehen/1104 CNC_Drehbank VO=D1 NE=2                 ! 50.00! 35.22!  47.29!
! Fraesen/1201 Kleine_Fraesmaschine VO=F2 NE=1        ! 60.00! 13.79!  12.91!
! Bohren/1301 Tisch-bohrmaschine VO=F2 NE=1           ! 35.00! 13.56!  10.30!
!-----------------------------------------------------------------+-------!
! KALKULATIONSSCHEMA                                              !       !
!-----------------------------------------------------------------+-------!
! Materialkosten_(inkl.15%_Gemeinkosten)                         !   30.57!
! Fertigungskosten                                               !   71.49!
! Sondereinzelkosten_der_Fertigung                               !    0.00!
! Herstellkosten                                                 !  102.06!
! Verkaufs-_und_Verwaltungskosten (10%)                          !   10.21!
! Selbstkosten                                                   !  112.27!
+-------------------------------------------------------------------------------+
```

Bild 3.30. Ausgabe der Herstellkosten nach Fertigungsverfahren

Die hier gezeigte, einfache Möglichkeit der Herstellkostenberechnung durch das Programmsystem CADCOST stellt in der heutigen Zeit des zunehmenden in- und ausländischen Wettbewerbs mit Gewinnschmälerungen und steigenden Forderungen nach Produktqualität, Flexibilität und Wirtschaftlichkeit ein wertvolles Werkzeug für den Konstrukteur sowie alle übrigen, für die Durchführung und Abwicklung eines Entwicklungs- bzw. Konstruktionsauftrages verantwortlichen Stellen (Projektleitung, Produktionsmanagement usw.) dar.

3.4 Die Gesamtkosten

Die Zusammenhänge zwischen erzeugten Kosten und dem endgültigen Verkaufspreis des Produktes sind in Bild 3.31 dargestellt. Dabei sind die maschinell und manuell entstandenen Kosten unter dem Begriff *Gesamtfertigungskosten* zusammengefaßt.

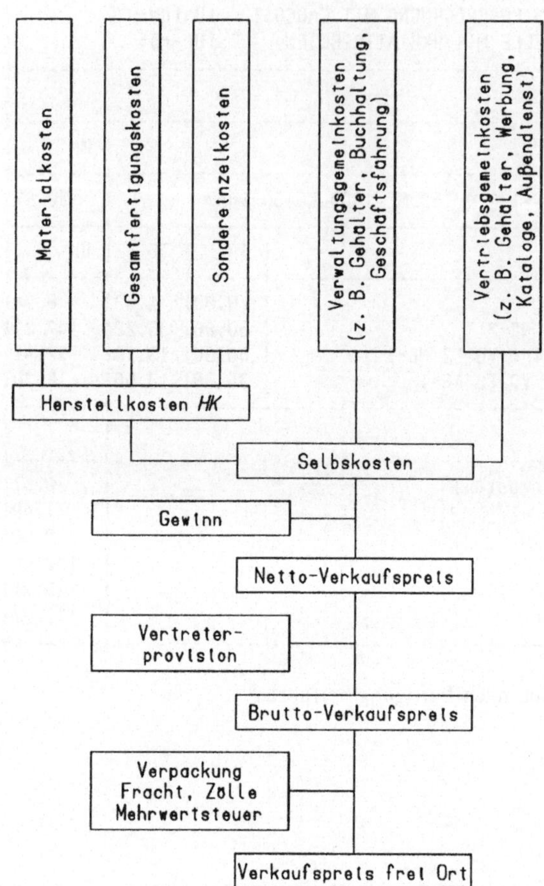

Bild 3.31. Zusammensetzung
des Verkaufspreises

4 Bewerten technischer Systeme

4.1 Einleitung

Bei der Bearbeitung einer Konstruktionsaufgabe ergeben sich während der Suche nach einem möglichst optimalen Ergebnis in der Regel mehrere Lösungen. Diese dürfen sich keinesfalls in der grundsätzlichen Erfüllung der gestellten Konstruktionsaufgabe unterscheiden. Sie können aber in ihrem Funktions-, Verfahrens-, Gestaltungs-, Material-, Fertigungs- und Vertriebskonzept unter Umständen stark variieren und außerdem bezüglich der Aufgabenstellung, der Zufriedenstellung des Auftraggebers bzw. der Sicherung ausreichender Marktanteile unterschiedliche Auswahlkriterien besitzen.

Die grundsätzlich geforderte Einhaltung der ökonomischen Grundregeln

— mit geringsten Mitteln das gegebene Ziel erreichen,
— mit gegebenen Mitteln das äußerst Mögliche erreichen,

stellt die Produktverantwortlichen - teilweise mehrmals im Verlauf des Konstruktionsprozesses - vor die Aufgabe, sich für die Weiterbearbeitung einer kleineren und damit besser überschaubaren Anzahl von Lösungen oder nur einer einzigen Lösung aus der eventuell großen Menge aller gefundenen Lösungen zu entscheiden.

Während bei einfachen Konstruktionsaufgaben der immer aktive Bewertungsvorgang im Gehirn des Konstrukteurs ausreicht, um eine akzeptable Lösung zu finden, ist dies bei komplexen Konstruktionen nicht mehr möglich und zwingt zu systematischer Vorgehensweise bei der Erarbeitung von Entscheidungshilfen. Die wichtigste Entscheidungshilfe aber ist die Bewertung von Lösungen.

Seit den Anfängen konstruktionswissenschaftlichen Denkens wurde die Notwendigkeit, aber auch die damit verbundene Problematik, der Entscheidungsfindung erkannt und das allgemein intuitive und diskursive Verhalten des im Lösungsprozeß einer gestellten Konstruktionsaufgabe stehenden Konstrukteurs analysiert mit dem Ziel, aus diesem Verhalten ein systematisches und methodisches Vorgehen zur Entscheidungsfindung in Form von Bewertungsverfahren vorzuschlagen.

4.2 Anwendungsgebiete einer Bewertung

Überall dort, wo im Verlauf der Beschaffung, d. h. des Kaufs, der konstruktiven Erweiterung, Änderung, Anpassung oder der Entwicklung eines technischen Systems Entscheidungen zwischen zwei oder mehreren Lösungen getroffen werden müssen, ist zur Verringerung des damit verbundenen Risikos einer Fehlentscheidung eine Bewertung durchzuführen.

Beschaffungsart	Bewertungsaufwand	
	komplexe technische Systeme (z. B. Personenkraftwagen)	einfache technische Systeme (z. B. Wagenheber)
Kauf	hoch	mittel
Neukonstruktion	sehr hoch	hoch bis mittel
Anpassungs- bzw. Änderungskonstruktion	mittel	gering
Variantenkonstruktion	gering	sehr gering

Bild 4.1. Unterschiedliche Anwendungsgebiete und Aufwand der Bewertung

Dabei ist der dazu erforderliche Aufwand sehr stark von der Komplexität des technischen Systems und von der Art der Beschaffung abhängig (vgl. Bild 4.1).

Unter Aufwand sind das gewählte Bewertungsverfahren, die Anzahl der zugrundegelegten Bewertungskriterien und die Maßnahmen zur Stabilisierung der Bewertungsergebnisse zu verstehen.

Grundsätzlich lassen sich Bewertungsverfahren auch bei unterschiedlichen Lösungen nicht-konstruktionsorientierter Bereiche wie etwa bei kommerziellen Planungs- und Beschaffungsprojekten, technologischen, wirtschaftlichen oder gesellschaftlichen Auswahlproblemen, bei der Erstellung von Gutachten zur rechtlichen Urteilsfindung usw. anwenden. Die wichtigste Voraussetzung dafür sind einwandfreie und widerspruchsfreie Bewertungskriterien.

4.3 Häufigkeit einer Bewertung

Eine Bewertung kann praktisch in jeder beliebigen Phase eines Konstruktionsprozesses stattfinden, sinnvollerweise immer dann, wenn eine Entscheidung zu treffen ist, und zwar unabhängig vom Reifegrad der Konstruktion, d. h. sie kann je nach Bedarf häufiger oder seltener, mit intensiver oder weniger intensiver Bearbeitungstiefe durchgeführt werden. Auch genügen unter Umständen für überschlägige Aussagen einfache Verfahren, wie sie in Kapitel 4.6 vorgestellt werden, um rasch zu einer Entscheidungshilfe zu gelangen.

Eine Bewertung kann auch bereits *innerhalb* der Konzeptphase unter den Prinzipskizzen erfolgen, die als Varianten aus der morphologischen Matrix hervorgegangen sind, ja sie kann sogar innerhalb der in dieser Matrix ausgewiesenen, den Teilfunktionen zugeordneten Wirkprinzipien und Funktionsträgern durchgeführt werden. Zu welchen Zeitpunkten eine Bewertung jedoch durchgeführt werden sollte, hängt in erster Linie ab von den geplanten Entscheidungsterminen und von der Notwendigkeit, parallel laufende Konstruktionsarbeiten einzuschränken.

Selbstverständlich lassen sich nicht in jeder Phase sämtliche Bewertungskriterien verwenden. So lassen sich beispielsweise zur Bewertung von Prinzipkonzepten keine technisch quantitativen Bewertungskriterien heranziehen, da Prinzipskizzen sowohl massen- als auch dimensionslos sind und deshalb nicht quantitativ beschrieben werden können.

Konstruktionsprozeßphase	anzuwendende Bewertungskriterien
Funktionsstrukturen bestimmen Optimale Funktionsstrukturen ermitteln	implizite quantitative und qualitative technische Bewertungskriterien
Entwurfskonzepte bestimmen Wirkprinzipien und Funktionsträger suchen	explizite und implizite qualitative technische und wirtschaftliche Bewertungskriterien
Optimale Lösungskonzepte ermitteln	explizite und implizite qualitative technische und wirtschaftliche Bewertungskriterien
Optimalen Gesamtentwurf ermitteln	explizite und implizite quantitative und qualitative technische, wirtschaftliche und psychologische Bewertungskriterien

Bild 4.2. Anzuwendende Bewertungskriterien in den einzelnen Konstruktionsprozeßphasen

4.4 Der allgemeine Bewertungsvorgang

Die Durchführung einer Bewertung ist im Ansatz recht einfach. Für eine endliche Menge von Lösungen beliebiger Art auf beliebigen Fachgebieten und in beliebigen Reifegraden, jedoch gleichen Informationsgehaltes, sind gemeinsame Bewertungskriterien aufzustellen, diese mit einheitlich erfaßbaren und vergleichbaren Werten zu versehen (*Wertungszahlen*) und deren Summen (*Wertigkeiten*) als Wertvergleich gegenüber zu stellen, um so durch den höchsten Wert die beste und durch den niedrigsten Wert die schlechteste Lösung zu ermitteln.

Damit ergibt sich eine Rangfolge unter den Lösungen, die den sogenannten Erfüllungsgrad widerspiegelt. Die konstruktive Lösung, die alle Anforderungen hundertprozentig erfüllen würde, normalerweise also die theoretisch bestmögliche Lösung darstellt, wird *Idealkonstruktion* genannt und erhält den Rang „1".

Die Fachliteratur ist reich an Veröffentlichungen zu den unterschiedlichsten Bewertungsverfahren. Allen gemeinsam ist jedoch der grundsätzliche Ablauf, der sich in folgende Arbeitsschritte gliedern läßt:

1. Bewertungskriterien aufstellen.
2. Bewertungskriterien gewichten.
3. Qualitative Werte bzw. quantitative Eigenschaften der zu bewertenden Konstruktionsvarianten bzw. -alternativen ermitteln.
4. Maßzahlen je Kriterium und Variante bzw. Alternative bestimmen.
5. Wertungszahlen und Wertigkeiten für jede Variante bzw. Alternative berechnen.
6. Bewertungsergebnisse darstellen.

Benennung	*Autor*	Lit.	Kurzbeschreibung der Wesensmerkmale
Technisch-wirtschaftliche Bewertung	*F. Kesselring*	[8]	getrennte, ungewichtete oder gewichtete Bewertung nach technischer und wirtschaftlicher Wertigkeit, Ergebnisse als *Stärke* in Diagrammform
Nutzwertanalyse	*C. Zangemeister*	[20]	gewichtete Gegenüberstellung von Zielerfüllungsgraden
Rangfolge-verfahren	*R. Wenzel* *J. Müller*	[19]	Ermittlung der Wertigkeit durch aufgrund von Pauschalurteilen gefundenen
	R. Gutsch	[5]	Wichtigkeiten der aufgestellten Bewertungskriterien
Bewertung mittels Präferenzmatrix	*Siemens AG*	[18]	Vergleichende Gegenüberstellung der Lösungsalternativen entsprechend ihrer Präferenzen bezüglich der aufgestellten Bewertungskriterien
Anforderungs-orientierte gewichtete Bewertung	*A. Breiing*	[2]	Vergleichende gewichtete Bewertung unter alleiniger Zugrundelegung impliziter und expliziter Anforderungen
Gewichtete Bewertung	*R. Knosala*	[10]	Bewertung unter Berücksichtigung scharfer, unscharfer und probabilistischer Bewertungskriterien

Tabelle 4.1. Die bekanntesten, in der Literatur behandelten Bewertungsverfahren

Tabelle 4.1 zeigt eine Auswahl der bekanntesten in der Literatur veröffentlichten Bewertungsverfahren mit ihren Wesensmerkmalen und entsprechenden Literaturhinweisen. Außer diesen Verfahren sind noch die *Kosten-Wirksamkeits-* und die *Kosten-Nutzen-Analyse* zu nennen. Sie sind in besonderem Maße als wirtschaftlich orientierte Entscheidungshilfen zu betrachten (vgl. Kapitel 4.8).

In Kapitel 4.6 folgt eine kurze Beschreibung der am häufigsten in den Konstruktionsbereichen der Industrie angewendeten Bewertungsverfahren.

Die Arbeitsschritte der *anforderungsorientierten gewichteten Bewertung* werden in Kapitel 4.7 eingehend behandelt, da sich dieses Verfahren insbesondere für Entscheidungen innerhalb der Entwicklung technischer Systeme größeren Umfanges und damit größerer wirtschaftlicher Risiken in der Praxis bewährt hat.

4.5 Theoretische Grundlagen

4.5.1 Gültigkeit

Die folgenden theoretischen Grundlagen gelten grundsätzlich für alle Bewertungsverfahren, bei denen die Rangfolge der Varianten durch vorherige Bestimmung numerischer Wertungszahlen und deren anschließende Zusammenfassung zu Wertigkeiten ermittelt wird. Ausnahmen, die einige der in Kapitel 4.6 beschriebenen Bewertungsverfahren durch Vereinfachungen oder andere Verfahrensweisen kennzeichnen - wie beispielsweise bei der Ermittlung der Rangfolge durch Pauschalurteile - werden dort im Rahmen der allgemeinen Verfahrensbeschreibungen behandelt.

4.5.2 Begriffsdefinitionen

Zusammenfassend sind hier die wesentlichen Begriffe zur Bewertung technischer Systeme erklärt. Formelgrößen werden im Text erklärt.

Bewertungsrunde	ist die zur Durchführung einer Bewertung und anschließenden Auswertung innerhalb des Konstruktionsprozesses einberufene Konferenz.
Bewertergruppe	besteht aus den Konferenzteilnehmern einer Bewertungsrunde.
Bewertungskriterien	im folgenden allgemein *Kriterien* genannt, sind alle zur Bewertung herangezogenen expliziten tolerierten quantitativen und qualitativen sowie impliziten Anforderungen.
Kriterienklassen	entsprechen den *Anforderungsklassen*.
Kriterientypen	entsprechen den *Anforderungstypen*.
Kriterienarten	entsprechen den *Anforderungsarten*.
Kriteriengruppen	entsprechen den *Anforderungsgruppen*.
Kriterienfamilien	entsprechen den *Anforderungsfamilien*.
Einzelkriterien	entsprechen den *Einzelanforderungen*.
	Die Hierarchie der Kriterien zueinander zeigt Bild 4.3, wobei die impliziten und expliziten Kriterien als innerhalb der Kriteriengruppen zusammengefaßt zu betrachten sind.
Quantitative Kriterien	sind quantitativ erfaßbare Werte (also z. B. alle technischen Zahlenwerte oder wirtschaftsspezifische Daten wie Preis, Lieferzeit, Stapelvolumen usw.). Sie entsprechen den zähl-, meß-, wäg- oder mit Hilfe physikalischer, chemischer bzw. biologischer Eigenschaften vergleichbaren Anforderungen. Damit sind sie durch dimensionsbehaftete, tolerierte ($\pm$) oder relationale ($=$, $>$, $\geq$, $\leq$, $<$ usw.) Zahlen festgelegt. Quantitative Kriterien werden auch *Zielfunktionen* genannt.
Qualitative Kriterien	sind qualitativ beschreibbare Eigenschaften. Sie entsprechen den rangmäßig beurteilbaren Anforderungen. Damit sind sie durch mathematisch-logische Aussagevariablen (Eigenschaften) festgelegt. Qualitative Kriterien werden auch *allgemeine Gesichtspunkte* genannt.
Konstruktionsvarianten	im folgenden allgemein *Varianten* genannt, sind Konstruktionen, die sich unter Beibehaltung des Lösungsprinzips lediglich in Geometrie, Lage, Werkstoff und Bauweise unterscheiden.

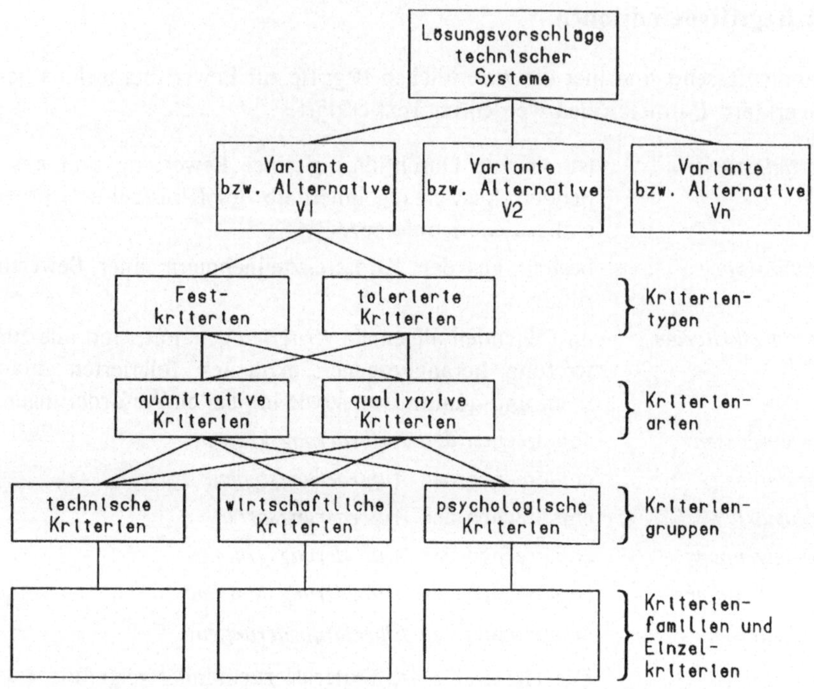

Bild 4.3. Hierarchie der Bewertungskriterien

Konstruktionsalternativen im folgenden allgemein *Alternativen* genannt, sind Konstruktionen, die sich unter Beibehaltung der Funktionsanforderungen in ihrem Lösungsprinzip unterscheiden. Deshalb besitzen sie wenig vergleichbare Kriterien und können bei einer Bewertung nur in begrenztem Maße miteinander verglichen werden. Allerdings werden in Bezug auf ihre miteinander vergleichbaren Kriterien dadurch Konstruktionsalternativen zu Varianten.

Wichtigkeit ist ein Maß für den Rang eines Kriteriums gegenüber jedem der übrigen Kriterien.

Gewichtungsmatrix ist eine Tabelle zur Ermittlung der Wichtigkeiten der einzelnen Kriterien zueinander.

Gewichtungsfaktoren, auch bekannt als *Einflußzahlen*, stellen die Wichtigkeit der Kriterien untereinander dar.

Artgewichtungsfaktoren stellen die Wichtigkeit der quantitativen gegenüber den qualitativen Kriterien, also den Kriterien*arten* untereinander, dar.

Gruppengewichtungsfaktoren stellen die Wichtigkeit der Kriterien*gruppen* untereinander dar.

Maßzahl	gibt die Anzahl der Punkte an, die der Rangfolge der Varianten entsprechend ihrem Istzustand je Kriterium zugeteilt werden.
Wertungszahl	ist die gewichtete Maßzahl eines Kriteriums je Variante.
Wertigkeit	ist die Summe der Wertungszahlen für jede Variante.
	Es wird unterschieden in *Zwischenteilwertigkeiten, Teilwertigkeiten* und *Gesamtwertigkeit*.
Artwertigkeit	ist die Wertigkeit je Kriterien*art* bei nach quantitativen und qualitativen Kriterien getrennt durchgeführter Gewichtung.
Gruppenwertigkeit	ist die Wertigkeit je Kriterien*gruppe* bei nach Kriteriengruppen getrennt durchgeführter Gewichtung.
Gesamtwertigkeit	ist das Endergebnis der als Entscheidungsvorlage heranzuziehenden Bewertung für jede Variante.

4.5.3 Bewertungsvoraussetzungen

Um die Bewertung erarbeiteter Lösungsvorschläge von Varianten technischer Systeme im Rahmen des Konstruktionsprozesses durchführen zu können, sind zumindest bis zur entscheidenden, die Entwurfsphase abschließenden Bewertungsrunde folgende Voraussetzungen unerläßlich:

— Klar definierte, auf den jeweils letzten Informations- und Wissensstand aufgearbeitete Anforderungsliste.

— Klar definierte Aufstellung der für die Bewertung wichtigen, aus den expliziten und impliziten Anforderungen hergeleiteten Kriterien gemäß Kapitel 4.5.4. Sind Kriterien nicht klar definierbar, müssen die ihnen zugrundeliegenden Anforderungen überarbeitet werden.

— Ausreichende Informationsbeschaffung bezüglich
  - Vorläuferprodukte,
  - Konkurrenzprodukte,
  - Patente und Gebrauchsmuster,
  - eventueller Ergebnisse aus einer vorausgegangenen Marktanalyse.

— Vorlage von sich in *allen* Details sowie in der Darstellungsreife auf gleichem Informations- und Wissensstand befindenden Dokumenten (Zeichnungen, Berechnungen, Beschreibungen) der zu bewertenden Varianten.

In keinem Fall dürfen unterschiedlich ausgearbeitete Lösungen miteinander verglichen werden. Noch nicht erhärtete Kriterien sind zurückzustellen.

— Durchführung der Bewertung möglichst in Gruppen von 4 bis max. 8 hierarchisch gleichgestellten Personen, die je nach Produkt oder angewendeter Technologie unterschiedlichen Fachgebieten angehören sollten; dies ist besonders wichtig für die Bewertung nach qualitativen Gesichtspunkten.

Unterschiedliche Kriterien*gruppen* sollten von Bewertergruppen bearbeitet werden, die sich entsprechend dem erforderlichem Fachwissen aus unterschiedlich qualifizierten Personen zusammensetzen.

Eine Gruppenarbeit ist einerseits wichtig für die Bestimmung der Gewichtungsfaktoren, andererseits unerläßlich, um für qualitative Kriterien, die nicht in quantitative Kriterien umwandelbar sind, eine angemessene Rangfolge festzulegen.

4.5.4 Die Bewertungskriterien

Unter Bewerten ist das Vergleichen der Merkmale und Eigenschaften verschiedener Lösungen mit vorgegebenen Maßstäben zu verstehen. Diese Maßstäbe werden *Kriterien* genannt und entsprechen den quantitativ und qualitativ vorgegebenen Werten bzw. Eigenschaften, die den einzelnen Anforderungen, die an die Lösung der Konstruktionsaufgabe gestellt werden, zugeordnet sind.

Ausgangspunkt für die Durchführung einer Bewertung sind also sowohl die in der Anforderungsliste enthaltenen expliziten als auch die impliziten, für das zu entwickelnde bzw. zu konstruierende technische System zutreffenden Anforderungen. Diese werden in der Regel in ihrer vorliegenden Form zu Kriterien erklärt. In seltenen Fällen kann es notwendig werden, die Anforderungen zum besseren Verständnis des zu bewertenden Kriteriums umzuformulieren.

Bei der Erfassung der Kriterien bilden folgende, besonders zu beachtenden Punkte die

Anforderungen an die Bewertungskriterien:

1. Die Kriterienliste darf keine Festforderungen enthalten. Diese werden nur als Ausscheidungs-, jedoch nicht als Auswahlkriterien herangezogen.

   Erfüllt eine Variante eine unabdingbare Fest- oder „ja/nein"-Anforderung nicht, so ist sie zu streichen. Dies gilt auch für Varianten, die eine relationale und mathematisch logische Anforderung, sofern sie unabdingbar ist, nicht erreicht.

2. Die Kriterien müssen gesellschaftlich und gesetzlich vertretbar sein.

3. Die Kriterien müssen verständlich formuliert sein.

4. Verbal beschriebene Anforderungen müssen in präzisierte Kriterien umgewandelt werden.

5. Eine Kriterienliste soll möglichst quantitative, d. h. zähl-, meß-, wäg- oder vergleichbare Kriterien beinhalten.

   Vergleichbar bedeutet z. B. optisch vergleichbar (Farben, Formen), akustisch vergleichbar (Töne, Intensität) . . ..

6. Zähl-, meß-, wäg- oder vergleichbare Kriterien müssen prüfbar, d. h. nachweisbar sein.

7. Qualitative Kriterien sollen im Laufe der Entwicklungen möglichst in quantitative, d. h. zähl-, meß-, wäg- oder vergleichbare Kriterien umgewandelt werden.

Diese Umwandlung geht einher mit der Umwandlung der qualitativen in quantitative Anforderungen.

8. Qualitative Kriterien, die sich nicht in quantitative Kriterien umwandeln lassen, sollen rangmäßig beurteilbar sein (sehr gut, gut, mäßig gut, ausreichend, nicht brauchbar).

9. Quantitative und wenn möglich auch qualitative Kriterien sollen toleriert oder relational (z. B. „gleich wie", „größer als", „kleiner als" ...) bzw. als mathematisch-logische Kriterien (z. B. „ja/nein", „und" ...) definiert werden.

10. Tolerierte Kriterien müssen entweder einen oberen *und* einen unteren Grenzwert besitzen oder im Falle relationaler Angaben durch ausreichende Gegenforderungen eingegrenzt sein.

Es empfiehlt sich, die Kriterien entsprechend den Anforderungsgruppen in folgende Kriterien*gruppen* zu unterteilen:

— technische Kriterien
— wirtschaftliche Kriterien
— psychologische Kriterien

Dadurch ergeben sich zwei Vorteile:

1. Die Unterscheidung in Kriteriengruppen erlaubt es, den marktstrategischen Schwerpunkten einer gestellten Konstruktionsaufgabe durch unterschiedliche Gewichtung der Kriteriengruppen gerecht zu werden. So sind bei wissenschaftlich oder industriell angewendeten technischen Systemen oder bei in Gehäusen oder Zellen eingebauten Teilsystemen nur technische und wirtschaftliche Kriterien von Interesse. Bei Gebrauchsgütern oder Verkehrsmitteln werden psychologisch wirkende Kriterien wie z. B. ökologische und meistens auch ästhetische hinzukommen, bei Luxusartikeln werden die Ansprüche an Ästhetik, Exklusivität und Image gegenüber den technischen und erst recht gegenüber den wirtschaftlichen Kriterien überwiegen.

2. Die je Kriteriengruppe getrennt vorliegenden Ergebnisse ermöglichen ihre grafische Darstellung (vgl. Kapitel 4.5.9) und vermitteln so ein optisches Bild von dem Verhältnis der Ergebnisse untereinander und insbesondere auch gegenüber einer Idealkonstruktion, sofern diese - was zu empfehlen ist - den zu bewertenden Varianten gegenübergestellt wird.

Desweiteren empfiehlt es sich, die Kriterien entsprechend den Anforderungsarten in die zwei Kriterien*arten*

— quantitative Kriterien
— qualitative Kriterien

zu unterteilen. Der Grund liegt in der unterschiedlichen Erfaßbarkeit von dimensionsbehafteten Werten und rangmäßig beurteilbaren mathematisch-logischen Kriterien. Außerdem hat diese Unterteilung den Vorteil, den in einer frühen Konstruktionsphase überwiegenden und noch nicht erhärteten qualitativen Kriterien eine geringere Gewichtung zuzuweisen als den bereits in der Anforderungsliste festgelegten quantitativen Kriterien.

Ferner ist eine Unterteilung der Kriteriengruppen in Kriterienfamilien möglich, also in

— Funktionsanforderungen,
— Betriebsanforderungen,
— Anforderungen an Konstruktion und Herstellung,
— Umweltbedingte Anforderungen,
— Anforderungen zur Umweltentlastung,
— Anforderungen an Prüfverfahren und -mittel,
— Anforderungen an die Markteinführung
  usw..

Diese Unterteilung würde aufgrund der im Laufe einer Produktentwicklung, der anschließenden Nutzung und der Entsorgung wechselnden Fachkompetenzen den Einsatz unterschiedlicher Bewertergruppen ermöglichen. Da aber die Gruppen generell aus Personen unterschiedlicher Fachgebiete zusammengesetzt sein sollten, wird die Bildung einer einzigen Bewertergruppe empfohlen, deren Zusammensetzung den Fachkompetenzen entsprechen sollte, die sich aus den Kriterienfamilien ergeben und wodurch eine weitere Unterteilung in Kriterienfamilien hinfällig wird.

Die Erfassung der Kriterien ist eine vorerst letzte Kontrolle der Anforderungen auf ihre

— Vollständigkeit,
— naturwissenschaftliche Erfüllbarkeit,
— gesellschaftliche Vertretbarkeit,
— gesetzliche Vertretbarkeit,
— Aktualität entsprechend dem jeweiligen Entwicklungsstand.

Deshalb bedeutet eine Bereinigung der Kriterien gleichzeitig eine Bereinigung der Anforderungen und muß auch dort im Hinblick auf deren weitere Verwendbarkeit nachvollzogen werden.

Folgende Maßnahmen müssen die Erfassung der Kriterien begleiten:

1. Die Kriterien müssen auf ihre manchmal durch unterschiedliche Benennung zunächst nicht erkennbaren Doppelungen hin überprüft und auf ein eindeutig benanntes Kriterium reduziert werden.

2. Die Kriterien müssen auf ihre *Widersprüchlichkeit* hin überprüft werden, sofern dies nicht bereits bei der Überprüfung und Bereinigung der Anforderungen stattgefunden hat. Eine derartige Überprüfung könnte mit Hilfe der in Kapitel 1.4.3.3 beschriebenen Relationenprüfmatrix durchgeführt werden. Widersprüchlichkeiten sind nicht immer sofort erkennbar, da sie sich erst im Laufe der Konstruktion ergeben können.

   Beispiel: Häufig wird die Anzahl der Bauteile als ein wirtschaftliches Kriterium betrachtet. Eine Reduzierung der Einzelteile muß jedoch nicht unbedingt zu einer Kostenreduktion führen, da unter Umständen mit der Reduktion der Teilezahl die Komplexität der Bauteile mit allen berechnungs- und fertigungstechnischen Folgen sehr stark zunehmen kann.

3. Die Kriterien müssen auf ihre *Gegenläufigkeit* hin überprüft werden, sofern dies nicht ebenfalls bei der Überprüfung und Bereinigung der Anforderungen erfolgte. Diese Überprüfung könnte ebenso mit Hilfe der in Kapitel 1.4.3.3 beschriebenen Relationenprüfmatrix erfolgen.

Beispiel: Sind für zu vergleichende Kraftfahrzeuge u. a. die Daten

DIN-Kraftstoffverbrauch,
Reichweite,
Kraftstofftank-Inhalt

vorgegeben, so sind DIN-Kraftstoffverbrauch und Reichweite bei festgelegtem Kraftstofftank-Inhalt gegenläufig. Das bedeutet, daß bei Aufstellung der Kriterien entweder nur der Kraftstofftank-Inhalt oder aber nur die Reichweite als Kriterium herangezogen werden darf.

Eine häufige Gegenläufigkeit ergibt sich aus der Anforderung, daß die absoluten Materialkosten ein Minimum werden müssen, d. h., daß die Gewichtsminderung nur so weit zu treiben sei, wie sich die Materialkosten senken. Diese Forderung ist nicht bei allen technischen Systemen haltbar und trifft z. B. bei verkehrstechnischen Systemen, insbesondere aber bei Luft- und Raumfahrtprojekten nur in begrenztem Maße zu. Außerdem sind in jedem Fall die Fertigungskosten den während der Nutzungsphase anfallenden Energiekosten gegenüberzustellen.

4. In vielen Fällen ist es günstig, mehrere quantitative Kriterien zu einem mehrdimensionalen Wert zusammenzufassen, um die Gefahr einer Doppelung von Kriterien zu vermeiden.

Beispiel: Sind für die Bewertung einer Werkstattbeleuchtung die quantitativen Anforderungen

Beleuchtungsstärke je Arbeitsplatz E [Lx]
spezifische Beleuchtungsstärke je Lampe E_W [Lx/Watt]
Leistung je Lampe N_L [Watt]
Preis je Lampe K_L [Fr.]
Lebensdauer L_T [h]
statistischer Ausschuß A [%]

gegeben, so läßt sich aus diesen auf den ersten Blick unterschiedlichen Kriterien zwecks Vermeidung einer Überbewertung der besseren gegenüber den schlechteren Varianten ein einziges Kriterium zusammenfassen, nämlich die Beschaffungskosten K_T, bezogen auf die Betriebszeit T. Diese betragen

$$K_T = n_L \cdot \frac{T}{L_T} \cdot \left(1 + \frac{A}{100} \right) \cdot K_L,$$

wobei sich die erforderliche Anzahl der Lampen aus

144

$$n_{\mathrm{L}} = \frac{E}{E_{\mathrm{W}}\, N_{\mathrm{L}}}$$

ergibt.

5. Besitzen bei einem Kriterium alle zu bewertenden Varianten den exakt gleichen quantitativen Wert oder die exakt gleiche qualitative Eigenschaft, so kann dieses Kriterium gestrichen werden.

6. Bei umfangreichen Anforderungslisten und komplexen technischen Systemen ist es ratsam, für jedes zu bewertende Teilsystem eine Tabelle oder einen Tabellensatz mit den entsprechend zutreffenden Kriterien als Auszug aus der vollständigen Anforderungsliste aufzustellen, sofern nicht ohnehin für jede Komponente eine separate Anforderungsliste vorliegt.

7. Sofern innerhalb des Konstruktionsprozesses mehrere Bewertungsrunden durchgeführt werden, ist eine Kennzeichnung der für die jeweilige Bewertungsrunde maßgeblichen Kriterien in Kriterientabellen oder -listen sinnvoll, da unterschiedliche Bearbeitungstiefen und damit eine unterschiedliche Verwendbarkeit der Kriterien vorliegen.

Damit die Durchführung einer Bewertung vom ersten bis zum letzten Arbeitsschritt dokumentiert werden kann, sollten gleich zu Beginn entsprechende Bewertungstabellen angelegt werden. Die Bilder 4.4 und 4.5 zeigen einen Tabellensatz, der die empfohlene Einteilung in Kriterienarten und -gruppen berücksichtigt.

| Ordn. Nr. | quantitative Bewertungskriterien | Gewichtungsfaktor | Varianten V1 | | | | Varianten V2 | | | | Idealkonstruktion | | |
			Wert	Rangfolge	Maß-zahl	Wertungszahl	Wert	Rangfolge	Maß-zahl	Wertungszahl	Zielwert	Maß-zahl	Wertungszahl
1	2	3	4	5	6	7	4	5	6	7	8	9	10
01		g_1	$W_{1,1}$	$r_{1,1}$	$m_{1,1}$	$w_{1,1}$	$W_{1,2}$	$r_{1,2}$	$m_{1,2}$	$w_{1,2}$	W_{1max}	m_{1max}	w_{1max}
02		g_2											
03		g_3											
n-2		g_{n-2}											
n-1		g_{n-1}											
n		g_n	$W_{n,1}$	$r_{n,1}$	$m_{n,1}$	$w_{n,1}$	$W_{n,2}$	$r_{n,2}$	$m_{n,2}$	$w_{n,2}$	W_{nmax}	m_{nmax}	w_{nmax}
Wertigkeiten			./.	./.	./.	s_1	./.	./.	./.	s_2	./.	./.	s_{max}
normierte Wertigkeiten			./.			s_{n1}				s_{n2}			s_{nmax}
Rangfolge			./.			R_1				R_2			R_{max}
technische Bewertungskriterien													
Rangfolge			./.			R_1				2			R_{max}
wirtschaftliche Bewertungskriterien													
Rangfolge			./.			R_1				2			R_{max}
psychologische Bewertungskriterien													

Bild 4.4. Tabellensatz zur Erfassung und Auswertung der quantitativen Kriterien

Ordn. Nr.	qualitative Bewertungskriterien	Gewichtungsfaktor	Varianten V1				Varianten V2				Idealkonstruktion		
			Eigenschaft	Rangfolge	Maßzahl	Wertungszahl	Eigenschaft	Rangfolge	Maßzahl	Wertungszahl	Zieleigenschaft	Maßzahl	Wertungszahl
1	2	3	4	5	6	7	4	5	6	7	8	9	10
01		g_1	$W_{1,1}$	$r_{1,1}$	$m_{1,1}$	$w_{1,1}$	$W_{1,2}$	$r_{1,2}$	$m_{1,2}$	$w_{1,2}$	W_{1max}	m_{1max}	w_{1max}
02		g_2											
03		g_3											
n-2		g_{n-2}											
n-1		g_{n-1}											
n		g_n	$W_{n,1}$	$r_{n,1}$	$m_{n,1}$	$w_{n,1}$	$W_{n,2}$	$r_{n,2}$	$m_{n,2}$	$w_{n,2}$	W_{nmax}	m_{nmax}	w_{nmax}
Wertigkeiten			./.	./.	./.	s_1	./.	./.	./.	s_2	./.	./.	s_{max}
normierte Wertigkeiten			./.			s_{n1}				s_{n2}			s_{nmax}
Rangfolge			./.			R_1				R_2			R_{max}

technische Bewertungskriterien

Rangfolge	./.		R_1				2	R_{max}

wirtschaftliche Bewertungskriterien

Rangfolge	./.		R_1				2	R_{max}

psychologische Bewertungskriterien

Bild 4.5. Tabellensatz zur Erfassung und Auswertung der qualitativen Kriterien

Dieser Tabellensatz entspricht demjenigen, der bei der anforderungsorientierten gewichteten Bewertung Anwendung findet (vgl. Kapitel 4.7). Dies gilt auch für alle weiteren in diesem Kapitel behandelten Tabellen und Diagramme. Die Ordnungs-Nummern in Spalte 1 können in beliebiger Form sowohl als Ziffern als auch als Buchstaben gewählt werden.

Bevor die eigentliche Bewertung durchgeführt wird, sollten bereits die Kriterien sowie die ihnen zugeordneten quantitativen Werte bzw. qualitativen Eigenschaften je Variante in die Bewertungstabellen eingetragen werden. Außerdem sollten aus Gründen einer späteren Arbeitserleichterung je Kriterium innerhalb der Varianten die Rangfolge der Werte bzw. Eigenschaften eingetragen werden (vgl. Kapitel 4.7, Bilder 4.46 bzw. 4.47, Spalten 2, 4 und 5).

4.5.5 Die Gewichtung

4.5.5.1 Die Gewichtungsmatrix

In der Regel sind die an ein technisches System gestellten Anforderungen nicht alle gleich wichtig. Dieser Umstand muß bei der Bewertung dadurch berücksichtigt werden, daß die aus den Anforderungen hergeleiteten Kriterien gegeneinander abgewogen und damit gewichtet werden. Die Gewichtung wird ausgedrückt durch die sogenannten *Gewichtungsfaktoren*, mit denen die Werte der Kriterien einer jeden Lösung multipliziert werden und damit die sogenannten *Wertungszahlen* ergeben.

Wird eine Bewertung ohne gewichtete Werte bzw. Eigenschaften durchgeführt, so entspricht das einer Bewertung mit dem für alle Kriterien anzusetzenden Gewichtungsfaktor „1".

Die Ermittlung der Gewichtungsfaktoren erfolgt formell durch Eintragung der *Wichtigkeiten*, mit denen sich die Kriterien gegeneinander abwägen lassen, in eine sogenannte *Gewichtungsmatrix* und anschließender Addition der Wichtigkeiten je Kriterium, also durch Summenbildung je Matrixzeile.

Gewichtungsmatrizen werden demnach nicht nach den Gesetzmäßigkeiten der linearen Algebra entwickelt und können somit auch nicht den entsprechenden Lösungsgesetzen unterworfen werden. Die Besetzung der einzelnen Matrixelemente ergibt sich vielmehr aus der Fragestellung nach den Wichtigkeiten eines zunächst beliebigen Kriteriums gegenüber jedem weiteren der übrigen Kriterien.

Beispiel: Um die Zusammenhänge zu veranschaulichen, werden drei für einen Pkw ansetzbare Kriterien gegenübergestellt (Bild 4.6). Die eingetragenen Wichtigkeiten seien von einer Bewertergruppe festgelegt worden.

Ordn. Nr.	Bew.-Kriterium	A	B	C	Gewichtungs-faktoren
A	Sicherheit	1	3	1/2	1.225
B	Komfort	1/3	1	1/6	0.236
C	Entsorgbarkeit	2	6	1	3.464

Bild 4.6. Beispiel einer Gewichtungsmatrix einschließlich Gewichtungsfaktoren
mit drei Kriterien

4.5.5.2 Die Bestimmung der Wichtigkeiten

Die Fragestellung zur Bestimmung der Wichtigkeiten $p_{i,j}$ eines Kriteriums gegenüber jedem anderen lautet:

„Um wieviel wichtiger ist ein Kriterium gegenüber jedem anderen?"

Die Eintragung des in ingenieurmäßiger Entscheidung geschätzten Ergebnisses in die Gewichtungsmatrix ist auf zwei Arten möglich, die jedoch zu unterschiedlichen Zusammenhängen der Feldelemente untereinander führen.

1. Verhältnismäßige Wichtigkeiten

In diesem Fall werden die Wichtigkeiten zweier Kriterien zueinander ins Verhältnis gesetzt.

Allgemein gelten für die Abschätzung der Wichtigkeiten des ersten Kriteriums gegenüber allen anderen Kriterien folgende Gedankengänge:

Wird beispielsweise die Wichtigkeit des Kriteriums A höher eingeschätzt als die des Kriteriums B, so wird innerhalb der Zeile A unter B ein Wert $p_{AB} > 1.0$ eingesetzt.

Wird weiterhin die Wichtigkeit des Kriteriums A geringer als die des Kriteriums C eingeschätzt, so wird innerhalb der Zeile A unter C ein Wert $0 > p_{AC} < 1.0$ eingesetzt.

Sind die Kriterien A und D gleichwertig, so erscheint in Zeile A unter D der Wert $p_{AD} = 1.0$.

Beispiel: Wird gemäß Bild 4.6 das Kriterium A (Sicherheit) als dreimal wichtiger gegenüber dem Kriterium B (Komfort) geschätzt, so ergeben sich die Wichtigkeitsverhältnisse

$$p_{AB} = 3\,p_{BA} \quad \text{und} \quad p_{BA} = \frac{p_{AB}}{3}\,.$$

Wird dieses Wichtigkeitsverhältnis unmittelbar in die Gewichtungsmatrix eingetragen, so ergeben sich die in Bild 4.7 eingetragenen Wichtigkeiten.

Bild 4.7. Beispiel einer Gewichtungsmatrix mit ins Verhältnis gesetzten Wichtigkeiten

Ordn. Nr.	Bew.-Kriterium	A	B	C
A	Sicherheit	I	3	
B	Komfort	1/3	I	
C	Entsorgbarkeit			

In der Hauptdiagonalen erscheinen *Einser*, da ein Kriterium zu sich selbst im Verhältnis „1" steht.

Es ist sofort erkennbar, daß sich die Wichtigkeiten, die unterhalb der Hauptdiagonalen stehen, nach folgendem Gesetz ermitteln lassen:

$$p_{BA} = \frac{1}{p_{AB}} \tag{4.1}$$

usw.

Beispiel: In gleicher Weise werden auch die Wichtigkeitsverhältnisse zwischen dem Kriterium A und dem Kriterium C (Entsorgbarkeit) und, falls vorhanden, allen weiteren Kriterien gemäß Bild 4.6 bestimmt und in die entsprechende Gewichtungsmatrix eingetragen. Damit läßt sich die Matrix Bild 4.7 durch die in Bild 4.8 eingetragenen verhältnismäßigen Wichtigkeiten zwischen Kriterium A und Kriterium C ergänzen.

Bild 4.8. Erweitertes Beispiel der Gewichtungsmatrix mit ins Verhältnis gesetzten Wichtigkeiten

Ordn. Nr.	Bew.-Kriterium	A	B	C
A	Sicherheit	I	3	1/2
B	Komfort	1/3	I	
C	Entsorgbarkeit	2		

2. Normierte Wichtigkeiten

In diesem Fall wird die Summe der Wichtigkeiten zweier Kriterien zueinander zu 100% festgesetzt und das prozentual aufgeteilte Wichtigkeitsverhältnis auf „1" normiert. Allgemein gelten für die Abschätzung der Wichtigkeiten des ersten Kriteriums gegenüber allen anderen Kriterien folgende Gedankengänge:

Wird beispielsweise die Wichtigkeit des Kriteriums A höher eingeschätzt als die des Kriteriums B, so wird innerhalb der Zeile A unter B ein Wert $0.5 < p_{AB} \le 1.0$ eingesetzt.

Wird weiterhin die Wichtigkeit des Kriteriums A geringer als die des Kriteriums C eingeschätzt, so wird innerhalb der Zeile A unter C ein Wert $0 \leq p_{AC} < 0.5$ eingesetzt.

Sind die Kriterien A und D gleichwertig, so erscheint in Zeile A unter D der Wert $p_{AD} = 0.5$. Selbstverständlich können auch echte Brüche eingesetzt werden.

Beispiel: Für die mit Bild 4.6 eingeführten Kriterien ergeben sich die in Bild 4.9 eingetragenen Wichtigkeiten aus

$$p_{AB} + p_{BA} = 1,$$

$$p_{AB} + \frac{p_{AB}}{3} = 1,$$

$$p_{AB} = 0.75 \text{ und } p_{BA} = 0.25.$$

Ordn. Nr.	Bew.-Kriterium	A	B	C
A	Sicherheit	0	0.75	
B	Komfort	0.25	0	
C	Entsorgbarkeit			

Bild 4.9. Beispiel einer Gewichtungsmatrix mit auf „1" normierten Wichtigkeiten

In der Hauptdiagonalen erscheinen *Nullen*, da ein Kriterium gegenüber sich selbst nicht gewichtet werden kann.

Auch hier ist sofort die Gesetzmäßigkeit für die Felder unterhalb der Hauptdiagonalen erkennbar, nämlich

$$p_{BA} = 1 - p_{AB} \tag{4.2}$$

usw..

Beispiel: In gleicher Weise werden auch die Wichtigkeitsverhältnisse zwischen dem Kriterium A und dem Kriterium C (Entsorgbarkeit) und, falls vorhanden, allen weiteren Kriterien bestimmt und in die entsprechende Gewichtungsmatrix eingetragen. Damit läßt sich die Matrix Bild 4.9 durch das in Bild 4.10 eingetragene, normierte Wichtigkeitsverhältnis zwischen Kriterium A und Kriterium C ergänzen.

Ordn. Nr.	Bew.-Kriterium	A	B	C
A	Sicherheit	0	0.75	0.33
B	Komfort	0.25	0	
C	Entsorgbarkeit	0.67		

Bild 4.10. Erweitertes Beispiel der Gewichtungsmatrix mit auf „1" normierten Wichtigkeiten

3. Zusammenhang der Wichtigkeiten untereinander

Die beschriebene Art der Fragestellung und der damit verbundenen Bestimmung der Wichtigkeiten ist jedoch nur für die Festlegung der ersten oder *einer* beliebigen anderen Zeile und deren an der Hauptdiagonalen der Gewichtungsmatrix gespiegelten Spalte zulässig.

Sind diese Wichtigkeiten bestimmt, so sind alle weiteren Wichtigkeiten nach der *Transitivitätsregel* und den dazu analogen Gesetzmäßigkeiten festgelegt. Die Transitivitätsregel lautet mit den hier eingeführten Größen bekanntlich:

Wenn das Kriterium A gleich wichtig ist wie das Kriterium B und gleich wichtig wie das Kriterium C, dann *muß* das Kriterium B gleich wichtig sein wie das Kriterium C oder, mathematisch formuliert (p_{AB} lies: Wichtigkeit des Kriteriums A gegenüber der Wichtigkeit des Kriteriums B):

$$
\begin{aligned}
\text{Wenn} \quad & p_{AB} = p_{BA} \\
\text{und} \quad & p_{AC} = p_{CA}, \\
\text{dann} \quad & p_{BC} = p_{CB}.
\end{aligned}
$$

Insgesamt lassen sich zwölf weitere Gesetzmäßigkeiten zusätzlich zur Transitivitätsregel feststellen, aus denen sich die beschriebenen Abhängigkeiten des jeweils dritten vom zweiten und ersten Kriterium herleiten läßt. Mathematisch formuliert lauten diese Gesetzmäßigkeiten:

2. Wenn $p_{AB} = p_{BA}$
   und $p_{AC} > p_{CA}$,
   dann $p_{BC} > p_{CB}$.

6. Wenn $p_{AB} > p_{BA}$
   und $p_{AC} > p_{CA}$
   und $p_{AC} > p_{AB}$,
   dann $p_{BC} > p_{CB}$.

10. Wenn $p_{AB} < p_{BA}$
    und $p_{AC} > p_{CA}$
    und $p_{AC} > p_{AB}$,
    dann $p_{BC} > p_{CB}$.

3. Wenn $p_{AB} = p_{BA}$
   und $p_{AC} < p_{CA}$,
   dann $p_{BC} < p_{CB}$.

7. Wenn $p_{AB} > p_{BA}$
   und $p_{AC} > p_{CA}$
   und $p_{AC} < p_{AB}$,
   dann $p_{BC} < p_{CB}$.

11. Wenn $p_{AB} < p_{BA}$
    und $p_{AC} < p_{CA}$
    und $p_{AC} = p_{AB}$,
    dann $p_{BC} = p_{CB}$.

4. Wenn $p_{AB} > p_{BA}$
   und $p_{AC} = p_{CA}$,
   dann $p_{BC} < p_{CB}$.

8. Wenn $p_{AB} > p_{BA}$
   und $p_{AC} < p_{CA}$
   und $p_{AC} < p_{AB}$,
   dann $p_{BC} < p_{CB}$.

12. Wenn $p_{AB} < p_{BA}$
    und $p_{AC} < p_{CA}$
    und $p_{AC} > p_{AB}$,
    dann $p_{BC} > p_{CB}$.

5. Wenn $p_{AB} > p_{BA}$
   und $p_{AC} > p_{CA}$
   und $p_{AC} = p_{AB}$,
   dann $p_{BC} = p_{CB}$.

9. Wenn $p_{AB} < p_{BA}$
   und $p_{AC} = p_{CA}$,
   dann $p_{BC} > p_{CB}$.

13. Wenn $p_{AB} < p_{BA}$
    und $p_{AC} < p_{CA}$
    und $p_{AC} < p_{AB}$,
    dann $p_{BC} < p_{CB}$.

Beispiel: Analog dieser Gesetzmäßigkeit gilt für die fehlenden Wichtigkeiten in Bild 4.8 und Bild 4.10 folgende Überlegung:

„Wenn die *Sicherheit* wichtiger ist als der *Komfort* und weniger wichtig als die *Entsorgbarkeit*, dann *muß* die *Entsorgbarkeit* wichtiger sein als der *Komfort*!"

Allgemeingültig ausgedrückt, heißt das: Wenn die Wichtigkeit des Kriteriums A gegenüber der des Kriteriums B und die Wichtigkeit des Kriteriums A gegenüber der des Kriteriums C und damit die erste Zeile und über die komplementäre Beziehung $p_{BA} = 1 - p_{AB}$ sowie $p_{CA} = 1 - p_{AC}$ auch die erste Spalte der Gewichtungsmatrix bestimmt worden sind, kann die Wichtigkeit des Kriteriums B gegenüber derjenigen des Kriteriums C nicht mehr willkürlich festgelegt werden.

Bei der Ermittlung der Wichtigkeiten wird also immer die unbekannte dritte Wichtigkeit bzw. deren Komplement aus zwei bekannten und benachbarten Wichtigkeiten sowie deren Komplemente bestimmt. Dabei müssen sich die Kriterien einer größeren Matrix, wie beispielsweise in Bild 4.11 gezeigt, jeweils als Dreierpaarung gedacht werden.

Diese Gesetzmäßigkeiten gelten für alle Wichtigkeiten $p_{(i=2, j=3)}$ bis $p_{(i=n-1, j=n)}$ innerhalb einer Gewichtungsmatrix bei n Kriterien, d. h. also für die zweite bis n-te Zeile einer Gewichtungsmatrix, nachdem die Wichtigkeiten der ersten Zeile nach reiflicher Überlegung und der bekannten Vorgehensweise und insbesondere durch die Mitglieder einer Bewertergruppe bestimmt worden sind.

Ordn. Nr.	A	B	C	D	E	Gewichtungs-faktoren
A		p_{AB}	p_{AC}	p_{AD}	p_{AE}	g_A
B	p_{BA}		p_{BC}	p_{BD}	p_{BE}	g_B
C	p_{CA}	p_{CB}		p_{CD}	p_{CE}	g_C
D	p_{DA}	p_{DB}	p_{DC}		p_{DE}	g_D
E	p_{EA}	p_{EB}	p_{EC}	p_{ED}		g_E

Bild 4.11. Beispiel einer Gewichtungsmatrix mit mehr als drei Bewertungskriterien

Aber auch diese Regeln führen noch nicht zu logisch exakten Werten, sondern geben *lediglich die Tendenz* für die Wichtigkeitsfestlegung des $(i+1)$-ten bis $(n-1)$-ten Kriteriums gegenüber dem i-ten bis $(n-2)$-ten Kriterium an. Die folgenden Überlegungen erst führen zur mathematisch exakten Bestimmung der Zusammenhänge zwischen den festgelegten Wichtigkeiten der jeweils ersten oder einer beliebigen Matrixzeile und deren an der Hauptdiagonalen gespiegelten Matrixspalte und den nachfolgenden Wichtigkeiten.

Entsprechend den zwei bereits begonnenen unterschiedlichen Eintragungsbeispielen (vgl. Bilder 4.8 und 4.10) ergeben sich zwei unterschiedliche Gleichungen zur Bestimmung der Wichtigkeiten, die nachfolgend hergeleitet werden.

4. Bestimmung der Folgewichtigkeiten verhältnismäßiger Wichtigkeiten

Aus Bild 4.8 ist ersichtlich, daß, wenn sich die Wichtigkeit des Kriteriums B gegenüber derjenigen des Kriteriums A wie $\dfrac{p_{BA}}{p_{AB}} = \dfrac{1/p_{AB}}{p_{AB}}$ und die Wichtigkeit des Kriteriums C gegenüber derjenigen des Kriteriums A wie $\dfrac{p_{CA}}{p_{AC}} = \dfrac{1/p_{AC}}{p_{AC}}$ verhält, sich die Wichtigkeit des Kriteriums C gegenüber derjenigen des Kriteriums B entsprechend

$$\frac{p_{CB}}{p_{BC}} = \frac{\dfrac{\dfrac{1}{p_{AC}}}{p_{AC}}}{\dfrac{\dfrac{1}{p_{AB}}}{p_{AB}}} \tag{4.3}$$

verhalten *muß*.

Das Produkt der Wichtigkeiten des Kriteriums B gegenüber C, also p_{BC}, und des Kriteriums C gegenüber B, also p_{CB}, muß gemäß dem Ansatz der Verhältnismäßigkeit „1" betragen. Damit ergibt sich

$$p_{BC} = \frac{1}{p_{CB}}. \tag{4.4}$$

Mit p_{CB} aus Gl. (4.3) ergibt sich

$$p_{BC} = \frac{1}{\left(\dfrac{\dfrac{p_{AC}}{p_{AC}}}{\dfrac{1}{p_{AB}}}\right) p_{BC}}, \tag{4.5}$$

$$p_{BC} = \sqrt{\frac{1}{\left(\dfrac{\dfrac{p_{AC}}{p_{AC}}}{\dfrac{1}{p_{AB}}}\right)}}. \tag{4.6}$$

Für eine Gewichtungsmatrix mit n Kriterien und den Indizes gemäß Bild 4.12 ergeben sich somit folgende allgemeingültigen Gleichungen:

$$p_{i,j} = \sqrt{\frac{1}{\left(\dfrac{\dfrac{p_{i-1,j}}{p_{i-1,j}}}{\dfrac{1}{p_{i-1,j-1}}}\right)}}, \quad i = 1,n; \ j = 1,n \tag{4.7}$$

$$p_{j,i} = \frac{1}{p_{i,j}}, \quad i = 1,n; \ j = 1,n \tag{4.8}$$

Ordn. Nr.	A	L	N	Gewichtungs- faktoren
A	$p_{1,1}$	$p_{1,j}$	$p_{1,n}$	g_1
L	$p_{i,1}$	$p_{i,j}$	$p_{i,n}$	g_i
N	$p_{n,1}$	$p_{n,j}$	$p_{n,n}$	g_n

Bild 4.12. Gewichtungsmatrix mit n Kriterien

Beispiel: Damit wird die Gewichtungsmatrix Bild 4.8 entsprechend Bild 4.13 ergänzt.

Ordn. Nr.	Bew.-Kriterium	A	B	C
A	Sicherheit	1	3	1/2
B	Komfort	1/3	1	1/6
C	Entsorgbarkeit	2	6	1

Bild 4.13. Ergänztes Beispiel der Gewichtungsmatrix mit ins Verhältnis gesetzten Wichtigkeiten

5. Bestimmung der Folgewichtigkeiten normierter Wichtigkeiten

Aus Bild 4.10 ist ersichtlich, daß, wenn sich die Wichtigkeit des Kriteriums B gegenüber derjenigen des Kriteriums A wie $\dfrac{p_{BA}}{p_{AB}}$ und die Wichtigkeit des Kriteriums C gegenüber derjenigen des Kriteriums A wie $\dfrac{p_{CA}}{p_{AC}}$ verhält, sich die Wichtigkeit des Kriteriums C gegenüber derjenigen des Kriteriums B entsprechend

$$\frac{p_{CB}}{p_{BC}} = \frac{\dfrac{p_{CA}}{p_{AC}}}{\dfrac{p_{BA}}{p_{AB}}} . \tag{4.9}$$

verhalten *muß*.

Die Summe der Wichtigkeiten des Kriterium B gegenüber C, also p_{BC}, und des Kriterium C gegenüber B, also p_{CB}, muß gemäß dem Normierungsansatz „1" betragen. Damit ergibt sich

$$p_{BC} = 1 - p_{CB}. \tag{4.10}$$

Mit p_{CB} aus Gl. (4.9) ergibt sich

$$p_{BC} = 1 - \left(\frac{\dfrac{p_{CA}}{p_{AC}}}{\dfrac{p_{BA}}{p_{AB}}} \right) p_{BC} \tag{4.11}$$

$$p_{BC} = \frac{1}{1 + \left(\dfrac{\dfrac{p_{CA}}{p_{AC}}}{\dfrac{p_{BA}}{p_{AB}}} \right)} . \tag{4.12}$$

Für eine Gewichtungsmatrix mit n Kriterien und den Indizes gemäß Bild 4.12 ergeben sich somit folgende allgemeingültigen Gleichungen:

$$p_{i,j} = \frac{1}{1 + \left(\dfrac{\dfrac{p_{i+1,j-2}}{p_{i-1,j}}}{\dfrac{p_{i,j-2}}{p_{i-1,j-1}}} \right)} , \quad i = 1,n; \ j = 1,n \tag{4.13}$$

$$p_{j,i} = 1 - p_{i,j} \ , \ i = 1,n; \ j = 1,n \tag{4.14}$$

Beispiel: Damit wird die Gewichtungsmatrix Bild 4.10 entsprechend Bild 4.14 ergänzt.

Bild 4.14. Ergänztes Beispiel der Gewichtungsmatrix mit auf „1" normierten Wichtigkeiten

Ordn. Nr.	Bew.-Kriterium	A	B	C
A	Sicherheit	0	0.75	0.33
B	Komfort	0.25	0	0.14
C	Entsorgbarkeit	0.67	0.86	0

Daß die beschriebenen Zusammenhänge bei der Erstellung von Gewichtungsmatrizen mühevolle Rechenarbeit bedeuten, ist offensichtlich. Um diese zu minimieren und frei von Fehlern zu halten, wird in jedem Fall empfohlen, die beschriebene Vorgehensweise zu programmieren und mit Hilfe eines Computers durchzuführen. Diese Empfehlung gilt grundsätzlich auch für die folgenden Berechnungen, insbesondere aber für die Bestimmung der Maßzahlen mit Hilfe von Wertfunktionen (vgl. Kapitel 4.5.6.4).

4.5.5.3 Die Berechnung der Gewichtungsfaktoren

Die Gewichtungsfaktoren errechnen sich entsprechend der beiden in Kapitel 4.5.5.2 vorgestellten Betrachtungsweisen bei der Ermittlung der Wichtigkeiten ebenfalls unterschiedlich.

1. Gewichtungsfaktoren verhältnismäßiger Wichtigkeiten

Die Gewichtungsfaktoren der einzelnen Kriterien ergeben sich aus der Berechnung des *geometrischen Mittels* aller Wichtigkeiten, die in den jeweiligen Zeilen eingetragen bzw. berechnet wurden, also aus

$$g_i = \sqrt{\prod_{j=1}^{n} p_{i,j}} \cdot \tag{4.15}$$

und damit für die einzelnen Zeilen aus

$$g_A = \sqrt{p_{AB} \times p_{AC} \times \ldots}$$

$$g_B = \sqrt{p_{BA} \times p_{BC} \times \ldots} \tag{4.16}$$

usw..

Beispiel: Gemäß Bild 4.13 ergibt sich damit für die erste Zeile

$$g_A = \sqrt{1.0 \times 3.0 \times 1/2} = 1.225.$$

Die Gewichtungsfaktoren der übrigen Kriterien ergeben sich analog, d. h. als geometrische Mittel der entsprechenden Zeilenwerte. Diese Ergebnisse werden in einer zusätzlichen Spalte „Gewichtungsfaktoren" zusammengefaßt. Außerdem können die Gewichtungsfaktoren auf „1" normiert werden. Das hat bei einer größeren Anzahl von Kriterien den Vorteil, daß die anschließend berechneten Wertungszahlen keine zu großen Werte annehmen. Außerdem dienen die normierten Gewichtungsfaktoren der Darstellung von Wertprofilen (vgl. Kapitel 4.5.9.3).

Beispiel: Damit erweitert sich Bild 4.13 auf folgendes Ergebnis:

Ordn. Nr.	Bew.-Kriterium	A	B	C	Gewichtungs-faktoren	normierte Gew.faktoren
A	Sicherheit	1	3	1/2	1.225	0.249
B	Komfort	1/3	1	1/6	0.236	0.048
C	Entsorgbarkeit	2	6	1	3.464	0.703

$$\Sigma g_{norm} = 1.000$$

Bild 4.15. Beispiel einer Gewichtungsmatrix; Ermittlung aller Wichtigkeiten und der Gewichtungsfaktoren bei ins Verhältnis gesetzten Wichtigkeiten

Zur Kontrolle der Gewichtungsmatrix muß das Produkt der über der Hauptdiagonalen liegenden Wichtigkeiten gleich dem Reziprokwert des Produktes der unter der Hauptdiagonalen liegenden Wichtigkeiten sein. Mathematisch formuliert muß unter Verwendung der in Bild 4.12 definierten Indizes gelten:

$$\prod_{i=1,\,j=i+1}^{i=n-1,\,j=1} p_{i,j} = \frac{1}{\displaystyle\prod_{i=n,\,j=i-1}^{i=2,\,j=1} p_{i,j}} \tag{4.17}$$

2. Gewichtungsfaktoren normierter Wichtigkeiten

In diesem Fall ergeben sich die Gewichtungsfaktoren der einzelnen Kriterien durch *Addition* aller Wichtigkeiten, die in den jeweiligen Zeilen eingetragen bzw. berechnet wurden, also aus

$$g_i = \sum_{j=1}^{n} p_{i,j} \tag{4.18}$$

und damit für die einzelnen Zeilen aus

$$g_A = p_{AB} + p_{AC} + \dots$$

$$g_B = p_{BA} + p_{BC} + \dots \tag{4.19}$$

usw..

Beispiel: Gemäß Bild 4.14 ergibt sich damit für die erste Zeile

$$g_A = 0.74 + 0.33 = 1.08.$$

Die Gewichtungsfaktoren der übrigen Kriterien ergeben sich analog, d. h. als Summen der entsprechenden Zeilenwerte. Die Zeilensummen werden in einer zusätzlichen Spalte „Gewichtungsfaktoren" zusammengefaßt. Auch in diesem Fall können die Gewichtungsfaktoren aus dem bereits genannten Grund auf „1" normiert werden. Diese Vorgehensweise ist jedoch nicht üblich, es sei denn, die normierten Gewichtungsfaktoren werden zur Darstellung von Wertprofilen benötigt (vgl. Kapitel 4.5.9.3).

Beispiel: Damit erweitert sich Bild 4.14 auf folgendes Ergebnis:

Ordn. Nr.	Bew.-Kriterium	A	B	C	Gewichtungs- faktoren
A	Sicherheit	0	0.75	0.33	1.08
B	Komfort	0.25	0	0.14	0.39
C	Entsorgbarkeit	0.67	0.86	0	1.53

$$\Sigma g = 3.00$$

Bild 4.16. Beispiel einer Gewichtungsmatrix; Ermittlung aller Wichtigkeiten und der Gewichtungsfaktoren bei auf „1" normierten Wichtigkeiten

Ein Vergleich mit den Ergebnissen gemäß Bild 4.15 zeigt, daß beide beschriebenen Matrizen wertmäßig zwar unterschiedliche Gewichtungsfaktoren liefern, diese in ihrer Tendenz jedoch übereinstimmen.

Zur Kontrolle der Gewichtungsmatrix muß die Summe aller Gewichtungsfaktoren *gleich* der Anzahl der ausgefüllten Felder oberhalb der Hauptdiagonalen sein, da bei der Gegenüberstellung der Kriterien insgesamt immer *ein* Punkt vergeben wird.

Mathematisch formuliert ergibt sich:

$$\sum g = 0.5\, n\,(n-1) \tag{4.20}$$

3. Robustheit der Gewichtungsfaktoren

Entsprechend den in Kapitel 4.5.3 beschriebenen Bewertungsvoraussetzungen sollte die Festlegung der Wichtigkeiten in Gruppenarbeit erfolgen. Sofern jedes Gruppenmitglied eine eigene Gewichtung durchführt, dienen die jeweiligen Gewichtungsfaktoren der Berechnung des gemittelten Gewichtungsfaktors. Dieser entspricht dann dem *empirischen Mittelwert* (*arithmetisches Mittel*). Eine Möglichkeit zur Erlangung einer gewissen Stabilität liegt in der Berechnung des *robusten Mittelwertes* jeder einzelnen Wichtigkeit. Robuste Mittelwerte verhindern, daß extreme Meinungen einzelner Gruppenmitglieder die Gewichtungsergebnisse verfälschen. Geeignete robuste Mittelwerte sind bei i Gruppenmitgliedern beispielsweise

a) das α-gestutzte Mittel

$$\bar{x}_{\alpha p} = \frac{1}{i - 2k}\,(p_{i\,(i+1)} + \ldots + p_{i\,(i-k)}), \tag{4.21}$$

b) das α-winsorisierte Mittel

$$w_{\alpha p} = \frac{1}{i}\left(k\,p_{i\,(k+1)} + p_{i\,(k+1)} + \cdots + p_{i\,(i-k)} + k\,p_{i\,(i-k)}\right) \tag{4.22}$$

mit $k = i \cdot \alpha;\ 0 < \alpha < 0.5$.

4. Eintrag der Gewichtungsfaktoren in die Bewertungstabelle

Die gegebenenfalls aus allen Einzelgewichtungen je Bewerter gemittelten Gewichtungsfaktoren sind abschließend den bereits in die Bewertungstabellen eingetragenen Kriterien zuzuordnen (vgl. Kapitel 4.7, Bilder 4.46 bzw. 4.47, Spalten 3).

4.5.6 Die Bestimmung der Maßzahlen

4.5.6.1 Übersicht

Die Kriterien werden durch die Eigenschaften der Varianten unterschiedlich erfüllt. Um die *Rangfolge* der Lösungen bezüglich des sogenannten *Erfüllungsgrades* ermitteln zu können, werden den zu jedem Kriterium zugehörigen Werten bzw. Eigenschaften der einzelnen Varianten Punkte, auch *Maßzahlen* genannt, entsprechend eines zu vereinbarenden Punktebereiches zugeordnet.

Um die Aussage der jeweiligen Punkte deutlich zu machen, können ihnen Notenbegriffe zugeordnet werden, also z. B.:

sehr gut	= 4
gut	= 3
mäßig gut	= 2
ausreichend	= 1
nicht brauchbar	= 0

Aber auch andere Punktebereiche wie beispielsweise 0 (nicht brauchbar) bis 10 (sehr gut) sind möglich.

Ein zu groß gewählter Punktebereich ist allerdings wenig sinnvoll, da dieser bei qualitativen Kriterien zu einer nicht mehr glaubwürdigen Differenzierung führen kann und sich außerdem bei quantitativen und qualitativen Kriterien durch die nachfolgend empfohlene Ermittlung von Verhältniszahlen ohnehin eine weitere Differenzierung in gemeine Brüche bzw. Dezimalbrüche ergibt.

Die Maßzahlen lassen sich nach den zwei folgenden, unterschiedlichen Gesichtspunkten vergeben:

a. Relative Maßzahlen

Von *relativen* Maßzahlen ist die Rede, wenn sich der Punktebereich von der höchsten festgelegten Maßzahl für die Variante, die das jeweilige Kriterium am besten erfüllt, bis zur Maßzahl „1" für die Variante, die das Kriterium gerade noch erfüllt, erstreckt. Bei Nichterfüllung eines Kriteriums wird die Maßzahl „0" vergeben.

b. Absolute Maßzahlen

Von *absoluten* Maßzahlen ist die Rede, wenn eine *Idealkonstruktion*, also eine theoretische Lösung, die sämtliche Anforderungen zu 100% erfüllt, definiert wurde. Diese erhält die höchste Maßzahl, während die das jeweilige Kriterium gerade noch erfüllende Variante die Maßzahl „1" erhält. Diese sogenannte *Minimallösung* kann ebenso wie die Idealkonstruktion theoretischer Art sein. Auch hier wird bei Nichterfüllung eines Kriteriums die Maßzahl „0" vergeben.

4.5.6.2 Die Maßzahlen quantitativer Kriterien

Die Werte quantitativer Kriterien sind in der Regel dimensionsbehaftet. Als solche sind auch diejenigen Kriterien zu betrachten, die durch Verhältnisbildung dimensionslos werden.

Dimensionslose Kriterien sind beispielsweise *Wirkungsgrade* ($\eta = \dfrac{N_{\text{eff}}}{N_{\text{ind}}} = 0.89$), *aerodynamische Beiwerte* ($c_{\text{W}} = \dfrac{W}{q\,F_{\text{W}}} = 0.12$) und andere.

Da die Dimensionen unterschiedlich sind (z. B. Leistung in [kW], Beleuchtungsstärke in [lx], Lebensdauer in [h], Kosten in [SFr]), kann die Wertigkeit je Variante nicht durch einfache Addition der Werte ermittelt werden. Aus diesem Grund sind den einzelnen Varianten für jedes Kriterium Maßzahlen zuzuordnen.

Als Maßstab für „sehr gut" gilt in der Regel der dimensionsbehaftete Wert aus der Anforderungsliste.

4.5.6.3 Die Maßzahlen qualitativer Kriterien

Da die qualitativen Kriterien keine zähl-, meß-, wäg- oder mit Hilfe physikalischer, chemischer bzw. biologischer Eigenschaften vergleichbaren Werte haben, müssen sie entsprechend dem Grad der Verwirklichung jeder qualitativen Anforderung in ihrer Rangfolge festgelegt werden. Dieser Rangfolge werden ebenfalls Maßzahlen zugeordnet.

Als Maßstab für „sehr gut" gilt in der Regel die technologisch maximal erreichbare Eigenschaft.

4.5.6.4 Die Wertfunktionen

Bandbreite und Zuordnung der Maßzahlen, d. h. die Einstufung des vorliegenden Istzustandes gegenüber der bestehenden Anforderungen, geschieht mit Hilfe sogenannter *Wertfunktionen*, in denen auf der Ordinate die Maßzahlen und auf der Abszisse die von den Varianten erreichten Werte bzw. Punkte entsprechend den qualitativen Eigenschaften aufgetragen sind. Wertfunktionen werden auch häufig *Nutzenfunktionen* genannt.

Die Anwendung der Wertfunktionen wird hauptsächlich für die Bewertung nach quantitativen Kriterien empfohlen. Allerdings lassen sie sich auch bei qualitativen Kriterien anwenden. Dies ist jedoch nur dann sinnvoll, wenn statistische oder durch Erfahrung erhärtete Wertvorstellungen (sehr gut, gut ...) vorliegen. In solchen Fällen sind allerdings nur nichtlineare Wertfunktionen anwendbar. Für die Verteilung der Maßzahlen über dem gewählten Wertbereich ist jeweils eine der nachfolgend beschriebenen Wertfunktionen anzuwenden. Dabei müssen die Werte bzw. Eigenschaften eines jeden Kriteriums nach einer ihm *angemessenen* Wertfunktion ermittelt werden. Die Bandbreite der Maßzahlen muß allerdings bei allen Kriterien die gleiche sein. Die Festlegung der Maßbereiche, die Zuordnung der Maßzahlen und die Wahl der Wertfunktionen ist Aufgabe der Bewertergruppe.

Die in den Bildern der folgenden Abschnitte eingetragenen Werte dienen als Beispiele für die jeweils sinnvolle Wahl der anwendbaren Wertfunktionen.

1. Lineare Wachstumsfunktionen

Eine lineare Wachstumsfunktion ist zu wählen, wenn ein niedriger Wert schlecht und ein hoher Wert gut zu bewerten ist und die Wertverteilung linear angenommen werden kann. Diese Wertfunktion folgt dem Gesetz

$$m = a\,w + c \tag{4.23}$$

mit dem Steigungsfaktor

$$a = \frac{m_{max} - 1}{w_{max} - w_{min}} = \frac{\text{Maßzahlbereich}}{\text{Wertbereich}} \tag{4.24}$$

und der Verschiebung auf der Ordinate

$$c = -\,a\,w_{min} + 1. \tag{4.25}$$

Beispiel: Liegen für eine geforderte Leistung (quantitatives technisches Kriterium) die vier Werte 52, 55, 60 und 65 kW vor, und sollen der Differenz zwischen dem niedrigsten und dem höchsten Wert die Maßzahlen von 1 bis 4 zugeordnet werden, so dürfen diese in keinem Fall 1, 2, 3 und 4 betragen (Bild 4.17 a), sondern müssen zu den Werten durch Berechnung oder graphische Ermittlung in ein relatives Verhältnis gesetzt werden (*relative* Maßzahlen; Bild 4.17 b oder c). Die graphische Ermittlung hat den Vorteil, daß die Wertvorstellungen des jeweiligen Bewerters für ihn selbst und andere transparent und damit diskutierbar gemacht werden.

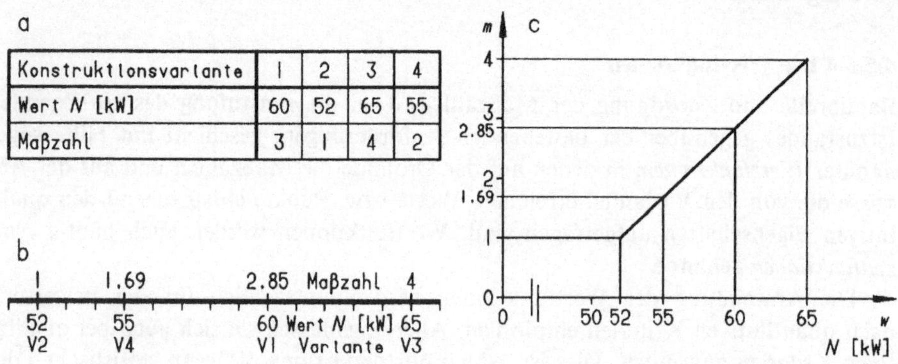

Bild 4.17. Relative Maßzahlen;
            Beispiel: Vorhandene Leistung zwischen 52 und 65 kW

Sofern eine Idealvorstellung von 70 kW und ein unterer, gerade noch zulässiger Grenzwert von 50 kW vorliegen, ergeben sich die in Bild 4.18 ermittelten *absoluten* Maßzahlen.

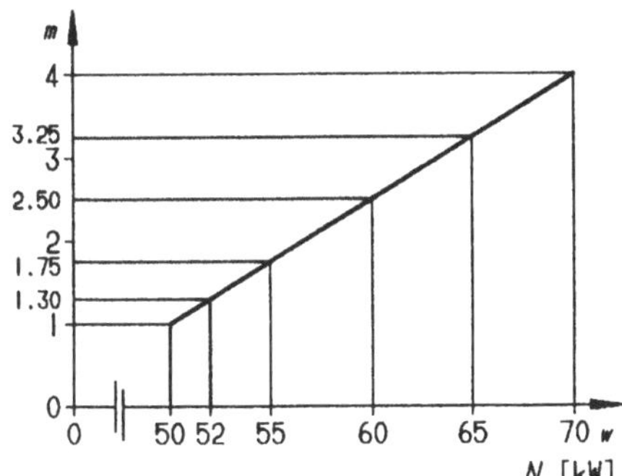

Bild 4.18. Absolute Maßzahlen;
Beispiel: Geforderte Leistung
zwischen 50 und 70 kW

2. Lineare Straffungsfunktion

Eine lineare Straffungsfunktion ist zu wählen, wenn ein hoher Wert schlechter als ein niedriger zu bewerten ist. Die zugehörige Wertfunktion folgt dem Gesetz

$$m = - a w + c \qquad (4.26)$$

mit a entsprechend Gl. (4.24) und

$$c = a w_{max} + 1. \qquad (4.27)$$

Beispiel: Betragen bei vier zu bewertenden Personenkraftwagen die ermittelten DIN-Kraftstoffverbräuche bei 90 km h^{-1} 5.2, 5.3, 5.5 und 5.8 l/100 km gegenüber einer Idealvorstellung von 5.0 bis maximal 5.5 l/100 km, so ergeben sich bei einem Maßzahlenbereich von 1 (unterer Grenzwert) bis 4 (Idealvorstellung) die in Bild 4.19 ermittelten Maßzahlen. Der Wert 5.8 l/100 km wird nicht mehr erfaßt und führt zur Streichung des entsprechenden Personenkraftwagens.

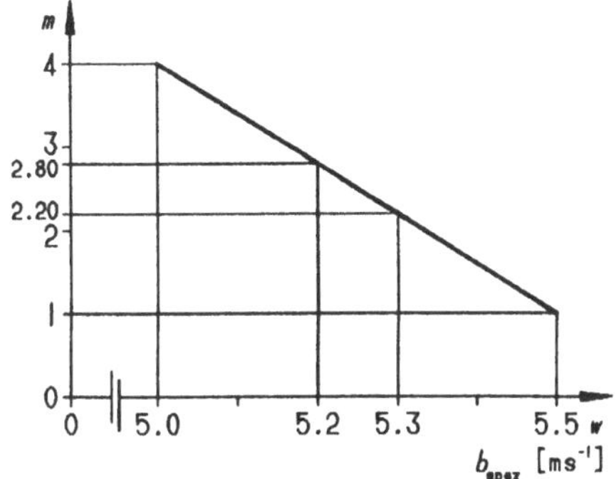

Bild 4.19. Lineare Straffungsfunktion;
Beispiel: Geforderter Verbrauchs-
bereich von 5.0 bis 5.5 l/100 km

3. Steigende Sättigungsfunktionen

Eine steigende Sättigungsfunktion ist zu wählen, wenn eine Wert*zunahme* im oberen Bereich von anderer Bedeutung ist als im unteren Bereich, also im oberen Bereich einen anderen Punkte*zuwachs* erhalten soll als im unteren Bereich.

a. Steigende Sättigungsfunktionen mit degressivem Verlauf

Steigende Sättigungsfunktionen mit degressivem Verlauf, d. h. mit sich vermindernder Steigung, lassen sich entweder als *Exponentialfunktion* darstellen und folgen der Gleichung

$$m = m_{max} \left(1 - e^{-\frac{w}{a}}\right) \tag{4.28}$$

(vgl. Bild 4.20 a, Kurve II) mit dem Maßstabsfaktor m_{max} für die Ordinate der ansonsten von $m = 0$ gegen $m = 1$ asymptotisch verlaufende Kurve und dem den Maßzahlbereich berücksichtigenden Maßstabsfaktor (*Streckungsfaktor*), der hier mit

$$a = \frac{w_{max}}{5}, \tag{4.29}$$

gewählt wurde, weil er eine bessere Auflösung (Streckung) des Maßzahlbereiches ergibt, da dieser normalerweise ab $w \sim 5$ über $0.99\, m_{max}$ liegen würde (vgl. Bild 4.20 a, Kurve I),

oder sie haben die Form eines Viertelkreises im 2. Quadranten (vgl. Bild 4.20 b) und folgen der entsprechenden, aus der *Kreisgleichung* für den um w_{max} aus dem Koordinatenursprung verschobenen Kreismittelpunkt hergeleiteten Funktionsgleichung

$$m = a \sqrt{r^2 - (w - w_{max})^2} + m_{min} \tag{4.30}$$

mit dem den Wertbereich Δw berücksichtigenden Radius

$$r = \Delta w = w_{max} - w_{min} \tag{4.31}$$

und dem Maßstabsfaktor a, der die von der Ordinate abweichende Skalierung der Abszisse berücksichtigt, also

$$a = \frac{\Delta m}{\Delta w} = \frac{m_{max} - m_{min}}{w_{max} - w_{min}}. \tag{4.32}$$

Beispiel: Werden bei vier zu bewertenden, direkt durch Sonnenenergie angetriebenen und für den Stadtverkehr konzipierten, Solarautos gleicher Leistungsklasse die Maximalgeschwindigkeiten mit 45, 55, 70 und 80 kmh^{-1} gemessen, so bietet sich die Verwendung einer degressiv steigenden Sättigungskurve an, da eine Geschwindigkeitszunahme im oberen Bereich aufgrund des Einsatzbereiches nicht genutzt werden kann und damit wenig honoriert wird.

Sofern ein großer Maßzahlbereich, z. B. 0 bis 10, gewählt wird, und wenn auch Alternativen von weniger als 40 kmh^{-1} in die Bewertung mit einbezogen werden sollen, ist eine Exponentialfunktion gemäß Bild 4.20 a anzusetzen. Allerdings muß hierbei eine obere

Grenzgeschwindigkeit festgelegt werden, deren Überschreitung keinen nennenswerten Zuwachs der Maßzahl ergeben soll.

Wird hingegen ein Maßzahlbereich von 1 für 40 kmh^{-1} bis 4 für 90 kmh^{-1} und darüber angesetzt, so ist die Verwendung des um $m_{min} = 1$ verschobenen Viertelkreises gemäß Bild 4.20 b sinnvoller, wie die dort ermittelten Maßzahlen zeigen.

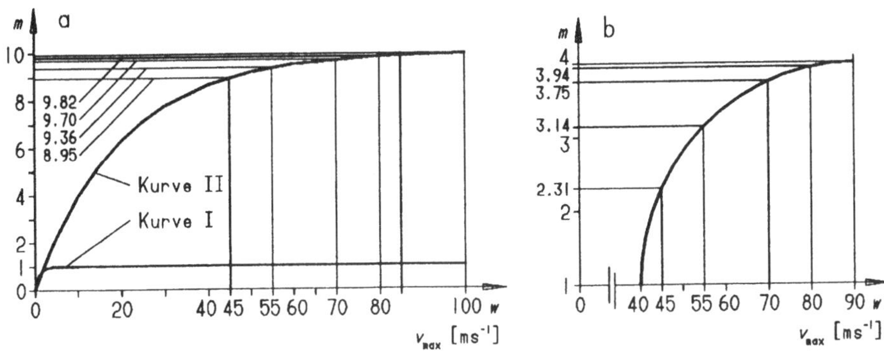

Bild 4.20. Steigende Sättigungsfunktionen mit degressivem Verlauf;
Beispiel: Maximalgeschwindigkeiten von Stadtautos mit Solarantrieb

b. Steigende Sättigungsfunktionen mit progressivem Verlauf

Steigende Sättigungsfunktionen können auch einen progressiven Verlauf, d. h. einen Verlauf mit zunehmender Steigung, haben. In diesem Fall lassen sie sich in Form eines Viertelkreises im 4. Quadranten darstellen (vgl. Bild 4.21) und folgen der entsprechenden, aus der *Kreisgleichung* hergeleiteten Funktionsgleichung

$$m = m_{max} - a \sqrt{r^2 - (w - w_{min})^2} \qquad (4.33)$$

mit dem den Wertbereich Δw berücksichtigenden Radius r entsprechend Gl. (4.31) und dem Maßstabsfaktor a analog Gl. (4.32), der die von der Ordinate abweichende Skalierung der Abszisse $\frac{\Delta m}{\Delta w}$ berücksichtigt.

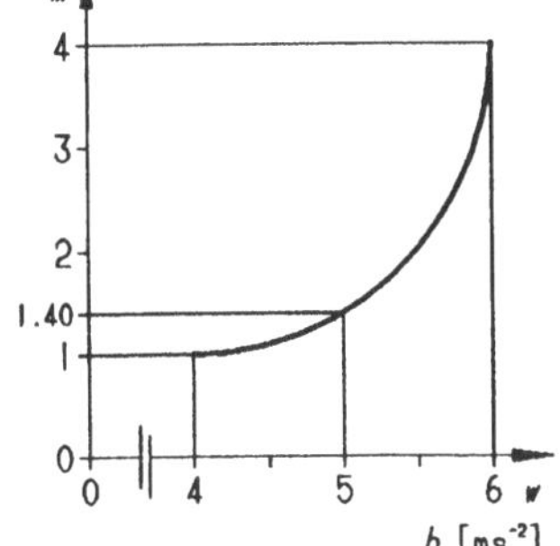

Bild 4.21. Steigende Sättigungsfunktion
mit progressivem Verlauf;
Beispiel: Beschleunigung von Rennwagen

Beispiel: Soll das Beschleunigungsvermögen von Rennwagen einer bestimmten Leistungsklasse in eine Bewertung eingehen, ist eine steigende Sättigungsfunktion gemäß Bild 4.21
anzusetzen. Dem Beschleunigungsbereich von 4 bis 6 ms^{-2} wurde der Maßzahlbereich von
1 bis 4 zugeordnet.

4. Fallende Sättigungsfunktionen

Eine fallende Sättigungsfunktion ist zu wählen, wenn eine Wert*abnahme* im oberen
Bereich eine andere Bedeutung hat als im unteren Bereich, also im oberen Bereich
einen anderen Punkt*abfall* erhalten soll als im unteren Bereich.

a. Fallende Sättigungsfunktionen mit degressivem Verlauf

Fallende Sättigungsfunktionen mit degressivem Verlauf lassen sich ebenfalls entweder als *Exponentialfunktion* darstellen und folgen damit der Exponentialgleichung

$$m = m_{\max}\, e^{-\frac{w}{a}} \qquad\qquad\qquad (4.34)$$

(vgl. Bild 4.22 a, Kurve II) mit dem Maßstabsfaktor $m_{\max}$ für die Ordinate der
ansonsten gegen $m = 0$ asymptotisch verlaufenden Kurve und dem der Gl. (4.29)
analogen Maßstabsfaktor, der zur besseren Auflösung (Streckung) des Maßzahlbereiches dient, da dieser normalerweise bis $w \sim 5$ unter $0.01\, m_{\max}$ liegen würde (vgl.
Bild 4.22 a, Kurve I),

oder sie haben die Form eines Viertelkreises im 3. Quadranten (vgl. Bild 4.22 b)
und folgen der entsprechenden, aus der *Kreisgleichung* hergeleiteten Funktionsgleichung

$$m = m_{\max} - a\,\sqrt{r^2 - (w - w_{\max})^2} \qquad\qquad\qquad (4.35)$$

mit dem den Wertbereich Δw berücksichtigenden Radius r entsprechend Gl. (4.31)
und dem Maßstabsfaktor a analog Gl. (4.32), der die von der Ordinate abweichende Skalierung der Abszisse $\frac{\Delta m}{\Delta w}$ berücksichtigt.

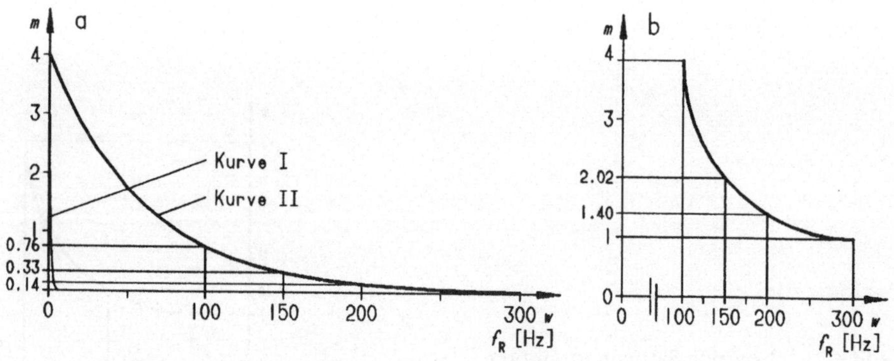

Bild 4.22. Fallende Sättigungsfunktionen mit degressivem Verlauf;
Beispiel: Resonanzfrequenz von Stoßdämpfern

Beispiel: Wird die Resonanzfrequenz von Stoßdämpfern gleicher Belastbarkeit in eine Bewertung mit einbezogen, so ist die Verwendung einer degressiv fallenden Sättigungskurve sinnvoll, da mit steigender Frequenz die Amplitude kleiner wird. In Bild 4.22 a wurde $a = w_{max}$ gesetzt.

b. Fallende Sättigungsfunktionen mit progressivem Verlauf

Fallende Sättigungsfunktionen haben auch häufig einen progressiven Verlauf, deren Darstellung üblicherweise in Form eines Kreissegmentes im 1. Quadranten (vgl. Bild 4.23) gemäß der Funktionsgleichung

$$m = m_{min} + a \sqrt{r^2 - (w - w_{min})^2} \qquad (4.36)$$

erfolgt. Die Berechnung des den Wertbereich Δw berücksichtigenden Radius' r erfolgt gemäß Gl. (4.31) und der die von der Ordinate abweichende Skalierung der Abszisse $\frac{\Delta m}{\Delta w}$ berücksichtigende Maßstabsfaktor a errechnet sich gemäß Gl. (4.32).

Beispiel: Wird bei drei zu bewertenden Preßluftkompressoren die Lautstärke Λ mit 90, 95 und 120 Phon gemessen, und liegt der gesetzlich und damit absolut zulässige Grenzwert bei 130 Phon (Maßzahl 1) sowie die Idealvorstellung bei 50 Phon (Maßzahl 4), so ergibt sich durch Anwendung der Kreissegmentkurve für den oberen, bereits unerträglichen Lautstärkebereich eine schnellere Abnahme der Maßzahlen als im unteren, erträglichen Bereich (vgl. Bild 4.23).

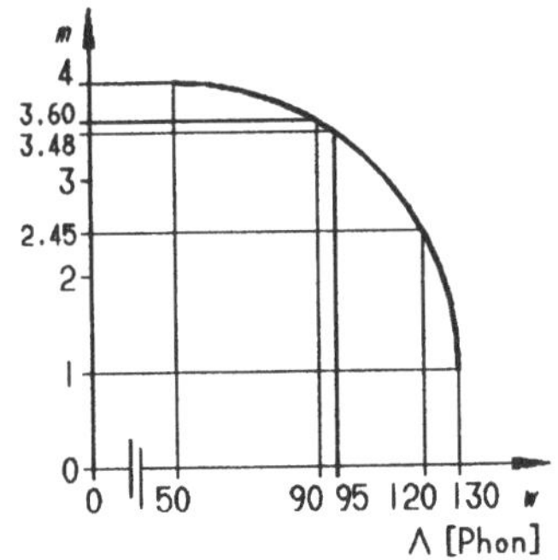

Bild 4.23. Fallende Sättigungsfunktionen
mit progressivem Verlauf;
Beispiel: Lärmpegel bei Preßluftkompressoren

5. Optimumsfunktionen

Sollen sowohl Über- als auch Unterschreitungen eines optimalen Wertes zwar möglich sein, aber schlechter bewertet werden, so läßt sich dies durch lineare oder nichtlineare Optimumsfunktionen darstellen. Diese haben entweder die Form von Dreieck-, Ellipsen- oder Kreisfunktionen.

a. Lineare Optimumsfunktion

Lineare Optimumsfunktionen haben bis zur höchsten Maßzahl einen aufsteigenden Ast entsprechend Gl. (4.23) und einen ab der höchsten Maßzahl absteigenden Ast entsprechend Gl. (4.26) (vgl. Bild 4.24).

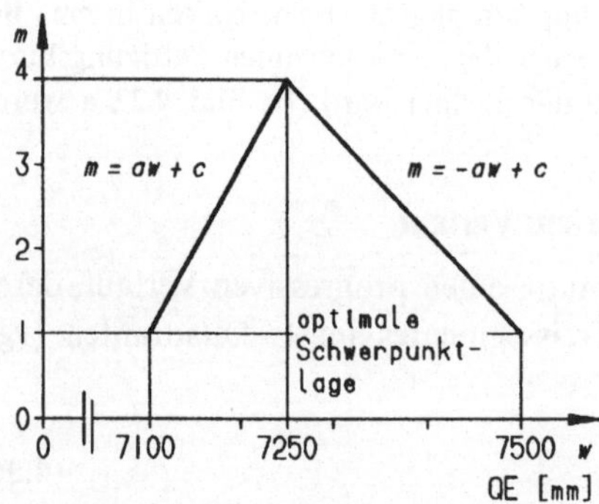

Bild 4.24. Lineare Optimumsfunktion;
Zulässige Schwerpunktlagen bei
Flugzeugvarianten

Beispiel: Wenn in Bezug auf die optimale Schwerpunktlage eines Flugzeugs im Reiseflug
sowohl eine positive als auch eine negative Verschiebung der Querebene QE in den flug-
mechanisch zulässigen Bereich akzeptiert werden, aber eine Verminderung der Maßzahl
erfordern, weil sie eine Trimmung des Flugzeugs und damit einen Flugleistungsverlust bedeuten, ist der Ansatz einer linearen Optimumsfunktion bei der Gegenüberstellung verschiedener Flugzeugvarianten sinnvoll (vgl. Bild 4.24).

b. Nichtlineare Optimumsfunktionen

Nichtlineare Optimumsfunktionen haben entweder einen degressiven Verlauf in
Form von Halbellipsen oder -kreisen, oder sie haben einen progressiven Verlauf in
Form von gespiegelten Viertelellipsen bzw. -kreisen.

Die Ellipsenfunktion lautet unter Berücksichtigung ihrer Verschiebung c aus
dem Koordinatenursprung

$$m = m_{max} \sqrt{1 - \frac{(w - c)^2}{a^2}} \qquad (4.37)$$

mit der auf der Ordinate liegenden Halbachse

$$a = \frac{w_{max} - w_{min}}{2} \qquad (4.38)$$

und ihrer Verschiebung längs der Ordinate

$$c = \frac{w_{min} + w_{max}}{2} \qquad (4.39)$$

(vgl. Bild 4.25 a).

Die Kreisfunktion verläuft analog Gl. (4.30), jedoch erweitert auf den 1. Quadranten (vgl. Bild 4.25 b) und folgt der entsprechenden, aus der *Kreisgleichung* für
den um w_{opt} aus dem Koordinatenursprung verschobenen Kreismittelpunkt hergeleiteten Funktionsgleichung

$$m = a \sqrt{r^2 - (w - w_{opt})^2} + m_{min} \qquad (4.40)$$

mit dem den Wertbereich Δw berücksichtigenden Radius

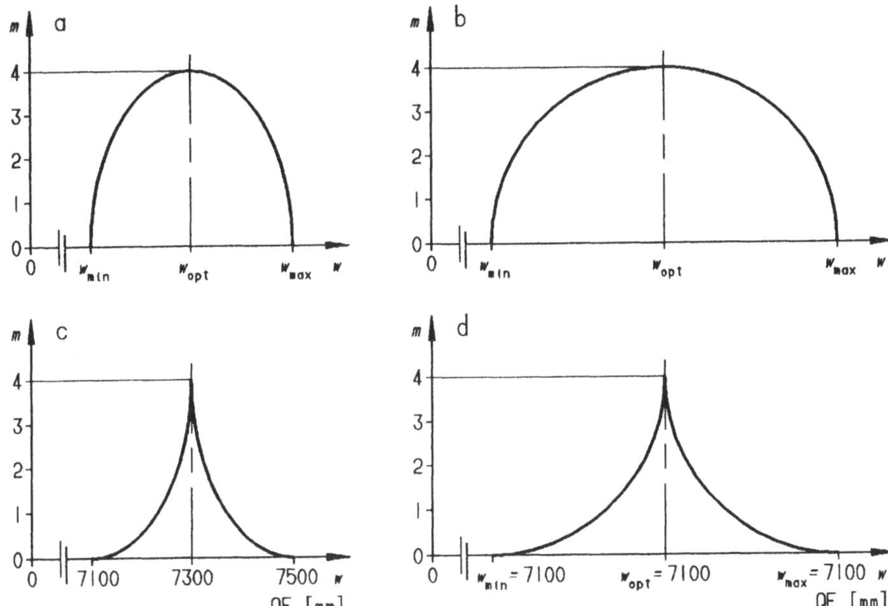

Bild 4.25. Nichtlineare Optimumsfunktionen;
a) Ellipsenfunktion
b) Kreisfunktion
c) Gespiegelte Ellipsenfunktion
d) Gespiegelte Kreisfunktion

$$r = \frac{w_{max} - w_{min}}{2} \tag{4.41}$$

und dem Maßstabsfaktor a, der die von der Ordinate abweichende Skalierung der Abszisse berücksichtigt, also

$$a = 2\frac{\Delta m}{\Delta w} = \frac{m_{max} - m_{min}}{w_{opt} - w_{min}}. \tag{4.42}$$

Die Funktion der gespiegelten Viertelellipse lautet in ihrem bis zur höchsten Maßzahl aufsteigenden Ast unter Berücksichtigung ihrer Verschiebung w_{min} aus dem Koordinatenursprung

$$m = m_{max}\left(1 - \sqrt{1 - \frac{(w - w_{min})^2}{(w_{opt} - w_{min})^2}}\right) \tag{4.43}$$

und in ihrem ab der höchsten Maßzahl absteigenden Ast unter Berücksichtigung ihrer Verschiebung w_{max} aus dem Koordinatenursprung

$$m = m_{max} \left(1 - \sqrt{1 - \frac{(w - w_{max})^2}{(w_{max} - w_{opt})^2}} \right) \tag{4.44}$$

(vgl. Bild 4.25 c).

Die Funktionsgleichungen des gespiegelten Kreissegmentes entsprechen Gl. (4.33) für den aufsteigenden Ast, jedoch mit dem den Wertbereich $\frac{\Delta w}{2}$ berücksichtigenden Radius

$$r = w_{opt} - w_{min} \tag{4.45}$$

und dem Maßstabsfaktor a gemäß Gl. (4.42),

sowie Gl. (4.35) für den absteigenden Ast, jedoch mit dem den Wertbereich $\frac{\Delta w}{2}$ berücksichtigenden Radius

$$r = w_{max} - w_{opt} \tag{4.46}$$

und dem Maßstabsfaktor a, der die von der Ordinate abweichende Skalierung der Abszisse berücksichtigt, also

$$a = \frac{m_{max} - m_{min}}{w_{max} - w_{opt}} . \tag{4.47}$$

(vgl. Bild 4.25 d).

Beispiel: Sind in vorhergehendem Beispiel kleine Abweichungen vom Sollwert der Schwerpunktlage nur von geringem Einfluß, große Abweichungen einschließlich der Erreichung der Grenzwerte jedoch sehr bedeutend, so ist für die Ermittlung der Maßzahlen der einzelnen Flugzeugvarianten eine degressive verlaufende Optimumsfunktion entsprechend den Bildern 4.25 c oder d anzusetzen.

4.5.6.5 Robustheit der Maßzahlen

Die Festlegung der Maßzahlen sollte, ebenfalls wie die der Gewichtungsfaktoren, in Gruppenarbeit erfolgen. Sofern auch hier jedes Gruppenmitglied seine eigene Festlegung trifft, müssen aus den Einzelwerten die empirischen Mittelwerte oder, zur Erreichung einer gewissen Stabilität, die robusten Mittelwerte berechnet werden und zwar ebenfalls mit Hilfe der Gleichungen (4.21) oder (4.22).

Ein weiterer Schritt zur Stabilisierung der Maßzahlen insbesondere bei qualitativen Kriterien ist die Bildung von Maßzahlbereichen. Diese ergeben sich aus der Schätzung einer jeweils optimistischen und pessimistischen Maßzahl für jedes Kriterium und jede Variante. Sofern entsprechend den „Anforderungen an die Bewertungskriterien" tolerierte Anforderungen vorliegen, sind die daraus sich ergebenden oberen und unteren Maßzahlen einzusetzen.

Damit ergeben sich bei einer Einzelbewertung je Bewerter die doppelte Anzahl von Bewertungstabellen und bei der abschließenden Berechnung der Mittelwerte die doppelte Anzahl von Maßzahlen, d. h. für die Berechnung der Wertigkeiten je Variante erweitert sich Gl. (4.54) (vgl. Kapitel 4.5.8.2) zu

$$s_j = \sum_{i=1, j=1}^{m,n} (m_{i,j\,min} + m_{i,j\,max})\, g_j = \sum_{i=1, j=1}^{m,n} (w_{i,j\,min} + w_{i,j\,max}). \qquad (4.48)$$

und der empirische Mittelwert ergibt sich aus

$$s_{j\,mittel} = \frac{1}{2\,m} \sum_{i=1, j=1}^{m,n} (w_{i,j\,min} + w_{i,j\,max}). \qquad (4.49)$$

4.5.6.6 Eintragen der Maßzahlen in die Bewertungstabellen

Die nach den bisherigen Gesichtspunkten ermittelten Maßzahlen werden abschließend in die Bewertungstabellen übertragen (vgl. Bilder 4.4 und 4.5, Spalten 6 und 9).

4.5.7 Berechnen der Wertungszahlen

Die *Wertungszahlen* vermitteln ein abschließendes Bild über die Einzelwertigkeiten, mit denen sich die Varianten je Kriterium vergleichen lassen. Sie dienen einerseits der Ermittlung der Bewertungsergebnisse und werden dazu in die Bewertungstabellen eingetragen (vgl. Bilder 4.4 und 4.5, Spalten 7 und 10), andererseits sind sie ein Maß für die Analyse von Schwachstellen mit Hilfe von *Wertprofilen* (vgl. Kapitel 4.5.9.3).

Die Wertungszahlen ergeben sich aus dem Produkt von Maßzahl und Gewichtungsfaktor für jede Variante, also

$$w_{i,j} = m_{i,j}\, g_i \cdot \qquad (4.50)$$

sowie, falls vorhanden, für die Ideallösung aus

$$w_{i\,max} = m_{i\,max}\, g_i \cdot \qquad (4.51)$$

4.5.8 Die Bewertungsergebnisse

4.5.8.1 Übersicht

Die Bewertungsergebnisse, also die eigentlichen Entscheidungshilfen, mit denen die Varianten untereinander verglichen werden können, liegen für die Gesamtheit aller Kriterien in den *Wertigkeiten* vor. Da die Darstellungsformen der Ergebnisse bei allen Bewertungsverfahren gleich oder ähnlich sind, werden im folgenden die allgemeingültigen Regeln zu ihrer Zusammenfassung und Darstellung behandelt. Ausnahmen sind bei den jeweils vorgestellten Bewertungsverfahren erwähnt.

4.5.8.2 Berechnen der Wertigkeiten

Die Wertigkeiten je Variante ergeben sich durch addieren der zugehörigen Wertungszahlen, also

$$s_j = \sum_{i=1,\,j=1}^{m,n} m_{i,j}\, g_i = \sum_{i=1,\,j=1}^{m,n} w_{i,j} \cdot \qquad (4.52)$$

und sind somit die zahlenmäßigen Bewertungsergebnisse.

Um eine Aussage über die relative Wertigkeit gegenüber der Idealkonstruktion, falls vorhanden, zu erhalten, sind auch die Summen dieser Wertungszahlen zu bilden. Sie entsprechen den höchsterreichbaren Teilwertigkeiten und ergeben sich aus

$$s_{max} = \sum_{i=1}^{m} m_{i\,max}\, g_i = \sum_{i=1}^{m} w_{i\,max} \cdot \qquad (4.53)$$

4.5.8.3 Normieren der Wertigkeiten

Dieser Schritt ergibt die relativen Wertigkeiten entweder der Varianten zueinander oder, falls vorhanden, gegenüber der Idealkonstruktion.

Liegt keine Idealkonstruktion zugrunde, entspricht die höchste Wertigkeit dem Wert „1" und die normierten Wertigkeiten der Varianten errechnen sich aus

$$s_{nj} = \frac{s_j}{s_{j\,max}} \cdot \qquad (4.54)$$

Andernfalls erhält die Idealkonstruktion den Wert „1" und die normierten Wertigkeiten der Varianten errechnen sich aus

$$s_{nj} = \frac{s_j}{s_{max}} \cdot \qquad (4.55)$$

4.5.8.4 Ermitteln der Rangfolge

Die Ermittlung der Rangfolge R dient lediglich der pauschalen und damit übersichtlichen Abstufung der Ergebnisse bei einer großen Anzahl von Varianten, um deren Rang zu verdeutlichen. Sie sagt nichts darüber aus, wie nahe zwei Ergebnisse beieinander liegen.

4.5.8.5 Zwischengewichten und -bewerten der Kriteriengruppen bzw. -arten

Sofern bei der Auflistung der expliziten und impliziten Kriterien eine Unterteilung nach Kriteriengruppen und -arten stattgefunden hat, müssen die daraus resultierenden Teilergebnisse abschließend zu einem Gesamtergebnis zusammengefaßt werden. Dazu müssen zunächst die Kriterienarten gegeneinander gewichtet und deren Gruppenwertigkeiten durch Addition der aus Artgewichtungsfaktoren und normierten Teilwertigkeiten sich ergebenden Artwertungszahlen berechnet werden. Desweiteren müssen die Kriteriengruppen gegeneinander gewichtet und die Gesamtwertigkeiten durch Addition der aus Gruppengewichtungsfaktor und Gruppenwertigkeit sich ergebenden Gruppenwertungszahlen berechnet werden. Außerdem kann wiederum die Rangfolge der Varianten zur Verdeutlichung ihrer pauschalen Lage zueinander ermittelt werden.

Diese Vorgehensweise ist also eine zweimalige Wiederholung der in den Kapiteln 4.5.7 bis 4.5.8.2 beschriebenen Vorgehensweise unter Berücksichtigung der in Kapitel 4.5.5 behandelten Gesichtspunkte zur Ermittlung der Gewichtungsfaktoren. Eine detaillierte Beschreibung der im Falle einer Unterteilung der Kriterien durchzuführenden Arbeitsschritte ist in Kapitel 4.7 beschrieben und für die meisten Bewertungsverfahren in leicht abgeänderter Form anwendbar.

Abschließend sollten die Bewertungsergebnisse in einer unmißverständlichen und leicht überschaubaren Form aufbereitet werden, die sich als Entscheidungsvorlage eignet. Mögliche Formen sind

- Tabellen,
- Funktionsdiagramme,
- Balkendiagramme.

4.5.9 Darstellungsformen der Bewertungsergebnisse

4.5.9.1 Darstellung der Bewertungsergebnisse in Tabellen

Die einfachste Darstellung der Bewertungsergebnisse besteht in der Summenzeile der Wertungszahlen, also der Wertigkeiten, sowie den Zeilen der normierten Wertigkeiten je Variante und deren Rangfolge (vgl. Bilder 4.4 und 4.5).

Sofern eine Unterteilung in Kriteriengruppen stattgefunden hat, entspricht die Tabelle zur Ermittlung der Gruppenwertungszahlen und der aus ihrer Summe gebildeten Gesamtwertigkeiten gleichzeitig der Ergebnistabelle (vgl. Bild 4.26). Sie enthält alle Informationen, um auf der Hierarchiestufe mit höchster Projektverantwortung eine Entscheidung treffen zu können.

Ordn. Nr.	Kriteriengruppen	Gewichtungsfaktor	Varianten				Idealkonstruktion	
			V1		V2			
			normierte Teilwertigkeit	Teilwertungszahl	normierte Teilwertigkeit	Teilwertungszahl	normierte Teilwertigkeit	Teilwertungszahl
1	2	3	4	5	4	5	6	7
α	technische Kriterien	g_α	s_{an1}	$w_{\alpha1}$	s_{an2}	$w_{\alpha2}$	s_{anmax}	$w_{\alpha max}$
β	wirtschaftliche Kriterien	g_β						
γ	psychologische Kriterien	g_γ						
Gesamtwertigkeiten			./.	s_{ges1}	./.	s_{ges2}	./.	s_{gesmax}
normierte Gesamtwertigkeiten			./.	$s_{n\,ges1}$	./.	$s_{n\,ges2}$	./.	$s_{n\,gesmax}$
Rangfolge			./.	R_{ges1}	./.	R_{ges2}	./.	R_{gesmax}

Bild 4.26. Ergebnistabelle

Wurde zunächst eine Bewertung auf der Ebene der Kriterienarten durchgeführt, so liegen in den dazu ausgefüllten Tabellen weitere Informationen zur Entscheidung vor (vgl. Kapitel 4.7, Bild 4.48).

4.5.9.2 Darstellung der Bewertungsergebnisse in Diagrammen

Sofern nach Kriteriengruppen getrennte Bewertungsergebnisse vorliegen, ist ihre grafische Darstellung in Form von Diagrammen möglich.

1. Eindimensionale Darstellung

Die eindimensionale Darstellung erfolgt in Form einfacher Balkendiagramme. Dabei werden die Wertigkeiten je Variante und je Kriteriengruppe durch die maßstäblich vergleichbare und evtl. über eine Teilung der Ordinate ablesbare Balkenhöhe optisch sichtbar gemacht.

Beispiel: Bild 4.26 zeigt die Bewertungsergebnisse dreier Varianten mit einer Idealkonstruktion. Die zugrundeliegenden fiktiven normierten Gesamtwertigkeiten sind in Tabelle 4.2 zusammengefaßt.

Kriteriengruppe	Variante 1	Variante 2	Variante 3	Ideal-konstruktion
technische Kriterien	0.68	0.58	0.70	1.00
wirtschaftliche Kriterien	0.75	0.83	0.55	1.00
psychologische Kriterien	0.80	0.85	0.82	1.00

Tabelle 4.2. Bewertungsergebnisse; normierte Wertigkeiten

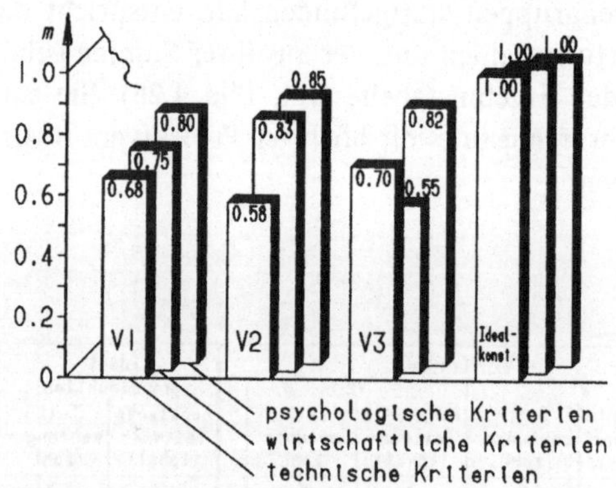

Bild 4.27. Bewertungsergebnisse in eindimensionaler Darstellung

2. Zweidimensionale Darstellung

Im Falle von zwei vorliegenden und zu einer Gesamtaussage zusammenzufassenden Kriteriengruppen kann die Darstellung in einem zweiachsigen Diagramm, wie es von *F. Kesselring* bereits als *Stärke-Diagramm* vorgeschlagen wurde, erfolgen (vgl. Kapitel 4.6.2). Eingetragen werden jeweils die normierten oder in Prozent ausgedrückten Gruppenwertigkeiten.

Beispiel: Bild 4.28 zeigt ein solches Diagramm mit fiktiven technischen und wirtschaftlichen Gesamtwertigkeiten gemäß Tabelle 4.2. Der Punkt $P_{(100/100)}$ entspricht der Idealkonstruktion.

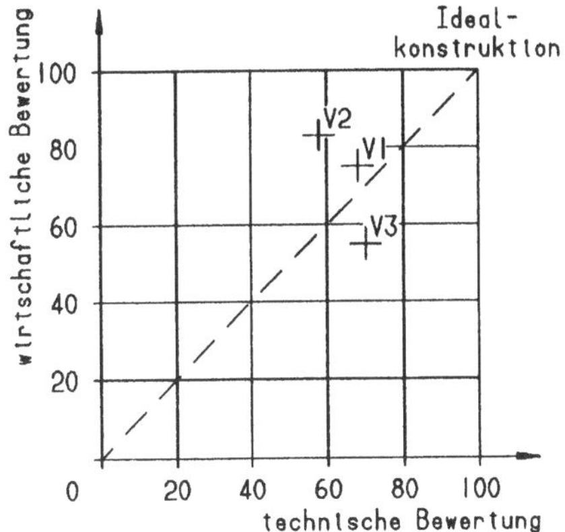

Bild 4.28. Darstellung der Ergebnisse
von zwei Kriteriengruppen

3. Dreidimensionale Darstellung

Sofern die Ergebnisse von drei Kriteriengruppen vorliegen, bietet sich die Darstellung in einem dreiachsigen Diagramm an. Auch in diesem Fall werden die jeweils normierten oder in Prozent ausgedrückten Gruppenwertigkeiten eingetragen.

Beispiel: In Bild 4.29 sind die Ergebnisse der fiktiven technischen, wirtschaftlichen und psychologischen Gesamtwertigkeiten gemäß Tabelle 4.2. eingetragen. Der Punkt $P_{(100/100/100)}$ entspricht wiederum der Idealkonstruktion.

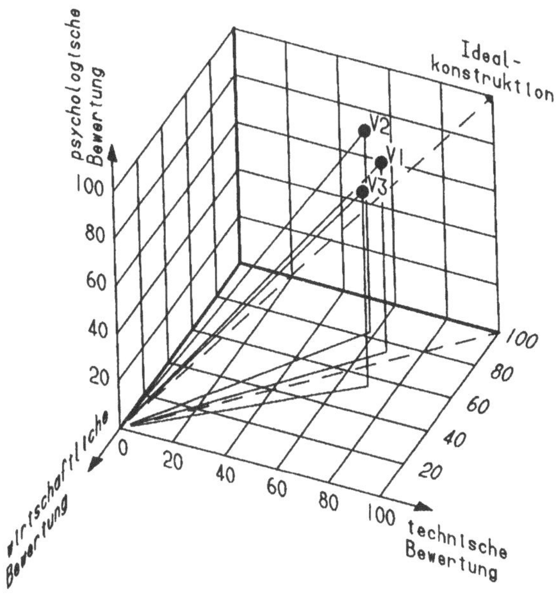

Bild 4.29. Darstellung der Ergebnisse von drei Kriteriengruppen

4.5.9.3 Darstellung der Bewertungsergebnisse als Wertprofile

Da bei einer auf der Basis vorliegender Bewertungsergebnisse zu treffenden Entscheidung oftmals nur die Gesamtwertigkeiten verglichen werden, besteht die Gefahr, daß die Variante mit der höchsten Wertigkeit trotzdem Schwachstellen gegenüber weniger hoch bewertete Varianten besitzt. Eine Nichtbeachtung dieser Möglichkeit könnte zu späteren Mißerfolgen in allen der Bewertung folgenden Lebenslaufphasen des Produktes führen. Deshalb ist es insbesondere bei der Anwendung neuer Technologien aufgrund der fehlenden Erfahrung und dem damit verbundenen Entwicklungsrisiko wichtig, daß die favorisierte Lösung ein ausgeglichenes sogenanntes *Wertprofil* besitzt. Wertprofile dienen also vorwiegend der Sichtbarmachung von Schwachstellen.

Die Darstellung von Wertprofilen erfolgt in zweiachsigen Diagrammen, über deren Abszisse die Maßzahlen je Kriterium und auf deren Ordinate die Beträge der normierten Gewichtungsfaktoren übereinander aufgetragen werden. Damit entsprechen die Balkenflächen den gewichteten Wertungszahlen eines jeden Kriteriums. Bei der Gegenüberstellung ungewichteter Wertungszahlen entspricht die Einteilung auf der Ordinate lediglich einer frei gewählten Balkendicke.

Normalerweise werden in diesen Diagrammen die Wertprofile zweier Varianten - in der Regel die beste und die zweitbeste - gegenübergestellt. Eine Erweiterung auf drei oder vier Varianten, beispielsweise durch Erweiterung des Diagramms auf eine räumliche Achse, ist jedoch möglich.

Haben zwei Varianten die gleiche Wertigkeit, so muß als die trotzdem bessere diejenige gewählt werden, die das ausgeglichenere Wertprofil besitzt.

Beispiel: In Bild 4.30 sind die Wertprofile gewogener qualitativer Bewertungskriterien der beiden bestbewerteten Alternativen von Absperrorganen gemäß Kapitel 4.6.2, Bild 4.33 eingetragen.

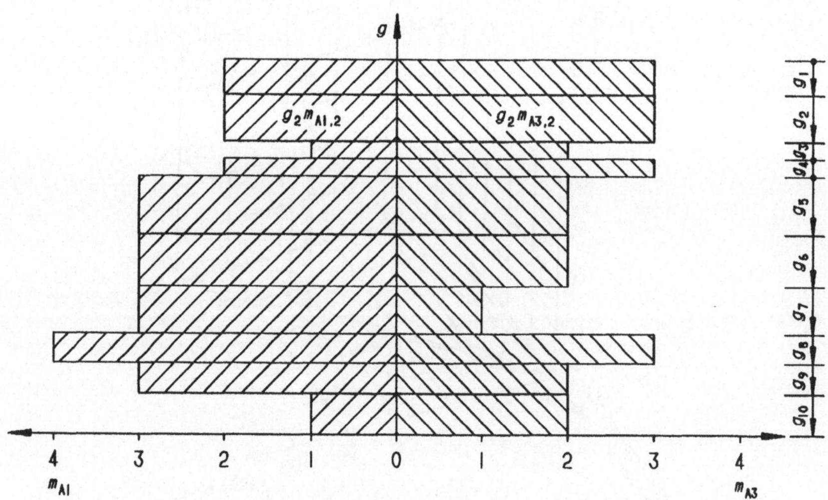

Bild 4.30. Gegenüberstellung der Wertprofile für die beiden Absperrorgane Ventil (Alternative A1) und Drehschieber (Alternative A3)

4.5.10 Der Vertrauensgrad einer Bewertung

Liegen Bewertungsergebnisse vor, die Grundlage weitreichender Entscheidungen sind, muß den Ergebnissen ein großes Vertrauen entgegengebracht werden. Das bedeutet jedoch nicht, daß Richtigkeit und Glaubwürdigkeit im Sinne der Entscheidungsfindung nicht zunächst kritisch hinterfragt werden dürfen. Dabei stehen die Fragen nach

— Objektivität
— Plausibilität
— Sensibilität

an wichtigster Stelle und sollen deshalb hier kurz angesprochen werden.

1. Objektivität

Die Frage, ob die Bewertungsergebnisse objektiv sind, kann zunächst - schon vom Hergang der Wertbildung - mit „nein" beantwortet werden, da einerseits die Erarbeitung von Bewertungsvoraussetzungen wie beispielsweise

— die Auswahl der zu Bewertung gelangenden Varianten,
— die Auswahl der zur Bewertung herangezogenen Kriterien,
— die Gewichtung der Kriterien untereinander,
— die Zuteilung der Punkte (Maßzahlen) bei qualitativen Kriterien,
— die Auswahl der sinnvollen Wertprofile

rein subjektiven Erwägungen unterliegt, und andererseits bei jedem Bewerter immer eine gewisse, größtenteils nicht beabsichtigte, Voreingenommenheit gegenüber bestimmten Lösungsvorschlägen vorausgesetzt werden muß, sei es

— aufgrund zeichnerisch oder verbal nicht erkannter Zusammenhänge
— aufgrund unbewußtem Vergleich mit bereits bekannten, ähnlichen Lösungen,
— aufgrund von Einflüssen, die sich aus den funktionellen Zusammenhängen beim Menschen ergeben (vgl. Bild 1.32).

Deshalb ergibt sich als nächstes die Frage, inwieweit die subjektiv entstandenen Bewertungsergebnisse trotzdem glaubwürdig, d. h. *plausibel* sind.

2. Plausibilität

Bezüglich der Plausibilität können einige vertrauensbildende Maßnahmen getroffen werden wie z. B.

— Überprüfung der Kriterien auf Vollständigkeit
— Überprüfung auf Rechenfehler
— Überprüfung der *Nutzenäquivalenz*

Die Nutzenäquivalenz beschreibt die Gleichwertigkeit des Gesamtnutzens gegenübergestellter Varianten bei unterschiedlichen Teilnutzen.

Beispiel: Nutzenäquivalenz ist nicht gegeben, wenn eine Leistungsminderung zu einer Erhöhung der Betriebskosten führt, wie dies folgende Fälle zeigen:

1. Die Betriebskosten eines 50 kW-Motors betragen jährlich 4 000,- Fr.,
2. die Betriebskosten eines konkurrierenden 60 kW-Motors hingegen 3 500,- Fr..

Nutzenäquivalenz wäre gegeben, wenn die Betriebskosten des 50 kW-Motors aufgrund eines gleichen Leistungs-Kosten-Verhältnisses jährlich nur 2 916.67 Fr. betragen würden.

3. Sensibilität

Eine Sensibilitätsanalyse ist nur bei umfangreichen und damit nicht mehr leicht überschaubaren Zusammenhängen innerhalb einer Bewertung sinnvoll.

Zielsetzung einer solchen Analyse ist die Feststellung, inwieweit sich das Bewertungsergebnis ändert, wenn beispielsweise die Voraussetzungen, auf denen die Bewertung basiert, verändert werden. Dies kann durch Stichproben an einem gewissen Prozentsatz von Kriterien, beispielsweise bei 10 %, erfolgen.

Insbesondere sollten diejenigen Voraussetzungen geändert werden, bei denen während der Festlegung innerhalb der Bewertergruppe Uneinigkeit herrschte. Dies könnte sowohl in der Veränderung der Wichtigkeiten und damit der Gewichtungsfaktoren als auch der qualitativen Maßzahlen bestehen. Bleibt die Rangfolge der Varianten bei einer wiederholten Bewertung gleich, so kann deren Unsensibilität aufgrund einzelner Unsicherheiten als nachgewiesen gelten. Ergeben sich jedoch Veränderungen der Rangfolge, so ist zwischen den betroffenen Varianten ein Vergleich ihrer Wertprofile durchzuführen (vgl. Kapitel 4.5.9.3) und diejenigen Varianten zu bevorzugen, deren Wertprofil das ausgeglichenere ist.

Außerdem ist im einzelnen zu prüfen, welches Risiko mit einer Fehleinschätzung eingegangen wird. Beispielhaft seien folgende Gesichtspunkte genannt:

— Verursachung von Personenschäden,
— Verursachung ökologischer Schäden,
— Unwirtschaftlichkeit im Sinne von Verlusten, insbesondere bei Garantieübernahmen,
— Lieferschwierigkeiten von Unterlieferanten und damit eigene Terminverzögerungen,
— Verlust von Marktanteilen,
— Konkurrenzunfähigkeit.

4.5.11 Grenzbetrachtungen

Es empfiehlt sich, zu Beginn einer Bewertungsrunde eine an der Idealkonstruktion orientierten Untergrenze für jede Kriteriengruppe festzulegen, unterhalb der eine Variante im Wettbewerb mit den übrigen Lösungsvorschlägen entweder ausscheidet oder zur Erhöhung ihrer Wertigkeit nochmals konstruktiv überarbeitet wird.

Es hat sich in der Praxis bewährt, gegenüber einer Idealkonstruktion folgende Einstufung anzunehmen:

sehr gut	Gesamtwertigkeit > 0.8
gut	Gesamtwertigkeit $0.5 - 0.8$
nicht befriedigend	Gesamtwertigkeit < 0.5

4.6 Gegenüberstellung der bekanntesten Bewertungsverfahren

4.6.1 Anwendungsgrundsätze

Da der Aufwand bei der Bewertung technischer Systeme deren Komplexität und momentanem Entwicklungsstand angemessen sein soll, ist - auch abhängig von der wirtschaftlichen und ökologischen Bedeutung - die lückenlose Anwendung der in Kapitel 4.5 beschriebenen theoretischen Grundlagen nicht in allen Fällen sinnvoll.

Die Projektverantwortlichen müssen von Fall zu Fall entscheiden, inwieweit die eine oder andere, von den Verfahren abhängige Vernachlässigung gewisser Gesichtspunkte unter Abwägung des damit verbundenen Risikos vertretbar ist.

Bei allen Bewertungsverfahren ist ein gewisser Formalismus notwendig, damit die Bewertungsansätze und die Ergebnisse nachvollziehbar dokumentiert werden können. Ein Beispiel soll die unterschiedlichen Vorgehensweisen bei den hier vorgestellten Bewertungsverfahren besser verdeutlichen.

Beispiel: Für verschiedene, aufgrund ihrer gemeinsam anzusetzenden Kriterien als Varianten zu bezeichnende Alternativen von *Absperrorganen* für Fluide sind die in Bild 4.31 zusammengefaßten impliziten und expliziten Kriterien einschließlich der ihnen zugeordneten qualitativen Eigenschaften sowie die ihnen zugewiesenen Maßzahlen vorgegeben. Eine Idealkonstruktion wurde nicht definiert.

4.6.2 Die technisch wirtschaftliche Bewertung

Die *technisch wirtschaftliche Bewertung* stellt die klassische Entscheidungshilfe für einfache Maschinen, Apparate und Geräte dar. Kennzeichnend für dieses Verfahren

Bewertungskriterien		Alternativen				
		A1 Ventil	A2 Schieber	A3 Drehschieber	A4 Klappe	A5 Sperrkörper
1	2	3	4	5	6	7
Strömungswiderstand	i	mittel 2	niedrig 3	niedrig 3	mittel 2	groß 1
Öffnungs-/Schließzeit	e	mittel 2	lang 1	kurz 3	mittel 2	mittel 2
Baulänge	e	groß 1	klein 3	mittel 2	klein 3	groß 1
Bauhöhe	e	mittel 2	groß 1	klein 3	klein 3	klein 3
Funktionssicherheit	i	groß 3	mittel 2	mittel 2	mittel 2	groß 3
Zuverlässigk. Dichtung	i	hoch 3	mittel 2	mittel 2	gering 1	hoch 3
Verschleißfestigk. Sitz	i	gut 3	mäßig 2	schlecht 1	mäßig 2	gut 3
Wartbarkeit	i	sehr gut 4	gut 3	sehr gut 4	mäßig 2	mäßig 2

Bild 4.31. Kriterien und Bewertungsobjekte am Beispiel von Absperrorganen; in Spalte 2 bedeutet i = implizites, e = explizites Kriterium

ist die Unterteilung der Kriterien nach technischen und wirtschaftlichen Gesichtspunkten sowie die Darstellung der Bewertungsergebnisse in zweidimensionalen Diagrammen, um über die Lage der technischen und wirtschaftlichen Wertigkeiten die
bewerteten Varianten optisch sichtbar gegenüberstellen und damit besser beurteilen
zu können.

Die ihr zugrundeliegenden Verfahrensregeln wurden von *F. Kesselring* erstmals
im Jahre 1942 über den *Verein deutscher Ingenieure*, VDI, veröffentlicht [9]. Sie
können als Grundlage für alle weiteren, später veröffentlichten und teilweise ver-
einfachten oder verbesserten, Verfahren gelten. Die grundsätzliche Vorgehensweise
entspricht dem in Kapitel 4.4 kurz umrissenen allgemeinen Bewertungsvorgang.

Allerdings sollte dieses Verfahren nur bei einfachen und überschaubaren technischen Systemen angewendet werden, zumal die hier für bestimmte Fälle empfohlene Gewichtung der Kriterien in ihrer Handhabung äußerst anfällig gegenüber
Fehleinschätzungen ist und das Verfahren insgesamt keine stabilisierenden Maßnahmen gegenüber subjektiver Willkür vorsieht.

Bei der Aufstellung der Kriterien werden diese unterteilt in technische und wirtschaftliche Kriterien, wobei unter den letztgenannten nur diejenigen zu verstehen
sind, die ausschließlich die Größe des Herstellaufwandes berücksichtigen. Andere
wirtschaftliche Vorteile, die sich beispielsweise durch höheren Wirkungsgrad, grö-
ßere Lebensdauer, geringere Wartung ... ergeben, werden unter den technischen
Kriterien zusammengefaßt.

Technische und wirtschaftliche Wertigkeit werden zunächst getrennt und nach
unterschiedlichen Gesichtspunkten ermittelt. Es ist zwar anzustreben, daß die technische Wertigkeit möglichst hoch ist, gleichzeitig ist aber zu vermeiden, daß dieses
Ziel nicht *nur* auf Kosten der wirtschaftlichen Wertigkeit erreicht wird. Deshalb
soll die technische Wertigkeit zunächst Auskunft darüber geben, welche Lösungen
Aussicht auf technischen Erfolg haben. Allerdings läßt sich erst in Verbindung mit
der wirtschaftlichen Wertigkeit die theoretisch wirklich beste Lösung ermitteln.

In den Gleichungen zur Berechnung der Wertigkeiten werden die Maßzahlen m
durch die Punktzahl p ersetzt. Die Idealkonstruktion, hier *Ideallösung* genannt, erhält demnach die Punktzahl p_{max}. Die ungewichteten technischen Wertigkeiten werden mit x, die gewichteten mit x' und die wirtschaftlichen Wertigkeiten mit y bezeichnet. Die Bezeichnung g für die Gewichtungsfaktoren, hier *Einflußzahlen* genannt, bleibt erhalten.

Die technisch wirtschaftliche Bewertung wurde in [27] übernommen.

a. Ermittlung der technischen Wertigkeit

Bevor den einzelnen Kriterien je Variante Punkte zugeordnet werden, wird eine
Punktbewertungsskala aufgestellt, deren höchste Punktzahl als diejenige der theoretischen Ideallösung verstanden wird. In der Regel sind dies die Punkte von 0 (un-
brauchbar) bis 4 (sehr gut).

Die Punktvergabe an die einzelnen Varianten erfolgt dann entsprechend dem
jeweiligen Grad ihrer Annäherung an diese Ideallösung.

Die Punktzahl quantitativer Kriterien wird entsprechend ihrem Wertgefälle, diejenige qualitativer Kriterien entsprechend ihrem Eigenschaftsgefälle in ganzen Zahlen ausgedrückt.

Um den Bewertungsaufwand gering zu halten, wird einer ungewichteten Bewertung der Vorrang vor einer gewichteten Bewertung gegeben. Ein Kriterium für eine diesbezügliche Entscheidung besteht allerdings in der Streuung der den Varianten aufgrund ihrer Werte oder Eigenschaften zuzuteilenden Punkte. Liegen diese, insbesondere bei wichtigen Kriterien, gegenüber der Ideallösung im mittleren Bereich, so werden die Ergebnisse einer ungewichteten Bewertung nur unwesentlich von derjenigen einer gewichteten Bewertung abweichen. In diesem Fall errechnet sich die technische Wertigkeit x einer jeden Variante aus

$$x = \frac{p_1 + p_2 + \dots + p_n}{n\, p_{max}} = \frac{1}{n\, p_{max}} \sum_{i=1}^{n} p_i. \tag{4.56}$$

Sind die Werte oder Eigenschaften der Kriterien großer Wichtigkeit jedoch sehr gut oder sehr schlecht zu bewerten, so gibt das Ergebnis entweder ein zu günstiges oder ein zu ungünstiges Bild ab. In derartigen Fällen müssen die Kriterien gegeneinander mit den Einflußzahlen g_i gewichtet werden. Das Ergebnis ist dann die *gewogene* technische Wertigkeit x' und errechnet sich aus

$$x' = \frac{1}{p_{max}} \frac{p_1 g_1 + p_2 g_2 + \dots + p_n g_n}{g_1 + g_2 + \dots + g_n} = \frac{1}{p_{max}} \cdot \frac{\sum_{i=1}^{n} p_i g_i}{\sum_{i=1}^{n} g_i}. \tag{4.57}$$

Außerdem sollte eine Gewichtung der Kriterien in den Fällen durchgeführt werden, in denen die Bewertungsergebnisse einer ungewichteten Bewertung zu nahe beieinander liegen.

Beispiel: Für die Absperrorgane gemäß Bild 4.31 ergibt sich das ungewichtete Ergebnis gemäß Bild 4.32.

Die Zahlenwerte zeigen, daß entsprechend der Empfehlung von *F. Kesselring* eine nachträgliche Gewichtung der einzelnen Kriterien angebracht erscheint, da sich einige Alternativen nicht wesentlich voneinander unterscheiden.

Die Gewichtung der Kriterien erfolgt aufgrund deren Einschätzung durch Vergabe der Einflußzahlen. Vorgeschlagen wird eine Bandbreite zwischen 1 und 10.

Beispiel: Für die Kriterien der Absperrorgane werden folgende Einflußzahlen vergeben:

001	Strömungswiderstand	6	006	Zuverlässigkeit Dichtung	9
002	Öffnungs-/Schließwinkel	8	007	Verschleißfest. Sitz	8
003	Baulänge	3	008	Wartbarkeit	5
004	Bauhöhe	3	009	Instandsetzbarkeit	5
005	Funktionssicherheit	10	010	konstruktiver Aufwand	7

Damit ergibt sich das in Bild 4.33 dargestellte Ergebnis.

technische Bewertungskriterien	Alternativen				
	A1 Ventil	A2 Schieber	A3 Drehschieber	A4 Klappe	A5 Sperrkörper
1	2	3	4	5	6
Strömungswiderstand	2	3	3	2	1
Öffnungs-/Schließzeit	2	1	3	2	2
Baulänge	1	3	2	3	1
Bauhöhe	2	1	3	3	3
Funktionssicherheit	3	2	2	2	3
Zuverlässigk. Dichtung	3	2	2	1	3
Verschleißfestigk. Sitz	3	2	1	2	3
Wartbarkeit	4	3	4	2	2
Instandsetzbarkeit	3	2	2	4	2
konstruktiver Aufwand	1	1	2	2	1
Wertigkeiten	24	20	24	23	21
normierte Wertigkeiten	1.000	0.833	1.000	0.958	0.875
Rangfolge	1	5	1	3	4

Bild 4.32. Ungewichtete Bewertung nach *F. Kesselring*

technische Bewertungskriterien	Gewichtungsfaktor	Alternativen									
		A1 Ventil		A2 Schieber		A3 Drehschieber		A4 Klappe		A5 Sperrkörper	
		Mazahl	Wertungszahl	Mazahl	Wertungszahl	Mazahl	Wertungszahl	Mazahl	Wertungszahl	Maßzahl	Wertungszahl
1	2	3	4	3	4	3	4	3	4	3	4
Strömungswiderstand	6	2	12	3	18	3	18	2	12	1	6
Öffnungs-/Schließzeit	8	2	16	1	8	3	24	2	16	2	16
Baulänge	3	1	3	3	9	2	6	3	9	1	3
Bauhöhe	3	2	6	1	3	3	9	3	9	3	9
Funktionssicherheit	10	3	30	2	20	2	20	2	20	3	30
Zuverlässigk. Dichtung	9	3	27	2	18	2	18	1	9	3	27
Verschleißfestigk. Sitz	8	3	24	2	16	1	8	2	16	3	24
Wartbarkeit	5	4	20	3	15	4	20	2	10	2	10
Instandsetzbarkeit	5	3	15	2	10	2	10	4	20	2	10
konstruktiver Aufwand	7	1	7	1	7	2	14	2	14	1	7
Wertigkeiten	./.		160	./.	124	./.	147	./.	135	./.	142
normierte Wertigkeiten			1.000		0.775		0.919		0.844		0.888
Rangfolge			1		5		2		4		3

Bild 4.33. Gewichtete Bewertung nach *F. Kesselring*

Der Einfluß der Gewichtung macht sich in Bild 4.33 derart bemerkbar, daß sich die Wertigkeiten der einzelnen Alternativen nicht nur deutlicher voneinander abheben, sondern auch deren Rangfolge gegenüber der ungewichteten Bewertung gemäß Bild 4.32 verschoben wird.

b. Ermittlung der wirtschaftlichen Wertigkeit

Bei der Ermittlung der wirtschaftlichen Wertigkeit dienen die Kosten der zu bewertenden Varianten als alleinige Maßstäbe. Im Falle einer Neu-, Anpassungs- bzw. Änderungs- oder Variantenkonstruktion kann diese Wertigkeit erst ermittelt werden, wenn die verfolgten Lösungskonzepte materiell erfaßt werden können. Dies ist frühestens bei der Grobgestaltung innerhalb der Entwurfsphase möglich.

Die Kosten K setzen sich dabei aus denen des Materials und der Fertigungslöhne zusammen. Damit entsprechen sie den Herstellkosten und sind gemäß Kapitel 3 zu ermitteln.

Um ein der technischen Wertigkeit vergleichbares Ergebnis zu erhalten, werden die wirtschaftlichen Wertigkeiten ebenfalls derjenigen einer Ideallösung, den sogenannten *Idealkosten*, gegenüber gestellt. Diese Idealkosten entsprechen in der Regel der aufgrund einer Marktanalyse vertretbaren und mit der Firmenstrategie zu vereinbarenden festgelegten Größe.

Im Falle einer Bewertung zur Auswahl bereits vorhandener oder prinzipiell bekannter technischer Systeme können statt der Herstellkosten auch die absoluten oder die gegenüber „1" (*Zielkosten*) relativierten Beschaffungskosten zur Ermittlung der Wertigkeiten herangezogen werden. Allerdings muß in diesem Fall die kostengünstigste Variante gleich der Ideallösung gesetzt werden.

Die wirtschaftliche Wertigkeit errechnet sich aus

$$y = \frac{K_{\text{ideal}}}{K} . \tag{4.58}$$

Die wirtschaftliche Wertigkeit besteht also aus einem einzigen Wert je Variante, weshalb eine Gewichtung entfällt.

c. Darstellung der Bewertungsergebnisse

Die für jede Variante vorliegenden Bewertungsergebnisse werden abschließend in einem zweiachsigen Diagramm dargestellt, wobei die ungewichtete oder gewichtete technische Wertigkeit x bzw. x' über der Abszisse und die wirtschaftliche Wertigkeit y über der Ordinate aufgetragen werden. Die Ideallösung, falls definiert, liegt dementsprechend in dem Punkt mit den Koordinaten $x = 1$ und $y = 1$ (vgl. Bild 4.35).

Die sich ergebenden Punkte der einzelnen Varianten $s_{V(x,y)}$ verdeutlichen ihre verhältnismäßige technische und wirtschaftliche *Stärke* zueinander und gegenüber der Ideallösung im Punkt s_{ideal}. Deshalb wird das Diagramm auch *Stärkediagramm* oder kurz *s*-Diagramm genannt.

Diese Darstellung eignet sich auch besonders gut für eine Kontrolle der phasenweisen Verbesserung der miteinander konkurrierenden Lösungsvorschläge im Laufe eines Konstruktionsprozesses bei Neukonstruktionen. Desweiteren ist sie bei Maßnahmen zur Produktverbesserung (Anpassungs- oder Änderungskonstruktion) sehr gut dazu geeignet, unter Ansatz immer gleicher Kriterien zu prüfen, ob eine tatsächliche Verbesserung der Wertigkeit gegenüber einer definierten Ideallösung erreicht wird.

wirtschaftliche Bewertungskriterien	Alternativen				
	A1 Ventil	A2 Schieber	A3 Drehschieber	A4 Klappe	A5 Sperrkörper
1	2	3	4	5	6
relative Kosten	0.5	0.6	1.0	0.9	0.7

Bild 4.34. Gegenüberstellung der relativierten Kosten von Absperrorganen

In beiden Fällen muß die technische und/oder wirtschaftliche Stärke zunehmen. Diese Zunahme wird sichtbar durch Verschiebung des Punktes $s_{V(x,y)}$ in Richtung auf s_{ideal}.

Die Verbindungslinie der Punkte 0 und s_{ideal} ist die sogenannte *Entwicklungslinie*. Die Praxis zeigt, daß nur diejenigen Varianten Aussicht auf Bestand haben, deren Stärke sich im Verlauf der Weiterentwicklung mehr und mehr der Entwicklungslinie nähern.

Beispiel: Bei den betrachteten Absperrorganen verhalten sich die gegenüber „1" relativierten Kosten entsprechend Bild 4.34.

Damit ergibt sich das in Bild 4.35 dargestellte Stärkediagramm, in dem als technisch beste Lösung das *Ventil* und als kostengünstigste Lösung der *Drehschieber* gleich der Idealkonstruktion gesetzt wurden.

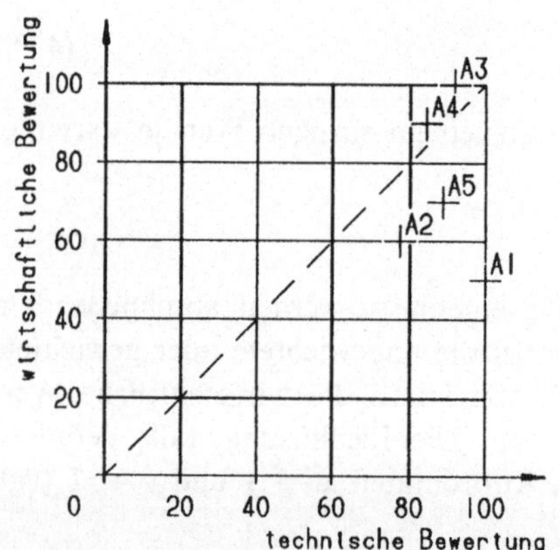

Bild 4.35. *s*-Diagramm

4.6.3 Das Rangfolgeverfahren

Ein insbesondere für die Konzeptphase innerhalb der Entwicklung eines einfachen technischen Systems geeignetes Bewertungsverfahren ist das *Rangfolgeverfahren* [5], [19]. Bei diesem Verfahren wird zwischen je zwei Kriterien die Entscheidung nach dem wichtigeren Kriterium durch Pauschalurteil herbeigeführt und durch eines der folgenden Symbole in einer Gewichtungstabelle gekennzeichnet:

$+$: Kriterium K_i ist wichtiger als Kriterium K_{i+1},
0 : Kriterium K_i ist gleich wichtig wie Kriterium K_{i+1},
$-$: Kriterium K_i ist weniger wichtig als Kriterium K_{i+1}.

Unklare Wichtigkeitsverhältnisse werden bis zu ihrer Klärung durch "?" gekennzeichnet.

Anschließend werden die "+"-Symbole zeilenweise ausgezählt und ihre Anzahl in die Gewichtungstabelle eingetragen.

Die Rangfolge der Kriterien untereinander entspricht der jeweiligen Häufigkeit der "+"-Symbole. Sie dient lediglich einer späteren Beurteilung der Glaubwürdigkeit der Bewertungsergebnisse (vgl. Kapitel 4.5.10).

Obwohl die Wichtigkeiten nur durch Pauschalurteile bestimmt werden, gelten hier die gleichen Gesetzmäßigkeiten der Transitivitätsregel und der aus ihr hergeleiteten weiteren Einschränkungen gegenüber einer willkürlichen Festlegung, wie sie in Kapitel 4.5.5.2 vorgestellt wurden. Da die zahlenmäßige Differenzierung zwischen AB und AC wegfällt, lassen sich allerdings keine Aussagen darüber machen, ob im Falle einer höheren *oder* niedrigeren Wichtigkeit von A gegenüber B *und* C die Wichtigkeit von B gegenüber C größer, gleich oder kleiner ist. Deshalb ergeben sich hier nur neun Einschränkungen (vgl. Bild 4.36).

Für die Berechnung der Wertungszahlen und der Wertigkeiten sind die jeweiligen Gewichtungsfaktoren g_i aus der Anzahl der "+" je Kriterium, also $g_{"+"} = \sum\limits_{i=1}^{m} "+"$, und der Gesamtzahl aller "+", also $\sum g_{"+"}$, gemäß

$$g_i = \frac{100\ \%}{\sum g_{"+"}} \cdot \sum_{i=1}^{m} "+" \tag{4.59}$$

zu berechnen. Die Summe aller Gewichtungsfaktoren muß dann „100" ergeben.

Um bei der anschließenden Ermittlung der Wertungszahlen je Kriterium und Variante keine zu großen Zahlenwerte und eine dadurch mögliche subjektive Fehleinschätzung der gegenseitigen Ablage der Varianten voneinander zu erhalten, wird eine Normierung der Gewichtungsfaktoren gemäß

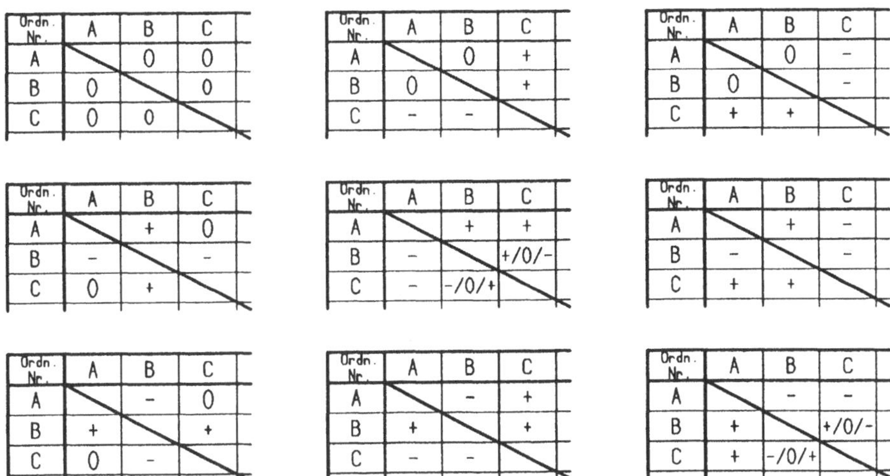

Bild 4.36. Mögliche Fälle der Gewichtung beim Rangfolgeverfahren

Nr.	Bewertungskriterien	01	02	03	04	05	06	07	08	09	10	Anzahl der '+'	Rang-folge
01	Strömungswiderstand		+	+	+	-	-	0	+	+	0	5	2
02	Öffnungs-/Schließzeit	-		+	+	-	-	0	0	0	-	2	4
03	Baulänge	-	-		0	-	-	-	-	-	-	0	5
04	Bauhöhe	-	-	0		-	-	-	-	-	-	0	5
05	Funktionssicherheit	+	+	+	+		0	0	+	+	+	7	1
06	Zuverlässigk. Dichtung	+	+	+	+	0		0	+	+	+	7	1
07	Verschleißfestigk. Sitz	0	0	+	+	0	0		0	0	+	3	3
08	Wartbarkeit	-	0	+	+	-	-	0		0	0	2	4
09	Instandsetzbarkeit	-	0	+	+	-	-	0	0		0	2	4
10	konstruktiver Aufwand	0	+	+	+	-	-	-	0	0		3	3
	Anzahl der '-' (Probe)	5	2	0	0	7	7	3	2	2	3	$\sum g_{i,+} = 31$	

Bild 4.37. Ermittlung der Wichtigkeiten der Kriterien nach dem Rangfolgeverfahren

$$g_{i\,norm} = \frac{g_i}{g_{i\,max}} \qquad\qquad (4.60)$$

empfohlen.

Zur Prüfung der fehlerfreien Ausfüllung der Gewichtungstabelle werden anschließend die Symbole "-" spaltenweise ausgezählt und ihre Anzahl in die Gewichtungstabelle eingetragen. Die Gesamtzahl aller "+" und "-" muß dann gleich sein.

Die Ermittlung der Maßzahlen sowie die Berechnung der Wertungszahlen und der als Bewertungsergebnis zu betrachtenden Wertigkeiten je Variante entspricht derjenigen der gewogenen technisch wirtschaftlichen Bewertung (vgl. Kapitel 4.6.2) und wird deshalb hier nicht behandelt. Eine Erweiterung der Ergebnisdarstellung in Form normierter Wertigkeiten, ihrer Rangfolge und ihrer graphischen Darstellung ist ebenso möglich und sinnvoll wie bei der technisch wirtschaftlichen Bewertung.

Beispiel: Bild 4.37 zeigt die Ermittlung der Wichtigkeiten (Anzahl der "+") für die betrachteten Absperrorgane.

Die Kriterien *Baulänge* und *Bauhöhe* fallen aufgrund der groben Erfassung der Wichtigkeiten heraus. Einerseits zeigt dies, daß sie als rein qualitative Kriterien scheinbar nicht wichtig sind, andererseits stellt es die uneingeschränkte Tauglichkeit dieses Verfahrens in Frage, zumal beide Kriterien ein Maß für den Herstellungs- und Installationsaufwand darstellen.

Abschließend sei nochmals darauf hingewiesen, daß sich mit dem Rangfolgeverfahren *keine* absoluten Wichtigkeiten ermitteln lassen. Deshalb eignet es sich nur für einfache technische Systeme, und auch dort nur für eine erste Orientierung.

4.6.4 Die Bewertung mit Hilfe einer Präferenzmatrix

Ähnlich dem Rangfolgeverfahren geschieht die Ermittlung der Gewichtungsfaktoren mit Hilfe der sogenannten *Präferenzmatrix* [18]. Dabei wird jedes Kriterium mit einem Kennbuchstaben versehen und mit jedem anderen Kriterium verglichen. Der jeweiligen Wichtigkeit entsprechend wird der Kennbuchstabe des wichtigeren Kriteriums in die Matrix eingetragen (vgl. Bild 4.39), d. h., das wichtigere Kriterium wird dem unwichtigeren vorgezogen. Diese Technik gibt dem Verfahren seine Bezeichnung. Die Entscheidung wird also auch hier durch ein Pauschalurteil getroffen. Die Aussage „gleich wichtig" ist bei diesem Verfahren nicht üblich und läßt sich symbolisch nicht darstellen.

Die Abhängigkeit der Wichtigkeiten der einzelnen Kriterien zueinander ist wiederum nach der Transitivitätsregel und den aus ihr hergeleiteten weiteren Einschränkungen gegenüber einer willkürlichen Festlegung zu berücksichtigen. Durch den Wegfall der Aussage „gleich wichtig" ergeben sich hier gegenüber dem Rangfolgeverfahren jedoch nur noch vier Fälle (vgl. Bild 4.38).

Beispiel: Für die hier betrachteten Absperrorgane ergibt sich die in Bild 4.39 dargestellte Präferenzmatrix. Aus dieser Matrix wird die Häufigkeit der jeweiligen Buchstaben abgezählt und in eine Tabelle entsprechend Bild 4.40 übertragen. Die Häufigkeiten werden auf „1" normiert und bilden damit die Gewichtungsfaktoren.

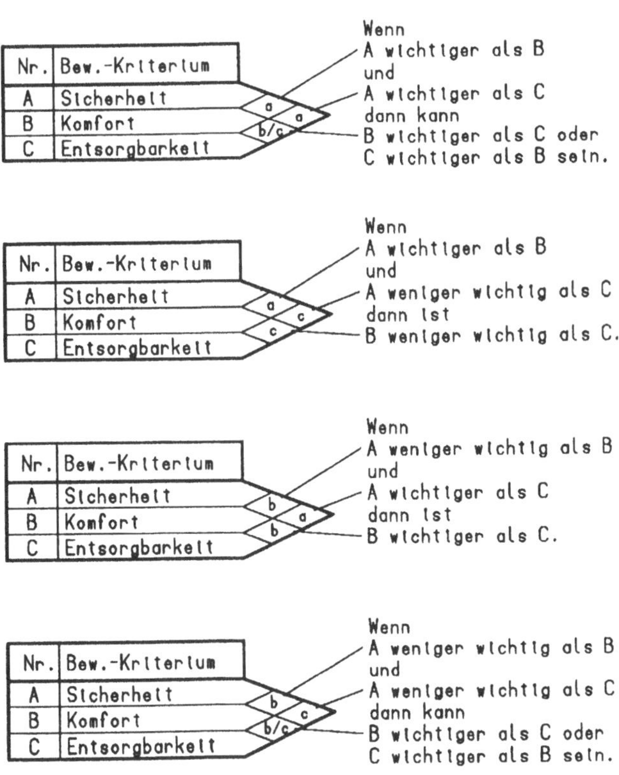

Bild 4.38. Mögliche Fälle der Gewichtung mit der Präferenzmatrix

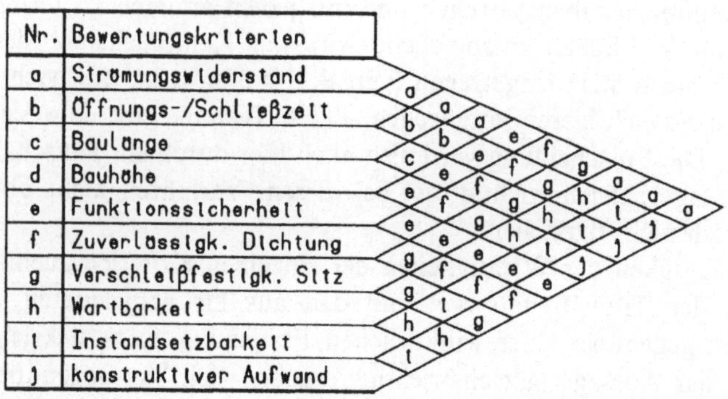

Bild 4.39. Präferenzmatrix

Bew.-Kriterium	a	b	c	d	e	f	g	h	i	j
Häufigkeit	6	2	1	0	9	7	7	5	5	3
normierte Gewichtungsfaktoren	0.66	0.22	0.11	0.00	1.00	0.78	0.78	0.56	0.56	0.33

Bild 4.40. Ermittlung der Gewichtungsfaktoren aus der Häufigkeit der Präferenzen

Die Ermittlung der Maßzahlen sowie die Berechnung der Wertungszahlen, der Wertigkeiten, der normierten Wertigkeiten und der Rangfolge erfolgt genau gleich wie beim Rangfolgeverfahren und entspricht damit auch der Vorgehensweise der technisch wirtschaftlichen Bewertung.

Auch dieses Verfahren eignet sich aufgrund seiner groben Gewichtung nur für eine Anwendung innerhalb der Konzeptphase bei der Entwicklung einfacher technischer Systeme. Sein großer Nachteil liegt in dem hohen Aufwand bei unübersichtlicher und damit fehlerträchtiger Ermittlung der Gewichtungsfaktoren, insbesondere bei einer größeren Anzahl von Bewertungskriterien.

4.6.5 Die Nutzwertanalyse

Die Nutzwertanalyse beruht von vornherein auf der Festlegung von Gewichtungsfaktoren als Maß für den Nutzen der zu erfüllenden Anforderungen in Bezug auf den Gebrauchswert (*Gesamtnutzwert*). Die Verfahrensweise geht zurück auf eine im Jahre 1970 von *C. Zangemeister* veröffentlichte Arbeit, nach der die zu einer Bewertung heranzuziehenden Kriterien in Form eines Stammbaumes strukturiert werden. Die diesbezügliche Unterteilung erfolgt dabei weitaus tiefer als bei der bisher vorgeschlagenen Unterteilung in Kriteriengruppen und -arten und geht auch evtl. über die in Kapitel 4.5.4 erwähnte mögliche Unterteilung in Kriterienfamilien hinaus. Das Verfahren verlangt damit eine Umsortierung der Kriterien in gleichwertige und untergeordnete Hierarchiestufen mit der Absicht, auch auf unterster Ebene logisch zusammenhängende Kriterien erkennen und damit besser beurteilen zu können. Damit ist es ein hervorragendes Werkzeug zur Bestimmung der Produkttauglichkeit in Bezug auf markt- und firmenstrategische Gesichtspunkte.

Die Nutzwertanalyse verwendet den Begriff *Bewertungsziele*, die den Bewertungskriterien entsprechen. Die Definition der den Zielen zugrundeliegenden Anforderungen wird *Zielpräzisierung* genannt. Alle Ziele werden hierarchisch gegliedert und in einem Stammbaum, dem sogenannten *Zielsystem*, erfaßt. Diese Vorgehensweise soll den Bewerter dazu zwingen, die Ziele jeder Hierarchiestufe vollständig zu erfassen, gegebenenfalls Lücken zu erkennen und die als *Zielekatalog* benannte Anforderungsliste zu vervollständigen sowie die Ziele sorgfältig gegeneinander abzuwägen.

Die Wichtigkeit jedes einzelnen Zieles wird durch zwei unterschiedliche Gewichtungsfaktoren ausgedrückt (vgl. Bild 4.41). Das sogenannte *Knotengewicht* g_K gibt die Wichtigkeit der Ziele $Z_{(S+1,Z)}$ in Bezug auf das Ziel der nächsthöheren Stufe an, womit die Summe jeweils

$$\sum_{j=S_1}^{S_n} g_{K(S+1,Z)} = g_{K(S,Z)} \qquad (4.61)$$

betragen muß. Die Summe aller Knotengewichte je Stufe muß stets „1" betragen.

Das sogenannte *Stufengewicht* g_S gibt die absolute Wichtigkeit des Zieles in der betrachteten Stufe an und errechnet sich für jedes Ziel aus dem Produkt seines Knotengewichtes und dem Stufengewicht des nächst übergeordneten Zieles der vorherigen Stufe, also aus

$$g_{S(S,Z)} = g_{K(S,Z)} \, g_{S(S-1,Z)}. \qquad (4.62)$$

Der Gebrauchswert des zu bewertenden technischen Systems ist allen anderen Zielen übergeordnet. Er entspricht also der *Stufe* 1 und erhält damit sowohl das Knotengewicht als auch das Stufengewicht „1".

Stufe 2 beinhaltet in jedem Fall die beiden Ziele *Nutzen* und *Kosten* mit den entsprechend ihrer gegeneinander gewogenen Wichtigkeit festgelegten Knoten- und Stufengewichten. Diese Einteilung entspricht dem Ansatz der technisch wirtschaftlichen Bewertung (vgl. Kapitel 4.6.2). Das Ziel *Nutzen* kann allerdings entweder bereits in Stufe 2 oder aber in Stufe 3 weiter aufgeteilt werden, beispielsweise entsprechend den Kriterienfamilien.

Bild 4.41 zeigt die hierarchische Gliederung des Zielsystems, die grundsätzliche Einteilung der Ziele innerhalb der oberen Stufen sowie die Zusammenhänge zwischen Knoten- und Stufengewichten.

Die Knotengewichte werden, zumindest auf den höheren Stufen, in der Regel aus einer Marktbefragung gewonnen oder aber in einer Bewertungskonferenz pauschal festgelegt bzw. durch eines der bereits beschriebenen Verfahren zur Bestimmung der Gewichtungsfaktoren ermittelt.

Da die Knotengewichte jeweils nur zeilenweise festgelegt werden, besteht nicht die Gefahr einer Verletzung der Transitivitätsregel oder einer aus ihr hergeleiteten weiteren Einschränkung. Außerdem ist es überschaubarer, eine nur geringe Anzahl von Teilzielen gegenüber einem höher angeordneten Ziel abzuwägen, als alle Teilziele einer Zielstufe, besonders der untersten, einander gegenüber zu stellen und deren Wichtigkeit zu bestimmen.

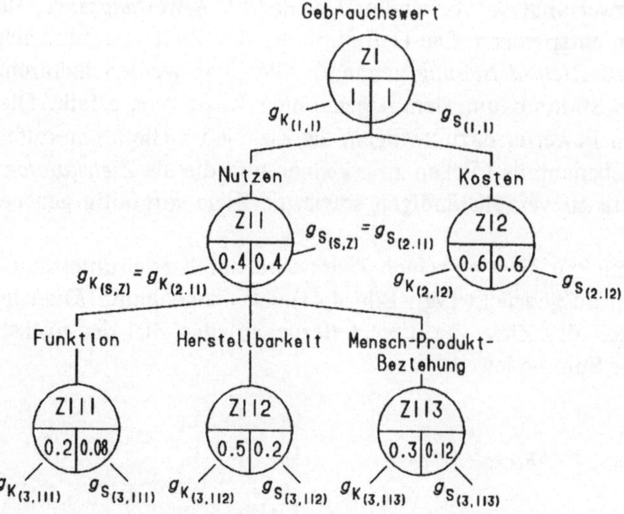

Bild 4.41. Zusammenhänge zwischen Knoten- und Stufengewicht;
die eingetragenen Ziffern sind beispielhaft

Abschließend können aus Gründen der Übersichtlichkeit die jeweils untersten Stufengewichte in einer dem Zielsystem unterlegten Zeile zusammengefaßt werden. Diese Stufengewichte entsprechen den bisher behandelten Gewichtungsfaktoren und sind Ausgangsbasis für eine weitere Bewertung.

Beispiel: Für die hier betrachteten Absperrorgane werden die in Bild 4.42 aufgelisteten Bewertungsziele gewählt, mit denen sich dann das Zielsystem entsprechend Bild 4.43 ergibt.

Zielstufe	Bewertungsziel
Z1	Produkt-Gesamtziel (optimales Absperrorgan)
Z11	technische Funktion
Z111	Strömungswiderstand
Z112	Öffnungs-/Schließzeit
Z113	Verschleißfestigkeit Sitz
Z12	Sicherheit
Z121	Funktionssicherheit
Z122	Zuverlässigkeit Dichtung
Z13	Wirtschaftlichkeit
Z131	Baulänge
Z132	Bauhöhe
Z133	Wartbarkeit
Z134	Instandsetzbarkeit
Z133	Konstruktiver Aufwand

Bild 4.42. Bewertungsziele, geordnet nach Zielstufen

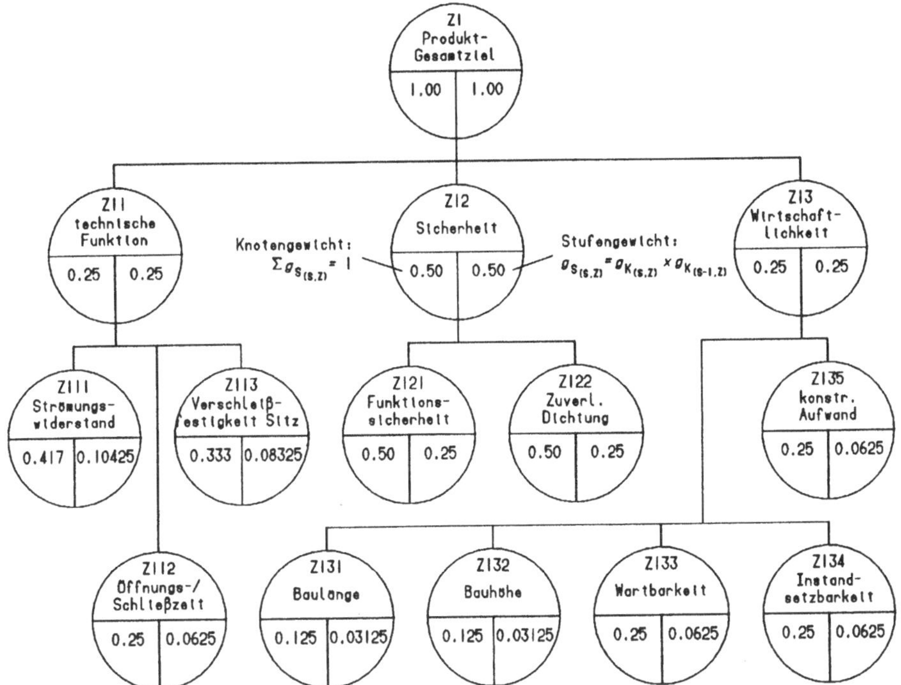

$$\sum g_{S_{(s,z)}} = 1 \qquad g_{S_{(s,z)}} = g_{K_{(s,z)}} \times g_{K_{(s-1,z)}}$$

Bild 4.43. Zielsystem zur Ermittlung der Wertigkeiten von Kriterien

Zusammengefaßt ergibt sich folgender Bewertungsablauf der Nutzwertanalyse:

1. Strukturieren der Bewertungsziele nach hierarchischen Gesichtspunkten.

2. Erstellen des strukturierten Zielsystems und eintragen der Teilziele.

3. Stufenweises gewichten der Teilziele der n-ten Stufe in Bezug auf die Zielgewichte der (n-1)-ten Stufe und eintragen der so gefundenen Knotengewichte g_K.

4. Berechnen aller Stufengewichte.

5. Zusammenfassen aller Stufengewichte der jeweils letzten gewichteten Stufe.

6. Aufstellen einer Bewertungsliste analog Bild 4.33 und eintragen aller Bewertungsziele der jeweils letzten, im Zielsystem vorkommenden Stufe, ihrer Stufengewichte und ihrer Zielgrößen (Werte bzw. Eigenschaften) je Variante.

7. Festlegen der Zielwerte (Maßzahlen).

8. Berechnen der Nutzwerte (Wertungszahlen) aus dem Produkt von Zielwerten und Stufengewichten je Variante.

9. Berechnen der Gesamtnutzwerte (Wertigkeiten) durch Addition der Nutzwerte je Variante.

10. Aufstellen von *Nutzwertprofilen*. Diese entsprechen in ihrer Form den in Kapitel 4.5.9.3 beschriebenen Wertprofilen.

Die Ermittlung der Maßzahlen sowie die Berechnung der Gewichtungszahlen und der Bewertungsergebnisse entspricht der Vorgehensweise der gewogenen technisch wirtschaftlichen Bewertung (vgl. Kapitel 4.6.2) und wird deshalb hier nicht weiter behandelt. Eine Erweiterung der Ergebnisdarstellung in Form normierter Wertigkeiten, ihrer Rangfolge und ihrer graphischen Darstellung ist ebenso möglich und sinnvoll wie bei der technisch wirtschaftlichen Bewertung.

4.6.6 Ausblick

Die wichtigste Entscheidungshilfe bei der Auswahl der besten Variante ist die an vorgegebenen *Maßstäben* orientierte Bewertung der im Laufe des Konstruktionsprozesses erarbeiteten Lösungsvorschläge.

Als vorgegebene Maßstäbe, an denen die vorliegenden Lösungen verglichen und damit bewertet werden, sind ausnahmslos die zu Beginn eines Konstruktionsauftrages vorgegebenen und im Verlauf des Konstruktionsprozesses erhärteten und ergänzten expliziten tolerierten sowie die impliziten Anforderungen als Kriterien anzusetzen. Da, wie bereits erwähnt, nicht alle Kriterien gleich wichtig sind, müssen sie in jedem Fall gegeneinander gewichtet werden. Deshalb wird das nachfolgend vorgestellte Bewertungsverfahren *anforderungsorientierte gewichtete Bewertung* genannt.

Dieses Verfahren ist das Ergebnis einer Analyse der wichtigsten, im Laufe der konstruktionswissenschaftlichen und praxisorientierten Suche nach Beurteilungs- und Bewertungsmethoden entstandenen Verfahren, in deren Rahmen sowohl die Einflüsse emotionaler und damit nicht ohne Grund häufig kritisierter Unzulänglichkeiten bei der Aufstellung der Kriterien und Bewertungszahlen untersucht als auch die Sensibilität der unterschiedlichen Gewichtungsmodelle miteinander verglichen und die zur Instabilität der Bewertungsergebnisse neigenden Verfahrensweisen durch stabilisierende Maßnahmen ersetzt wurden.

4.7 Die anforderungsorientierte gewichtete Bewertung

4.7.1 Übersicht

Die anforderungsorientierte gewichtete Bewertung folgt ausnahmslos der in Kapitel 4.5 behandelten Theorie. Da die konsequente Einhaltung der sich daraus ergebenden Arbeitsschritte sehr arbeitsaufwendig ist, bietet sich deshalb die Verwendung eines diese Theorie beinhaltenden Computerprogramms an.

Um jedoch auch eine manuelle anforderungsorientierte gewichtete Bewertung durchführen zu können, wird in diesem Kapitel die erforderliche Vorgehensweise beschrieben und anhand eines begleitenden Beispiels erläutert.

Die Frage, ob sich dieses Verfahren auch für einfachste Konstruktionen eignet und vom Aufwand her im Rahmen hält, läßt sich leicht mit Ja beantworten, da seine Entwicklung anhand einfacher Beispiele begann und sich in keiner Weise für die Bewertung komplexer technischer Systeme verkompliziert hat.

4.7.2 Der Bewertungsablauf

Der Bewertungsablauf ist in durchlaufend numerierte Schrittfolgen gegliedert. Jede Schrittfolge ist in weitere einzelne, mit Dezimalziffern numerierte Arbeitsschritte eingeteilt.

Beispiel: Von den in Kapitel 1.4.4 entwickelten Lösungen zur Konstruktionsaufgabe „Verschlußmechanismus eines Autoklavdeckels" werden innerhalb dieses Kapitels zum besseren Verständnis der einzelnen Arbeitsschritte und der Eintragungen in die entsprechenden Tabellen und Matrizen die zwei aussichtsreichsten Varianten V2 und V3 im Vergleich zu einer vorgegebenen Idealkonstruktion bewertet.

1   Schaffen der Bewertungsvoraussetzungen

1.1 Bewertungsteilnehmer einberufen und Bewertergruppen bilden.

1.2 Prüfen der vorgegebenen expliziten und für die Bewertung maßgeblichen impliziten Anforderungen auf Bewertbarkeit; eventuell Nachbereinigen der bestehenden Anforderungsliste.

1.3 Bereitstellen aller Dokumente (Zeichnungen, Berechnungen, Berichte) der zu bewertenden Lösungsvorschläge der Varianten und Prüfen dieser Dokumente auf die dem jeweiligen Konstruktionsstand entsprechende Vollständigkeit und auf Gleichstand in der Bearbeitungstiefe; gegebenenfalls aufbereiten der Varianten auf gleiches Niveau bzw. feststellen, welche Kriterien aufgrund unterschiedlichen Konstruktionsstandes noch nicht in die Bewertungsrunde mit einbezogen werden dürfen.

2   Aufstellen der Bewertungskriterien

2.1 Gegebenenfalls Anforderungen entsprechend einer bewertungsgerechten Terminologie in Kriterien umbenennen.

2.2 Sortieren der Kriterien entsprechend der Zweckmäßigkeit nach Kriteriengruppen, -arten und -familien, falls die Anforderungen nicht bereits in einer solchen Form vorliegen.

2.3 Prüfen der Kriterien auf Doppelungen, Widersprüchlichkeiten und Gegenläufigkeiten und Zusammenfaßbarkeit der quantitativen Kriterien in einen übergeordneten mehrdimensionalen Wert.

2.4 Eintragen aller mit Ausnahme der aus den Festforderungen hergeleiteten bereinigten und sortierten Kriterien in einen entsprechend der vorgenommenen Unterteilung vorbereiteten Tabellensatz.

Werden die Kriterien nur in Kriteriengruppen unterteilt, so sind die quantitativen und die qualitativen Kriterien einer Gruppe in eine gemeinsame Tabelle einzutragen (vgl. Bild 4.46, Spalte 2). Werden die Kriterien weiter in Kriterienarten je Kriteriengruppe unterteilt, sind die Kriterien jeder Kriterienart in getrennte Tabellen einzutragen (vgl. Bild 4.47, Spalten 2).

3   Eintragen der Werte bzw. Eigenschaften je Kriterium und Variante in die vorbereiteten Tabellen. Eventuell ermitteln und eintragen ihrer variantenbezogenen Rangfolge (vgl. Bild 4.46 bzw. 4.45, Spalten 4 und 5 bzw. 8).

Ordn. Nr.	quantitative und qualitative technische Bewertungskriterien	01	02	03	04	05	06	Gewichtungs-faktoren
01	Schließ-/Öffnungszeit [s]	0	0.75	0.20	0.10	0.20	0.75	2.00
02	Verschlußleistung [kW]	0.25	0	0.08	0.31	0.69	0.92	2.25
03	zul. Dichtungstemp. ['C]	0.80	0.92	0	0.84	0.83	0.84	4.24
04	Funktionssicherheit	0.90	0.69	0.16	0	0.49	0.51	2.75
05	Dichtigkeit	0.80	0.31	0.17	0.51	0	0.53	2.31
06	Instandsetzbarkeit	0.25	0.08	0.16	0.49	0.47	0	1.45

$$\Sigma g = 15.00$$

Bild 4.44. Beispiel für die zusammengefaßte Ermittlung der Gewichtungsfaktoren quantitativer und qualitativer technischer Kriterien

4   Bestimmen der Wichtigkeiten der Kriterien

4.1 Aufstellen der Gewichtungsmatrizen:

Wurden die Kriterien nur in Kriteriengruppen unterteilt, so sind innerhalb einer Kriteriengruppe die quantitativen und die qualitativen Kriterien miteinander zu gewichten (vgl. Bild 4.44), wurden die Kriterien weiter in Kriterienarten je Kriteriengruppe unterteilt, sind die Kriterien jeder Kriterienart getrennt zu gewichten (vgl. Bild 4.45).

4.2 Eintragen der jeweiligen Kriterien bzw. deren Ordnungs-Nummern sowohl in die obere Zeile als auch in die linke Spalte der Gewichtungsmatrizen (vgl. Bild 4.44 bzw. Bild 4.45).

4.3 Abschätzen und eintragen der Wichtigkeiten des ersten Kriteriums gegenüber den übrigen Kriterien.

4.4 Berechnung der Wichtigkeiten der übrigen Kriterien entsprechend Gl. (4.13).

4.5 Ergänzung der Felder unterhalb der Hauptdiagonalen entsprechend Gl. (4.14).

4.6 Berechnen der Gewichtungsfaktoren gemäß Gl. (4.19) und Eintragen in die rechts neben den Matrizen stehenden Kolonnen (vgl. Bild 4.46 bzw. Bild 4.47).

4.7 Kontrollieren der Gewichtungsmatrizen entsprechend Gl. (4.20).

4.8 Übertragen der Gewichtungsfaktoren in die Bewertungstabellen. (vgl. Bild 4.46 bzw. Bild 4.47, Spalten 3).

5   Bestimmen der Maßzahlen

5.1 Bestimmen der Maßzahlen quantitativer Kriterien unter Berücksichtigung der jeweils anwendbaren Wertfunktionen und eintragen in die Bewertungstabellen (vgl. Bild 4.46 bzw. Bild 4.47, Spalten 6 bzw. 9).

5.2 Bestimmen der Maßzahlen qualitativer Kriterien unter eventueller Berücksichtigung der jeweils anwendbaren Wertfunktionen und eintragen in die Bewertungstabellen (vgl. Bild 4.46 bzw. Bild 4.47, Spalten 6 bzw. 9).

Ordn. Nr.	quantitative technische Bewertungskriterien	01	02	03	Gewichtungsfaktoren
01	Schließ-/Öffnungszeit [s]	0	0.75	0.20	0.95
02	Verschlußleistung [kW]	0.25	0	0.08	0.33
03	zul. Dichtungstemp. [°C]	0.80	0.92	0	1.72

$\Sigma g = 3.00$

Ordn. Nr.	qualitative technische Bewertungskriterien	01	02	03	Gewichtungsfaktoren
	Funktionssicherheit	0	0.50	0.90	1.40
	Dichtigkeit	0.50	0	0.90	1.40
	Instandsetzbarkeit	0.10	0.10	0	0.20

$\Sigma g = 3.00$

Ordn. Nr.	qualitative wirtschaftliche Bewertungskriterien	01	02	03	Gewichtungsfaktoren
	konstruktiver Aufwand	0	0.40	0.25	0.65
	Fertigungsaufwand	0.60	0	0.33	0.93
	Wartungsaufwand	0.75	0.67	0	1.42

$\Sigma g = 3.00$

Bild 4.45. Beispiel für die getrennte Ermittlung der Gewichtungsfaktoren quantitativer und qualitativer Kriterien

Ordn. Nr.	quantitative und qualitative technische Bewertungskriterien	Gewichtungsfaktor	Varianten								Idealkonstruktion		
			V2				V3						
			Wert/Eigenschaft	Rangfolge	Maßzahl	Wertungszahl	Wert/Eigenschaft	Rangfolge	Maßzahl	Wertungszahl	Z.wert/-eigenschaft	Maßzahl	Wertungszahl
1	2	3	4	5	6	7	4	5	6	7	8	9	10
01	Schließ-/Öffnungszeit [s]	2.00	3	2	3.10	6.20	1	1	3.70	7.40	<10	4.00	8.00
02	Verschlußleistung [kW]	2.25	5	2	1.00	2.25	3	1	2.20	4.95	4	4.00	9.00
03	zul. Dichtungstemp. [°C]	4.24	200	1	3.20	13.57	120	2	1.92	8.14	>200	4.00	16.96
04	Funktionssicherheit	2.75	4	1	4.00	11.00	3	2	3.00	8.25	4	4.00	11.00
05	Dichtigkeit	2.31	4	1	4.00	9.24	3	2	3.00	6.93	4	4.00	9.24
06	Instandsetzbarkeit	1.45	2	2	2.00	2.90	3	1	3.00	4.35	4	4.00	5.80
Gruppenwertigkeiten			./.	./.	./.	45.16	./.	./.	./.	40.02	./.	./.	60.00
normierte Gruppenwertigkeiten			./.	./.	./.	0.75	./.	./.	./.	0.67	./.	./.	1.00
Rangfolge			./.	./.	./.	2	./.	./.	./.	3	./.	./.	1

Bild 4.46. Beispiel für die gemeinsame Eintragung der Gewichtungsfaktoren, der Maßzahlen, der Wertungszahlen und der Bewertungsergebnisse quantitativer und qualitativer technischer Kriterien

Beispiel: Bild 4.46 zeigt eine gemeinsame Tabelle für die Bewertung impliziter und expliziter quantitativer und qualitativer technischer Kriterien, während Bild 4.47 die Bewertung dieser Kriterienarten sowie der qualitativen wirtschaftlichen Kriterien in getrennten Tabellen zeigt. Für die Bestimmung der Maßzahlen der quantitativen Kriterien wurden folgende Wertfunktionen angesetzt:

Kriterien Nr. 01 und 02: Lineare Straffungsfunktion gemäß Bild 4.19
Kriterium 03: Lineare Wachstumsfunktion gemäß Bild 4.17

Die qualitativen Maßzahlen entsprechen einem Punktebereich von 0 bis 4.

Ordn. Nr.	quantitative technische Bewertungskriterien	Gewichtungsfaktor	Varianten V2				Varianten V3				Idealkonstruktion		
			Wert	Rangfolge	Maßzahl	Wertungszahl	Wert	Rangfolge	Maßzahl	Wertungszahl	Zielwert	Maßzahl	Wertungszahl
1	2	3	4	5	6	7	4	5	6	7	8	9	10
01	Schließ-/Öffnungszeit [s]	0.95	3	2	3.10	2.95	1	1	3.70	3.52	<10	4.00	3.80
02	Verschlußleistung [kW]	0.33	5	2	1.00	0.33	3	1	2.20	0.73	4	4.00	1.32
03	zul. Dichtungstemp. [°C]	1.72	200	1	3.20	5.50	120	2	1.92	3.30	>200	4.00	6.88
Artwertigkeiten			./.	./.	./.	8.78	./.	./.	./.	7.55	./.	./.	12.00
normierte Artwertigkeiten			./.	./.	./.	0.73	./.	./.	./.	0.63	./.	./.	1.00
Rangfolge			./.	./.	./.	2	./.	./.	./.	3	./.	./.	1

Ordn. Nr.	qualitative technische Bewertungskriterien	Gewichtungsfaktor	Varianten V2				Varianten V3				Idealkonstruktion		
			Eigenschaft	Rangfolge	Maßzahl	Wertungszahl	Eigenschaft	Rangfolge	Maßzahl	Wertungszahl	Zieleigenschaft	Maßzahl	Wertungszahl
1	2	3	4	5	6	7	4	5	6	7	8	9	10
04	Funktionssicherheit	1.40	4	1	4.00	5.60	3	2	3.00	4.20	4	4.00	5.60
05	Dichtigkeit	1.40	4	1	4.00	5.60	3	2	3.00	4.20	4	4.00	5.60
06	Instandsetzbarkeit	0.20	2	2	2.00	0.40	3	1	3.00	0.60	4	4.00	0.80
Artwertigkeiten			./.	./.	./.	11.60	./.	./.	./.	9.00	./.	./.	12.00
normierte Artwertigkeiten			./.	./.	./.	0.97	./.	./.	./.	0.75	./.	./.	1.00
Rangfolge			./.	./.	./.	2	./.	./.	./.	3	./.	./.	1

Ordn. Nr.	qualitative wirtschaftliche Bewertungskriterien	Gewichtungsfaktor	Varianten V2				Varianten V3				Idealkonstruktion		
			Eigenschaft	Rangfolge	Maßzahl	Wertungszahl	Eigenschaft	Rangfolge	Maßzahl	Wertungszahl	Zieleigenschaft	Maßzahl	Wertungszahl
1	2	3	4	5	6	7	4	5	6	7	8	9	10
07	konstruktiver Aufwand	0.65	2	2	2.00	1.30	3	1	3.00	1.95	4	4.00	2.60
08	Fertigungsaufwand	0.93	2	2	2.00	1.86	3	1	3.00	2.79	4	4.00	3.72
09	Wartungsaufwand	1.42	3	1	3.00	4.26	2	2	2.00	2.84	4	4.00	5.68
Artwertigkeiten			./.	./.	./.	7.42	./.	./.	./.	7.58	./.	./.	12.00
normierte Artwertigkeiten			./.	./.	./.	0.62	./.	./.	./.	0.63	./.	./.	1.00
Rangfolge			./.	./.	./.	3	./.	./.	./.	2	./.	./.	1

Bild 4.47. Beispiel für die getrennte Eintragung der Gewichtungsfaktoren, der Maßzahlen, der Wertungszahlen und der Bewertungsergebnisse quantitativer und qualitativer technischer und wirtschaftlicher Kriterien

6   Berechnen der Wertungszahlen

Die Wertungszahlen der einzelnen Varianten und der Idealkonstruktion werden mit Hilfe der Gleichungen (4.50) bzw. (4.51) berechnet und in die Bewertungstabellen eingetragen (vgl. Bild 4.46 bzw. Bild 4.47, Spalten 7 bzw. 10).

7   Ermitteln der Bewertungsergebnisse

7.1 Berechnen der Wertigkeiten:

Die Wertigkeiten der einzelnen Varianten und der Idealkonstruktion werden mit Hilfe der Gleichungen (4.52) bzw. (4.53) berechnet und in die Bewertungstabellen eingetragen (vgl. Bild 4.46 bzw. Bild 4.47).

7.2 Normieren der Teilwertigkeiten:

Die normierten Wertigkeiten werden mit Hilfe der Gleichungen (4.54) bzw. (4.55) bestimmt und in die Bewertungstabellen eingetragen.

7.3 Eintragen der Rangfolge in die Bewertungstabellen.

8   Gewichtung und Bewertung der Kriterienarten

Sofern die quantitativen und qualitativen Kriterien einer Kriteriengruppe getrennt gewichtet und ebenso getrennt deren Wertigkeiten, also die sogenannten *Artwertigkeiten*, ermittelt wurden, sind diese zunächst gegeneinander zu gewichten, um mit diesen sogenannten *Artgewichtungsfaktoren* anschließend die *Gruppenwertigkeiten* berechnen zu können.

Die Artgewichtungsfaktoren ergeben sich aus der Aufteilung des Gesamtgewichtes „1" entsprechend der Wichtigkeit der quantitativen gegenüber den qualitativen Kriterien und können somit direkt in die Artbewertungstabelle eingetragen werden (vgl. Bild 4.48). Da die absoluten Wertigkeiten der Kriterienarten jedoch aufgrund ihrer in getrennten Matrizen ermittelten Gewichtungsfaktoren nicht unmittelbar addiert werden können, müssen die normierten Wertigkeiten in die Artbewertungstabelle eingetragen werden. Die sich ergebenden Gruppenwertigkeiten sind damit gleichzeitig normiert.

Beispiel: Bild 4.48 zeigt die Tabelle zur Ermittlung der Gruppenwertigkeit mit den aus Bild 4.47 übernommenen normierten Artwertigkeiten der technischen Kriterien. Die Artgewichtungsfaktoren wurden im Verhältnis $g_Z/g_A = 0.6/0.4$ festgelegt.

Ordn. Nr.	Kriterienarten technischer Bewertungskriterien	Art-gewich-tungs-faktor	Varianten				Ideal-konstruktion	
			V2		V3			
			normierte Art-wertig-keit	Art-wertungs-zahl	normierte Art-wertig-keit	Art-wertungs-zahl	normierte Art-zielwer-tigkeit	Art-zielwer-tungs-zahl
1	2	3	4	5	4	5	6	7
Z	quantitative Kriterien	0.6	0.73	0.44	0.63	0.38	1.00	0.60
A	qualitative Kriterien	0.4	0.97	0.39	0.75	0.30	1.00	0.40
Gruppenwertigkeiten			./.	0.83	./.	0.68	./.	1.00

Bild 4.48. Beispiel für die Ermittlung der Gruppenwertigkeit der quantitativen und qualitativen technischen Kriterien

9   Gewichtung der Kriteriengruppen

Die Abschätzung der Wichtigkeiten der Kriteriengruppen untereinander sowie die Berechnung der sogenannten *Gruppengewichtungsfaktoren* g_G erfolgt ebenfalls mit Hilfe einer Gewichtungsmatrix nach den in Kapitel 4.5.5 beschriebenen Zusammenhängen. Die Matrix hat jedoch entsprechend der drei Kriteriengruppen

α: Technische Kriterien
β: Wirtschaftliche Kriterien
γ: Psychologische Kriterien

maximal drei Zeilen und drei Spalten (vgl. Bild 4.49).

Ordn. Nr.	α	β	γ	Gewichtungs- faktoren
α	0	0.75	0.60	1.35
β	0.25	0	0.33	0.58
γ	0.40	0.67	0	1.07

$$\Sigma g_G = 3.00$$

Bild 4.49   Gewichtungsmatrix der Kriteriengruppen; eingetragene Wichtigkeiten sind beispielhaft

10   Gesamtbewertung

Nach Vorlage aller Bewertungsergebnisse je Kriteriengruppe und ihren Gruppengewichtungsfaktoren erfolgt die Gesamtbewertung entsprechend folgenden Arbeitsschritten:

10.1 Übertragen der gemäß Bild 4.49 ermittelten Gruppengewichtungsfaktoren in die Gesamtbewertungstabelle (vgl. Bild 4.50, Spalte 3).

10.2 Übertragen der für jede Kriteriengruppe gemäß Bild 4.48 ermittelten normierten Gruppenwertigkeiten in die Gesamtbewertungstabelle (vgl. Bild 4.50, Spalten 4 bzw. 6).

10.3 Berechnen der Gruppenwertungszahlen als Produkt von normierter Gruppenwertigkeit und Gruppengewichtungsfaktor für jede Variante V gemäß

$$w_{GV} = s_{GnV}\, g_G. \tag{4.63}$$

und Eintragen in die Gesamtbewertungstabelle (vgl. Bild 4.50, Spalten 5 bzw. 7).

10.4 Addieren der Gruppenwertungszahlen je Variante V gemäß

$$s_{gesV} = \sum_{Krit.-Gr.} s_{GnV}\, g_G = \sum_{Krit.-Gr.} w_{GV}. \tag{4.64}$$

und Eintragen der Summen in die Gesamtwertigkeitszeile (vgl. Bild 4.50). Diese Summen sind die Bewertungsergebnisse, mit der sich die Varianten letztendlich gegenüberstehen. Sie stellen also die eigentliche *Entscheidungshilfe* nach Abschluß einer Konstruktionsprozeß- oder sonstigen Lösungsprozeßphase dar.

10.5 Gesamtwertigkeiten normieren:

Zur optisch günstigeren Aussage der Ergebnisse gegeneinander wird eine anschließende Normierung der absoluten Bewertungsergebnisse empfohlen, indem die höchste Wertigkeit = 1 (oder 100%) gesetzt wird. Bei einem Vergleich mit der Idealkonstruktion wird auf die höchsterreichbare Wertigkeit normiert. Damit ergibt sich

$$s_{\text{n gesV}} = \frac{s_{\text{gesV}}}{s_{\text{ges max}}} \quad [- \text{ bzw. } \%]. \tag{4.65}$$

10.6 Rangfolge eintragen:

Auch hier dient der Eintrag der Rangfolge R_{gesV} in die Gesamtbewertungstabelle lediglich der übersichtlichen Abstufung der Varianten V.

11 Darstellung der Ergebnisse in Diagrammform

Die nach Kriteriengruppen getrennt vorliegenden Bewertungstabellen ermöglichen ihre grafische Darstellung.

Da die Ergebnisse aller drei Kriteriengruppen vorliegen, bietet sich die Darstellung in einem dreiachsigen Diagramm an. Die eingetragenen Gruppenwertigkeiten entsprechen den normierten Gruppenwertigkeiten und sind Bild 4.50 entnommen. Der Punkt $P_{(100/100/100)}$ gibt die Lage der Idealkonstruktion an.

Beispiel: Bild 4.50 zeigt die Eintragung der Ergebnisse einschließlich derjenigen der qualitativen psychologischen Kriterien gemäß Bild 1.42 aus Kapitel 1. Bei der Normierung erhält die Idealkonstruktion den Wert $S_{\text{ideal ges}} = 1$ (bzw. 100%). Die Vorlage von drei Bewertungskriterien macht ihre Darstellung in einem dreiachsigen Diagramm erforderlich (vgl. Bild 4.51).

Ordn. Nr.	Kriterienarten	Gruppen-gewichtungs-faktor	Varianten V2		V3		Ideal-konstruktion	
			normierte Gruppen-wertigkeit	Gruppen-wertungszahl	normierte Gruppen-wertigkeit	Gruppen-wertungszahl	normierte Zielgruppenwertigkeit	Gruppen zielwertungszahl
1	2	3	4	5	4	5	6	7
α	technische Kriterien	1.35	0.83	1.12	0.68	0.92	1.00	1.35
β	wirtschaftliche Kriterien	0.58	0.62	0.36	0.63	0.37	1.00	0.58
γ	psychologische Kriterien	1.07	0.75	0.80	0.58	0.62	1.00	1.07
Gesamtwertigkeiten			./.	2.28	./.	1.91	./.	3.00
normierte Gesamtwertigkeiten			./.	0.76	./.	0.64	./.	1.00
Rangfolge			./.	2	./.	3	./.	1

Bild 4.50. Gesamtbewertungstabelle mit drei Kriteriengruppen

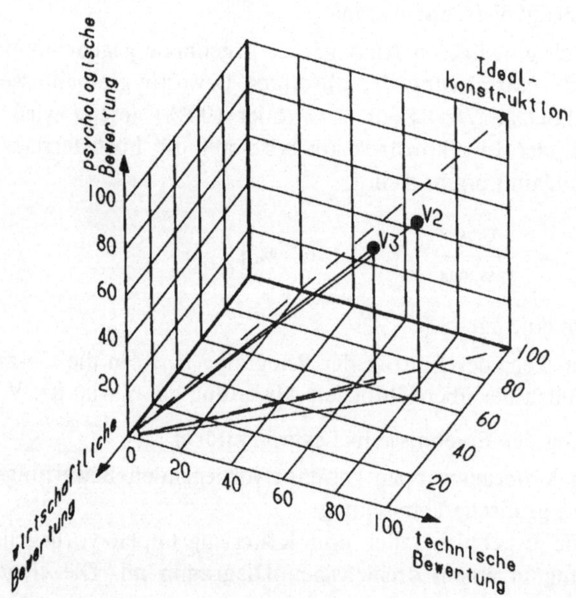

Bild 4.51. Darstellung der Bewertungsergebnisse zum Verschlußmechanismus des
Autoklavdeckels (optimales Entwurfskonzept)

4.7.3 Gesamtbewertung komplexer technischer Systeme

Werden innerhalb eines technischen Systems mehrere Varianten oder Alternativen
von Teilsystemen bewertet, so muß je Teilsystem eine Bewertung stattfinden und in
einer Gesamtbewertung zusammengefaßt werden.

Dabei ergibt sich nicht unbedingt als beste Gesamtlösung die Zusammenfügung
aller bestbewerteten Teillösungen, da deren Zusammenwirken durch physikalische,
chemische oder biologische Effekte negativ beeinflußt werden kann.

In solchen Fällen sind die verschiedenen Kombinationsmöglichkeiten der Teil-
systemvarianten oder Alternativen zu betrachten und aufgrund der Beeinflussungs-
kriterien in der vorgestellten Weise zu bewerten.

Da der Arbeitsaufwand recht groß werden kann, empfiehlt sich der EDV-Einsatz mit entsprechenden Variations- und Bewertungsprogrammen. Die Anwendung
derartiger Programme wied selbstverständlich auch für die normale Bewertungs-
durchführung empfohlen.

4.7.4 Ablaufdiagramm des methodischen Bewertungsablaufes

Bild 4.52 zeigt in schematischer Darstellung die Vorgehensweise bei der Bewertung
eines in sich als abgeschlossen zu betrachtendes technisches System oder jedes seiner Teilsysteme:

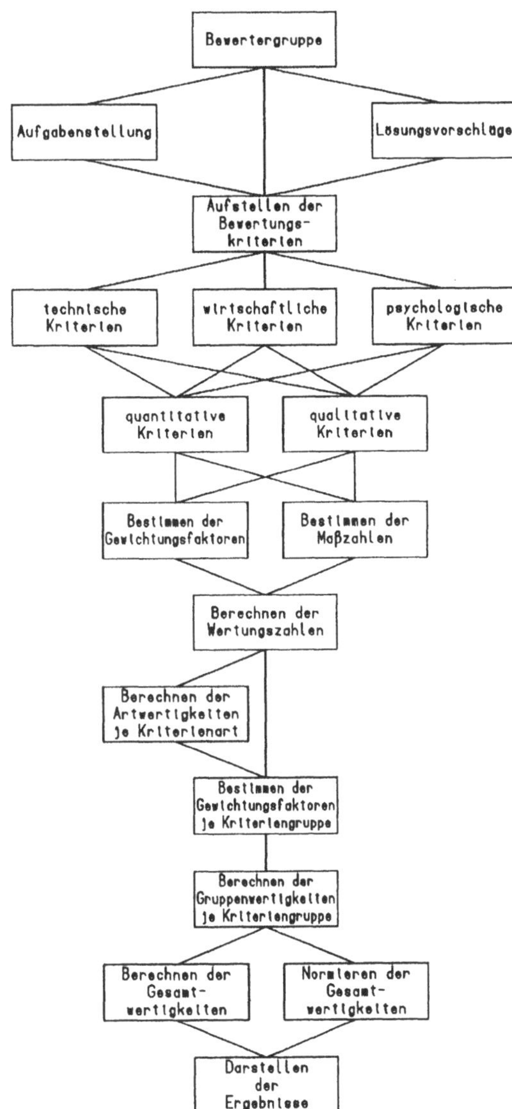

Bild 4.52. Bewertungsablauf

4.8 Weitere Bewertungsverfahren

Außer den bisher beschriebenen Bewertungsverfahren bestehen noch eine Menge anderer, entsprechend ihrem vorgesehenen Einsatz abgewandelter Verfahren.

Eine Erweiterung der in Kapitel 4.7 beschriebenen anforderungsorientierten ge- wichteten Bewertung beinhaltet die Vorgehensweise der gewichteten Bewertung nach [10]. Dieses Verfahren berücksichtigt noch die Möglichkeit, daß gewisse Kri- terien Werte oder Eigenschaften besitzen, die als Zufallsvariable x nur mit einer gewissen *Wahrscheinlichkeit* $p = f(x)$ auftreten. Damit bilden diese sogenannten *probabilistischen* Kriterien eine dritte Kriterienart, womit dieses Verfahren insgesamt folgende drei in der ihm eigenen Terminologie benannten Kriterienarten erfaßt:

1. die *scharfen* oder *deterministischen*, also durch quantitative Werte beschriebenen, Kriterien,
2. die *unscharfen*, also durch qualitative Eigenschaften beschriebenen, Kriterien,
3. die probabilistischen, also durch stochastisch erfaßbare Daten beschriebenen, Kriterien.

Die stochastische Erfassung kann entweder aus Beobachtungen oder Versuchsreihen (z. B. für die Zuverlässigkeit eines Gerätes) bestehen, oder sie erfolgt in Form von Verteilungsfunktionen der Wahrscheinlichkeitsdichte

$$F(x) = f(p) = \int_{x_u}^{x_o} f(x)\mathrm{d}x, \quad x \in \mathbb{R} \tag{4.66}$$

(z. B. für die Lebensdauer eines Gerätes).

Abschließend sollen noch zwei häufig angewendete Verfahren erwähnt werden, die sich insbesondere als wirtschaftlich orientierte Entscheidungshilfen eignen und deshalb betriebswissenschaftlichen Charakter haben. Eine Vertiefung des Wissens auf diesem Gebiet erfordert den Besuch der entsprechenden Vorlesungen sowie das Studium der diesbezüglichen Literatur, beispielsweise [6].

1. Die Kosten-Wirksamkeits-Analyse

Die Kosten-Wirksamkeits-Analyse (*Cost-Effectiveness-Analysis*) ist eine Variante zur Nutzwertanalyse und unterscheidet sich ihr gegenüber dadurch, daß zunächst die Kostenkriterien getrennt von den übrigen Kriterien betrachtet werden. Dieses Teilergebnis sind die unter Berücksichtigung der wirtschaftlichen Kriterien ermittelten *Gesamtkosten*. Die *Kostenwirksamkeit* je Variante ergibt sich dann aus dem Verhältnis der Gesamtkosten zu dem in diesem Verfahren als *Wirksamkeitskennzahl* bezeichneten technischen Nutzwert (Gesamtwertigkeit), also

$$\text{Kosten pro Wirksamkeitspunkt} = \frac{\text{Gesamtkosten}}{\text{Wirksamkeitskennzahl}}$$

Die beste Variante ist diejenige mit den geringsten Kosten pro Wirksamkeitspunkt.

2. Die Kosten-Nutzen-Analyse

Die Kosten-Nutzen-Analyse (*Cost-Benefit-Analysis*) ist eine Bewertungstechnik zur Beurteilung gesamtwirtschaftlicher Vorhaben oder deren gesamtwirtschaftlichen Auswirkungen auf einzelwirtschaftliche Vorhaben [6].

Die wesentlichen anzusetzenden Kriterien sind

— direkte Kosten, die von der Planung über den gesamten Lebenslauf bis hin zur Entsorgung eines technischen Systems anfallen,
— indirekte Kosten, die unbeteiligten Dritten entstehen (z. B. Folgen durch Rohstoffgewinnung in Form von Bergschäden, Forstkahlschlag ..., Folgen durch Stoffverarbeitung in Form von Abgasen, Staub, Lärm ..., Folgen durch Entsorgung in Form von Wasser-, Erd- oder Luftschadstoffen),
— direkter Nutzen durch den Betrieb technischer Systeme (im Sinne der Nutzwertanalyse),
— indirekter Nutzen (z. B. durch vermehrte Arbeitsplätze, verbesserte Arbeitsbedingungen ...),
— Betrachtungszeitraum (z. B. Auswirkungen aus voraussichtlichen Zinssenkungen, Wechselkursentwicklungen, Inflationsraten ...).

Damit ist die Kosten-Nutzen-Analyse auch ein Werkzeug der *Technikfolgen-Abschätzung*, deren Ergebnisse von politisch großer Tragweite sind und eine demgemäße Entscheidungsgröße darstellen (z. B. Aufrechterhaltung der Volksgesundheit, langfristig gesicherte Energieversorgung, Schutzmaßnahmen zur Erhaltung ökologischer Systeme ...).

Die Ergebnisse der Kosten-Nutzen-Analyse sind immer absolute oder - zu statistischen Vergleichszwecken - relative *Geldgrößen*.

5 Die Wertanalyse

5.1 Übersicht

Die *Wertanalyse* (WA) ist eine analytische Arbeitsmethode des Konstruierens. Sie beruht auf systematischem, schöpferischen Denken in *Funktionsstrukturen* mit dem Ziel, die Funktionen von Erzeugnissen, Abläufen, Dienstleistungen usw.

— zu ermitteln,
— zu bewerten,
— zu verbessern,
— zu verbilligen.

Sie kann angewendet werden, um

— neue Produkte bei vorgegebenem Kostenziel zu entwickeln,
— Konstruktionsvarianten oder -alternativen mit reduzierten Kosten gegenüber bestehenden Produkten zu entwickeln,
— die bestehende Produktivität zu steigern,
— den Nutzen für den Kunden zu steigern,
— die Qualität zu erhöhen,
— den Verkaufswert zu erhöhen.

Der Begriff Wertanalyse geht zurück auf eine Arbeit von *Lawrence D. Miles* im Jahre 1947, in der er Maßnahmen zur Senkung von *Materialeinstandspreisen* unter der Bezeichnung *Value Analysis* beschrieb. Zusätzlich prägte er die Begriffe *Value Engineering* für die praktische Nutzanwendung der *Value Analysis* und *Value Control* für deren Leistungsmessung.

Im Jahre 1969 wurde die von einem deutschen Arbeitsausschuß festgeschriebene wertanalytische Vorgehensweise veröffentlicht [29].

5.2 Zielsetzung

Die Zielsetzung der Wertanalyse ist die *Funktionserfüllung* eines technischen Systems durch minimalen Kostenaufwand. Es gilt der wertanalytische Grundsatz:

Nicht so gut als möglich, sondern so gut wie nötig!

5.3 Arbeitsrichtungen

Wertanalytisches Arbeiten läßt sich in drei Richtungen betreiben:

1. Wertgestaltung (*Value Engineering*)

Darunter ist das Entwickeln noch nicht bestehender Produkte, also Neukonstruktionen, bei gegebenen Kostenzielen zu verstehen. Die Vorgehensweise wird voll abgedeckt durch den in Kapitel 1.4 beschriebenen Phasenablauf des Konstruktionsprozesses.

2. Wertverbesserung (*Value Analysis*)

Die Wertverbesserung ist dem Wort gemäß eine Verbesserung bereits geschaffener Werte. Das bedeutet in dem hier behandelten Zusammenhang, daß bereits grundsätzlich ein Konstruktionsergebnis oder ein Produkt vorliegen muß, zu dem Varianten oder Alternativen zu entwickeln sind. Die Ziele einer solchen Entwicklung sind

— die Kosten zu senken,
— den Nutzen zu steigern,
— die Qualität zu erhöhen,
— den Verkaufswert zu erhöhen,
— die Belastung der Umwelt zu vermeiden oder zu vermindern.
  usw.

Die Vorgehensweise entspricht auch hier - allerdings in reduziertem Umfang - dem Ablauf gemäß dem in Kapitel 1.4 beschriebenen Konstruktionsprozeß.

3. Zielwert-Steuerung (*Value Control*)

Sie wird geprägt durch das - möglichst frühzeitige - Festlegen der Kostenziele und die laufende Kontrolle und Berichterstattung über die Einhaltung dieser Kostenziele während der Wertgestaltung bzw. der Wertverbesserung.

5.4 Beschreibung der Arbeitsmethode

Die im Hinblick auf die Zielsetzung der Wertanalyse bekanntesten und wirksamsten Maßnahmen wurden zu der in Bild 5.1 dargestellten Arbeitsmethode zusammengefaßt. Innerhalb dieser Methode wird unterschieden in

— vorbereitende Maßnahmen,
— Vorgehen nach Arbeitsplan.

Außer den bereits bekannten Begriffen und Vorgehensweisen des Konstruktionsprozesses unterteilt die Wertanalyse den Begriff *Funktionen* in

— *Hauptfunktionen,*
— *Nebenfunktionen,*
— *unnötige Funktionen.*

— Vorbereitende Maßnahmen:

- — Auswahl des zu untersuchenden Erzeugnisses
- — Festlegung des Kostenziels
- — Bildung der Arbeitsgruppe
- — Terminplanung

— Vorgehen nach Arbeitsplan:

Informations- phase	Grundschritt 1	Ermittlung des Ist-Zustandes	Informationsbeschaffung und Beschreibung des Erzeugnisses
			Funktionsbeschreibung
			Ermittlung der Funktionskosten
	Grundschritt 2	Prüfung des Ist-Zustandes	Prüfung der Funktionserfüllung
			Prüfung der Kosten
Schöpferische Phase	Grundschritt 3	Ermittlung von Lösungen	Suche nach allen denkbaren Lösungen
Bewertungs- phase	Grundschritt 4	Prüfung der Lösungen	Technische Überprüfung
Untersuchungs- und Planungs- phase			Prüfung auf Wirtschaftlichkeit
Vorschlags- und Einführungsphase	Grundschritt 5	Vorschlag und Einführung	Auswahl der Lösungen
			Empfehlung einer Lösung
			Verwirklichung

Bild 5.1. Arbeitsmethode der Wertanalyse (nach [29])
(die linken Kästchen entsprechen einer Einteilung aus der
amerikanischen Literatur)

Hauptfunktionen kennzeichnen die eigentliche Aufgabe des zu untersuchenden technischen Systems.

Beispiel: Glühlampe: „Licht spenden".

Nebenfunktionen (auch *Hilfsfunktionen* genannt) kennzeichnen weitere notwendige Aufgaben, die zur Erfüllung der Hauptaufgabe beitragen.

Beispiel: Glühlampe: „Stromzuführung ermöglichen".

Unnötige Funktionen sind vom Kunden nicht verlangte, jedoch physikalisch, chemisch oder biologisch unabwendbare Funktionen.

Beispiel: Glühlampe: „Wärme erzeugen".

Die Erfassung dieser Funktionen und deren Auswirkung auf

— Kosten,
— Nutzen,
— Qualität,
— Verkaufswert (Geltungswert),
— Umweltbelastung
  usw.

geschieht unter Grundschritt 1 und 2 und stellt die Kernarbeit der Wertanalyse dar.

Variation mindestens eines geometrischen Merkmals oder einer Eigenschaft in einem funktionellen Bereich. Diese Maßnahme führt nicht unmittelbar zu einer Erhöhung der Stückzahl als Voraussetzung für eine Kostensenkung. Allerdings bestehen mehrere konstruktive Maßnahmen, durch die ein großer Teil der kostensenkenden bzw. gewinnerhöhenden Vorteile großer Stückzahlen erhalten bleiben. Abhängig vom Umfang der Variationen ergeben sich:

Baureihen,	wenn ein Produkt bei gleichbleibenden Merkmalen und gleichbleibenden Funktionseigenschaften in einem gestuften Größenbereich von Geometrie, Leistung usw. zu entwickeln ist;
Baukastensysteme,	wenn ein Produkt bei gleichbleibenden Funktionseigenschaften mit unterschiedlichen Merkmalen oder Eigenschaften zu variieren ist;
Typenreihen,	wenn ein Produkt unter Beibehaltung der Grundfunktionen bei unterschiedlichen Teilfunktionseigenschaften in gestuften Größenbereichen von Geometrie, Leistung usw. zu variieren ist.

In allen drei Fällen müssen der Kostenvorteil und die Fertigungskontinuität großer Stückzahlen soweit wie möglich erhalten bleiben. Außerdem muß das Ersatzteilwesen für die Zeit der zu veranschlagenden Lebensdauer derartiger Produkte gewährleistet sein.

Werden diese Forderungen eingehalten, so ist sowohl dem Kundenanspruch auf Vielfalt des Angebotes als auch dem Unternehmensanspruch auf Marktstabilität stattgegeben.

Im folgenden werden die Gesetzmäßigkeiten beschrieben, nach denen Baureihen, Baukastensysteme und Typenreihen erfolgreich entwickelt werden.

6.2 Baureihen

6.2.1 Definition

Unter einer Baureihe werden technische Systeme verstanden, die

— dieselbe Funktion
— mit demselben Lösungsprinzip
— in mehreren Größenstufungen
— bei gleichbleibender Werkstoffausnutzung
— bei möglichst gleichbleibendem Wertstoff
— bei möglichst gleicher Fertigungstechnologie

in einem weiten Anwendungsbereich erfüllen.

Das kennzeichnende Merkmal von Baureihen ist die Abstufung geometrischer Größen. Um den aus der geometrischen Abstufung sich ergebenden Umfang eines Sortimentes in wirtschaftlich vertretbarem Rahmen zu halten, ist die Anwendung

6 Baureihen, Baukastensysteme und Typenreihen

6.1 Zweck und Anwendung

Die Entwicklungsplanung eines neuen oder verbesserten bestehenden Produktes erfordert zunächst die Klärung der anzuwendenden Marktstrategie. Die wichtigste abzuklärende Frage lautet:

Werden mit dem neuen oder verbesserten Produkt *die* Gewinne erzielt, die - evtl. zusammen mit bereits bestehenden Produktprogrammen - zur Erhaltung der Firma, ihrer Stabilität und ihres zukünftigen Wachstums erforderlich sind?

Diese Frage kann nur aufgrund einer Kostenschätzung bearbeitet werden, in die folgende, größtenteils bereits in den vorangegangenen Kapiteln erwähnten Informationen einfließen müssen:

— Mindestlaufzeit des Marktangebotes
— Mindestlaufzeit der Produktion
— Dauer der Garantieübernahme
— Definition des Garantieumfanges und daraus
— Mindestlaufzeit der Ersatzteilproduktion
— Mindeststückzahl und daraus resultierend, ob
  — Einzelfertigung (z. B. spezielle Fertigungsmittel, Satelliten)
  — Kleinserie (z. B. Spezialtransporter)
  — Serie (z. B. Druckereimaschinen)
  — Großserie (z. B. Personenkraftwagen)
  — Massenfertigung (z. B. Schrauben)
— Stückzahl pro Zeiteinheit (*Losgröße*)

Die Beschaffung dieser Informationen ist normalerweise Bestandteil einer *Marktanalyse* und damit eine der Hauptaufgaben des Arbeitsgebietes *Marketing*.

Die größte Bedeutung kommt der Stückzahl zu, denn sie ist ein wichtiges Maß für den wirtschaftlichen Erfolg einer Firma. Die Schätzung der Stückzahl spiegelt den voraussichtlichen, aufgrund einer Marktanalyse vorhergesagten Verkaufserfolg wider. Es müssen also Maßnahmen ergriffen werden, die zu möglichst hohen Stückzahlen führen, denn eine Erhöhung der Stückzahl eines in *allen* Merkmalen und Eigenschaften gleichbleibenden Produktes bewirkt eine Verminderung der Stückkosten und damit der Marktpreise bzw., bei unverändertem Marktpreis, eine Erhöhung des Gewinns.

Wird der Einsatzbereich eines Produktes erweitert, vergrößert sich aller Voraussicht nach auch der Kundenkreis. Eine solche Erweiterung bedeutet allerdings die *dezimalgeometrischer Normzahlreihen* zweckmäßig. In vielen Fällen zieht die Änderung *einer* geometrischen Größe die Änderung zumindest eines Teils der übrigen geometrischen Größen nach sich. Sollen Werkstoffausnutzung und Werkstoffe gleich bleiben, ist für die Bestimmung zumindest der beanspruchungsabhängigen Größen die Anwendung von *Ähnlichkeitsgesetzen* unumgänglich. Mit dieser Forderung ist die Abstufung einer ausgewählten, die Baureihe charakterisierenden geometrischen Größe nur dann statthaft, wenn Ähnlichkeitsgesetze dies zulassen.

6.2.2 Dezimalgeometrische Normzahlreihen

Normzahlreihen sind geometrische Reihen. Sie bilden die allgemeine Grundlage für die Wahl einer einheitlichen praktischen und wirtschaftlichen *Stufung* technischer und physikalischer Größen wie Maße, Drehzahlen, Drücke, Leistungen usw..

Die Stufung erfolgt generell in Form *dezimalgeometrischer Normzahlreihen*. Diese entstehen durch Vervielfachung einer Basis mit einem konstanten *Stufensprung* φ und werden jeweils innerhalb eines Stufenbereiches $\frac{a_n}{a_0}$ entwickelt. In der Regel beträgt der Stufenbereich eine Dekade. Der konstante Stufensprung φ wird auch als *Invariante* bezeichnet. Mit der Stufenzahl n innerhalb einer Dekade errechnet sich der Stufensprung aus

$$\varphi = \sqrt[n]{\frac{a_n}{a_0}} = \sqrt[n]{10} \; . \tag{6.1}$$

Die sich daraus ergebende Reihe wird *Grundreihe* genannt. Die k-te Normzahl aus einer Normzahlgrundreihe ergibt sich dementsprechend aus

$$N_k = \varphi^k = \left(\sqrt[n]{\frac{a_n}{a_0}} \right)^k . \tag{6.2}$$

Die Anzahl der Glieder einer Reihe beträgt

$$z = k + 1 . \tag{6.3}$$

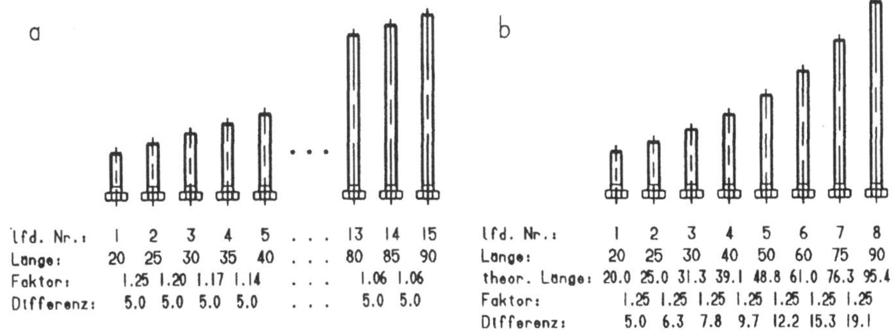

lfd. Nr.:	1	2	3	4	5	. . .	13	14	15
Länge:	20	25	30	35	40	. . .	80	85	90
Faktor:	1.25	1.20	1.17	1.14		. . .	1.06	1.06	
Differenz:	5.0	5.0	5.0	5.0		. . .	5.0	5.0	

lfd. Nr.:	1	2	3	4	5	6	7	8
Länge:	20	25	30	40	50	60	75	90
theor. Länge:	20.0	25.0	31.3	39.1	48.8	61.0	76.3	95.4
Faktor:		1.25	1.25	1.25	1.25	1.25	1.25	1.25
Differenz:		5.0	6.3	7.8	9.7	12.2	15.3	19.1

Bild 6.1.   Längenstufung einer Sechskantschraube M6 VSM 13 201 von $l = 20$ bis 90 mm
a) bei konstantem Längenzuwachs
b) bei konstantem Stufensprung

Tabelle 6.1 zeigt die Hauptwerte der dezimalgeometrischen Normzahlreihen. Neben den Grundreihen bestehen noch abgeleitete Reihen, bei denen nur jedes k-te Glied der jeweiligen Grundreihe verwendet wird. Der entsprechende Stufensprung errechnet sich aus

$$\varphi = 10^{\frac{k}{n}} . \qquad (6.4)$$

Grundreihe	R 5	k	R 10	k	R 20	k	R 40	k
Stufenzahl n	5		10		20		40	
Stufensprung φ	$\sqrt[5]{10} = 1.6$		$\sqrt[10]{10} = 1.25$		$\sqrt[20]{10} = 1.12$		$\sqrt[40]{10} = 1.06$	
Normzahlen N	1	0	1	0	1	0	1	0
							1.06	1
					1.12	1	1.12	2
							1.18	3
			1.25	1	1.25	2	1.25	4
							1.32	5
					1.4	3	1.4	6
							1.5	7
	1.6	1	1.6	2	1.6	4	1.6	8
							1.7	9
					1.8	5	1.8	10
							1.9	11
			2	3	2	6	2	12
							2.12	13
					2.24	7	2.24	14
							2.36	15
	2.5	2	2.5	4	2.5	8	2.5	16
							2.65	17
					2.8	9	2.8	18
							3	19
			3.15	5	3.15	10	3.15	20
							3.35	21
					3.55	11	3.55	22
							3.75	23
	4	3	4	6	4	12	4	24
							4.25	25
					4.5	13	4.5	26
							4.75	27
			5	7	5	14	5	28
							5.3	29
					5.6	15	5.6	30
							6	31
	6.3	4	6.3	8	6.3	16	6.3	32
							6.7	33
					7.1	17	7.1	34
							7.5	35
			8	9	8	18	8	36
							8.5	37
					9	19	9	38
							9.5	39

Tabelle 6.1. Hauptwerte der dezimalgeometrischen Normzahlreihen (vgl. [22])

6.2.3 Ähnlichkeitsgesetze

Ähnlichkeit ist vorhanden, wenn das Verhältnis mindestens einer, bei technischen Systemen in der Regel physikalischen, Größe zwischen einem *Grundentwurf* und den daraus hergeleiteten Folgeentwürfen konstant bleibt. Dies gilt für alle physikalischen Grundgrößen, aus denen sich geometrische, kinematische, statische, dynamische, thermische, photometrische und andere Ähnlichkeiten bestimmen lassen.

1. Geometrisch ähnliche Baureihen

Bei technischen Systemen ist die Ähnlichkeit bei konstanter Beanspruchung die bedeutendste, da hier hauptsächlich Trägheitskräfte, also Massen-, Beschleunigungs- und Zentrifugalkräfte, sowie *elastische* Kräfte aus dem Spannungs-Dehnungs-Zusammenhang auftreten.

Zum besseren Verständnis der Ähnlichkeitsgesetze wird im folgenden deren Anwendung anhand geometrischer Ähnlichkeiten gezeigt. Diese ist gegeben, wenn das Verhältnis aller jeweiligen Längen bei den Folgeentwürfen der Baureihe zum Grundentwurf konstant bleibt. Die Invariante ist dabei der Stufensprung φ_L, der sich zwischen 1. Folgeentwurf und Grundentwurf aus

$$\varphi_L = \frac{L_1}{L_0} \tag{6.5}$$

ergibt. Für den k-ten Folgeentwurf gilt dann

$$\varphi_L{}^k = \frac{L_k}{L_{k-1}} \cdot \ldots \cdot \frac{L_1}{L_0}. \tag{6.6}$$

Da definitionsgemäß die Stufung einer Baureihe eine gleichbleibende Werkstoffausnutzung bei möglichst gleichbleibendem Werkstoff voraussetzt, muß bei allen Gliedern die Bedingung

$$\sigma = \varepsilon \cdot E = \text{const.} \tag{6.7}$$

erfüllt werden. Damit ergibt sich zwischen Grund- und Folgeentwürfen der auf die Spannungen und Dehnungen bezogene Stufensprung

$$\varphi_\sigma = \frac{\sigma_1}{\sigma_0} = \frac{\varepsilon_1}{\varepsilon_0} \frac{E_1}{E_0} = 1 = \varphi_L{}^0 \tag{6.8}$$

und daraus $\varphi_E = \dfrac{\varphi_1}{\varphi_0} = 1$ und $\varphi_\varepsilon = \dfrac{\varepsilon_1}{\varepsilon_0} = 1$. Infolge $\varepsilon = \dfrac{\Delta L}{L}$, also

$$\varphi_\varepsilon = \frac{\Delta L_1}{\Delta L_0} \frac{L_0}{L_1} = 1 \tag{6.9}$$

gilt, daß auch die Längenänderungen ΔL mit der Länge L linear wachsen müssen, also gilt $\varphi_{\Delta L} = \varphi_L$. Diese Bedingung wird nach dem französischen Mathematiker *Cauchy* (1789 - 1857) auch *Cauchy*-Bedingung genannt.

Infolge der gleichbleibenden Werkstoffausnutzung, also gleichbleibender Spannungen, ergibt sich der Stufensprung einer elastischen Kraft F_E aus

$$\varphi_{F_E} = \frac{\sigma_1}{\sigma_0} \frac{A_1}{A_0} = \varphi_\sigma \cdot \varphi_A. \tag{6.10}$$

Mit $A_1 : A_0 = L_1{}^2 : L_0{}^2$ ergibt sich

$$\varphi_{F_E} = \varphi_L{}^2 . \tag{6.11}$$

In analoger Weise ergibt sich der Stufensprung einer Trägheitskraft F_T aus

$$\varphi_{F_T} = \frac{m_1}{m_0} \frac{a_1}{a_0} = \frac{\rho_1 \, V_1 \, a_1}{\rho_0 \, V_0 \, a_0} . \tag{6.12}$$

Infolge $V_1 : V_0 = L_1{}^3 : L_0{}^3$ ergibt sich

$$\varphi_V = \varphi_L{}^3 \tag{6.13}$$

und mit $a = \dfrac{L}{t^2}$

$$\varphi_a = \frac{\varphi_L}{\varphi_t{}^2} . \tag{6.14}$$

Bei gleichem Werkstoff wird $\varphi_\rho = \dfrac{\rho_1}{\rho_0} = 1.$ Damit ergibt sich

$$\varphi_{F_T} = \varphi_\rho \, \varphi_V \, \varphi_a = \frac{\varphi_L{}^4}{\varphi_t{}^2} . \tag{6.15}$$

Damit ist eine Abhängigkeit zwischen Trägheits- und elastischen Kräften gegeben. Sind Geschwindigkeiten und Längen proportional, d. h. ist $\varphi_t = \varphi_L$, so ist auch eine dynamische Ähnlichkeit gegeben. In diesem Fall wird

$$\varphi_{F_T} = \varphi_L{}^2, \tag{6.16}$$

womit sich auch der Stufensprung der Geschwindigkeiten v aus

$$\varphi_v = \frac{\varphi_L}{\varphi_t} = 1 \tag{6.17}$$

ergibt.

In gleicher Weise lassen sich alle übrigen statischen, dynamischen usw. Ähnlichkeitsbeziehungen zur Entwicklung einer dezimalgeometrischer Baureihen herleiten (vgl. [1]).

2. Halbähnliche Baureihen

Sofern andere physikalischer Größen als die elastische oder die Trägheitskraft im Vordergrund stehen, können die geometrischen Ähnlichkeiten unter Umständen nicht konsequent eingehalten werden. Dies trifft beispielsweise zu bei der Berücksichtigung von

— Schwerkraft (Längenänderung oder Durchbiegung),
— Temperatur (Ausdehnung),
— Feuchtigkeit (Quellung)

Aber auch ergonomische oder wirtschaftliche Anforderungen können Kompromisse bei der Einhaltung der Ähnlichkeitsgesetze erforderlich machen.

Sofern bei der Entwicklung von Baureihen derartige Einflüsse berücksichtigt werden müssen, ergeben sich *halbähnliche Baureihen*.

6.3 Baukastensysteme

6.3.1 Definition und Bildungsgesetze

Sind zusätzlich zur Größenstufung einer als Baureihe entwickelten Produktfamilie weitere, jedoch teilweise unterschiedliche Eigenschaften gefordert oder/und Nahtstellen zu berücksichtigen, ist ein *Baukastensystem* zu entwickeln. Als Sonderfall der Variantenkonstruktion wird diese Maßnahme auch als *Baukastenkonstruktion* bezeichnet.

Unter Baukastensystem wird das Konstruktionsprogramm einer Teilegruppen- oder Maschinenreihe verstanden, in dem alle Glieder aus einer möglichst großen Menge gleicher *Konstruktionsbausteine* bestehen, also einem *Baukasten* entsprechen.

Diese Definition läßt sich durch die von *Georg Cantor* (1845 - 1918) begründete Theorie der sogenannten *Cantor'schen* Mengenlehre und der bildlichen Darstellung mit dem nach *John Venn* (1834 - 1923) benannten *Venn- Diagramm* verdeutlichen.

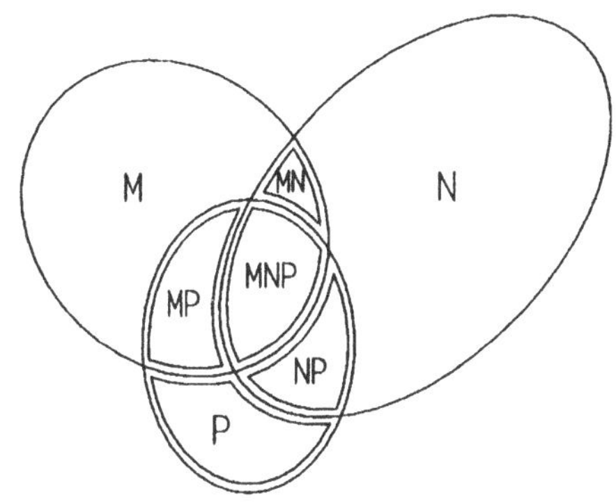

Bild 6.2. *Venn-Diagramm*

Bild 6.2 zeigt ein solches, auf die grundsätzlichen Merkmale von Baukastensystemen hinweisendes Diagramm. Darin sind M, N und P die jeweiligen *Mengen aller* Konstruktionsbausteine der verschiedenen *Typen* einer Typenreihe (vgl. Kapitel 6.4). Die *Durchschnittsmenge* MNP der Mengen M, N und P beinhaltet *die* Konstruktionsbausteine, die bei *allen* Typen gleich sind, also MNP $\subset$ M,

MNP ⊂ P. Die *Durchschnittsmengen* MN, MP und NP beinhalten *diejenigen* Konstruktionsbausteine, die jeweils bei nur zwei Typen gleich sind usw.. Die Häufigkeit gleicher Konstruktionsbausteine in den einzelnen Durchschnittsmengen ist symbolisiert durch die Größe der skizzierten Flächenanteile. Nur die den jeweiligen Typ kennzeichnenden, leistungsabhängigen Teile oder Teilegruppen, also die Mengen M, N und P, unterscheiden sich von den allgemeinen *Bausteinen* und sind von Fall zu Fall neu zu überdenken bzw. auszulegen und zu konstruieren.

Die Beachtung der ökonomischen Grundprinzipien des Konstruierens, nämlich „mit geringsten Mitteln das gegebene Ziel zu erreichen!" bzw. „mit gegebenen Mitteln das äußerst Mögliche zu erreichen!", machen den Vorteil der Baukastenkonstruktion bei einer dem Kunden angebotenen Typenreihe offensichtlich.

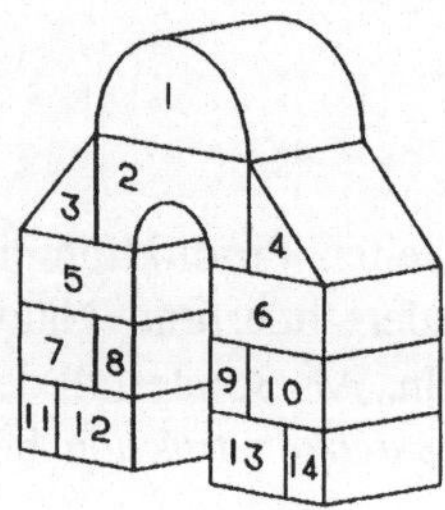

Bild 6.3. Grundkonfiguration (*Basistyp*)

Das Grundprinzip eines Baukastensystems und die ihm zugrundeliegende Philosophie läßt sich am geeignetsten durch die symbolischer Darstellung einer allgemeinen Teilegruppe (vgl. Bild 6.3) und die möglichen Abwandlungen ihrer Einzelteile verdeutlichen. In dieser Teilegruppe sind offensichtlich keine weiteren als nur geometrische Anforderungen zugrundegelegt, denn die hier durchgeführten Erweiterungen bzw. Änderungen sind nur möglich, wenn die einzelnen Bausteine massenlos angenommen werden. Würden sie mit Massen behaftet, also mit Materialeigen-

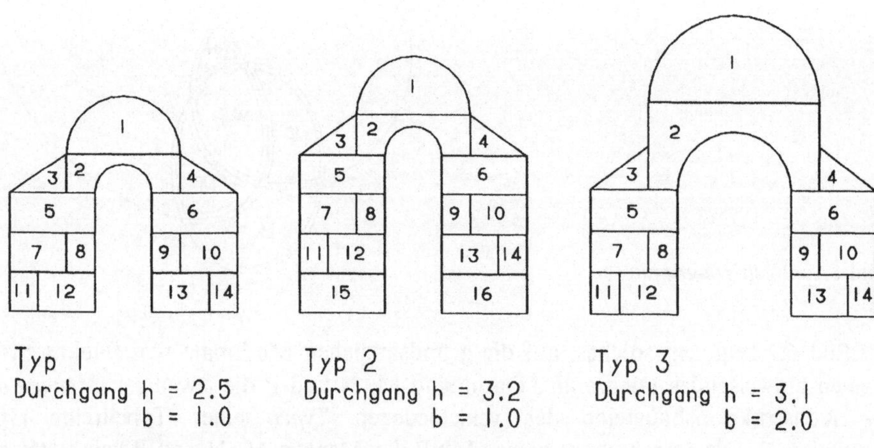

Bild 6.4. Typenreihe

schaften versehen sein, so müßten z. B. bei Typ 2 die Druckfestigkeit der Bausteine 15 und 16 und bei Typ 3 die Biegesteifigkeit des Bausteins 2 sowie die Druckfestigkeit der Bausteine 5 bis 14 (infolge der vergrößerten Massen der Bausteine 1 und 2) nachgewiesen werden.

Es ist ersichtlich, daß die gegenüber Fall 1 geänderten Fälle 2 und 3 *keinen* Einbruch in das gewählte *Baukastenkonzept* ergeben haben.

Anders verhält es sich bei den in Bild 6.5 abgebildeten Typen. Hier wurden grundsätzliche Vereinbarungen des modularen Aufbaues und der Grundeigenschaften des Bausteinmaterials durchbrochen. Bei Typ 4 wurde die Geometrie der Bausteine 6 und 13 unvereinbar geändert, bei Typ 5 wurde das erforderliche Bausteinmaterial nicht eingesetzt. Baustein 2 erfüllt also nicht die Festigkeitsanforderungen und die Bausteine 11 und 12 erfüllen nicht die Steifigkeitsanforderungen.

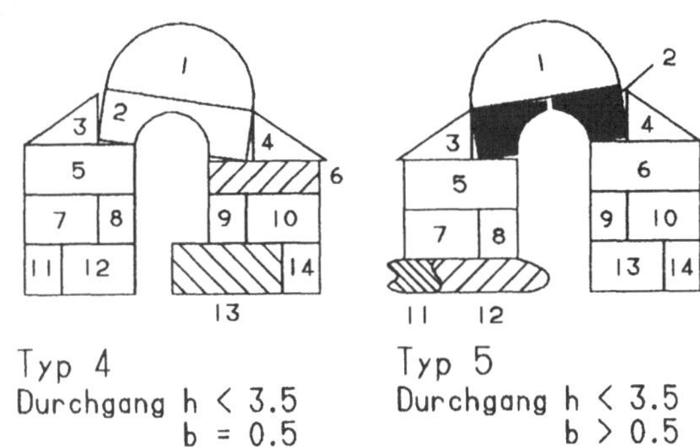

Bild 6.5. Änderungen innerhalb einer Typenreihe

Wiederum anders verhält es sich bei der Bausteinänderung des Typs 6 (vgl. Bild 6.6), denn da der Durchgang identisch ist gegenüber demjenigen des Types 1, kann davon ausgegangen werden, daß die äußere Geometrie (äußere Nahtstellen) sowie das Material (innere Nahtstellen) und damit dessen Festigkeit, Steifigkeit,

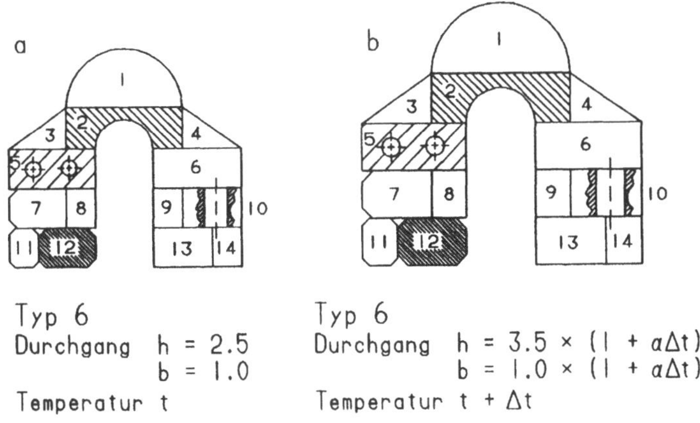

Bild 6.6. Änderungen eines Types

Stabilität, Temperaturverhalten usw. gegenüber dem Basistyp unverändert geblieben sind. Eine Temperaturerhöhung Δt hat, wie in Bild 6.6 b gezeigt, zwar zu Gesamtverschiebungen geführt, die relative Zuordnung der Körperpunkte zueinander ist jedoch erhalten geblieben. Es wurden also offensichtlich nur Änderungen vorgenommen, die das Baukastenkonzept nicht störend beeinflussen.

Aus all diesen Modellbetrachtungen lassen sich die nachfolgend beschriebenen Grundsätze zur Erreichung eines *stabilen* Baukastensystems herleiten.

6.3.2 Grundsätze zur Baukastenentwicklung

Für den Fall einer beabsichtigten Baukastenentwicklung sind folgende Gesichtspunkte und Regeln zu beachten:

— Baukastenentwicklungen sollten nicht ohne eine vorausgegangene Marktanalyse in Angriff genommen werden.

— Vor Beginn der Entwicklung muß das Baukastensystem eindeutig beschrieben und durch Spezifikationen eingegrenzt werden. Dies gilt
  – für die vollständige, nach dem Baukastenprinzip geplante Typenreihe,
  – für jedes zugehörige Bauteil und jede zugehörige Bauteilgruppe,
  – insbesondere für *Zulieferteile* und deren Nahtstellen. Die Verwendung von Zulieferteilen ist besonders sorgfältig zu prüfen, technische Garantien und Lieferfristen sind vertraglich abzusichern.

— Für jeden *Baustein* des geplanten Baukastensystems müssen die inneren und die äußeren Nahtstellen einschließlich der Toleranzen festgelegt werden, also z. B.:

Innere Nahtstellen: Werkstoff, Werkstoffzustand

mechanische und elektrische Eigenschaften

Belastungsgrenzen in Bezug auf
  – Spannungen
  – Verformungen
  – Stabilität

Äußere Nahtstellen: Geometrie einschließlich Toleranzen.

Anschlußflächen und -geometrien zu anschließenden Bausteinen einschließlich Toleranzen.

Oberflächenbeschaffenheit wie beispielsweise
  – Rauhigkeit
  – Härte
  – galvanischer Oberflächenschutz
  – Anstrich

physikalische Nahtstellen
  – zulässige Erwärmung bzw. Abkühlung
  – Magnetismus
  – Übertragung der gewünschten Bewegungsgrößen einschließlich Schlupf.

— Eindeutige Gliederung (*Erzeugnisgliederung*) des Basistyps unter Kennzeichnung von nichtvariablen *Grundbausteinen* (z. B. tragende Bauteile) und typenabhängigen *Hilfsbausteinen*, *Sonderbausteinen* und *Anpaßbausteinen* (vgl. Bild 6.9).
Teile bzw. Teilegruppen mit langen Lieferfristen oder hohen *Mindermengen* (Mindestabnahmemengen) sollten - auch wenn dies seitens technischer Forderungen nicht notwendig ist - den Basisteilen zugeordnet werden.

— Einbeziehung der Prozeduren des Freigabe- und Änderungswesens.

— *Konzessionsbereitschaft* zu Konstruktionskompromissen bei ähnlichen Bauteilen gleichen oder ähnlichen Verwendungszweckes.

Beispiele:

a) Bei der in Bild 6.7 gezeigten Anordnung zweier Gußgehäuse zur beidseitigen Lagerung einer Welle wird nur auf der *linken* Seite ein vergrößertes Anschlußauge für den Anbau eines Aggregates benötigt.

Bild 6.8 zeigt die Kompromißlösung, in der auf der *rechten* Seite ebenfalls ein vergrößertes - jedoch ungenutztes - Anschlußauge vorhanden ist. Trotz der mit dieser Lösung verbundenen größeren Masse ist der Vorteil bezüglich

— Konstruktionsaufwand
— Modellkosten
— Herstellkosten
— Lagerhaltung und Ersatzteilwesen
— Logistik

nicht zu übersehen. Allerdings sind der Massenzunahme, insbesondere bei der Entwicklung von Verkehrssystemen, Grenzen gesetzt.

b) Eine Familie von Grubenlokomotiven der Zuglastreihe

— 10-to
— 16-to
— 40-to (= Maximalzuglast)

soll als Baukastensystem entwickelt werden. Ein Baukastenelement ist die Wagenkupplung. Sie wird für die 40-to-Lok ausgelegt und bei allen übrigen Typen eingesetzt, zumal sie keinen großen Anteil an der Gesamtmasse einer Grubenlokomotive hat.

— Baukastenentwicklungen verlangen ein besonderes Maß an *Konstruktionsdisziplin* durch alle Hierarchieebenen eines Unternehmens.

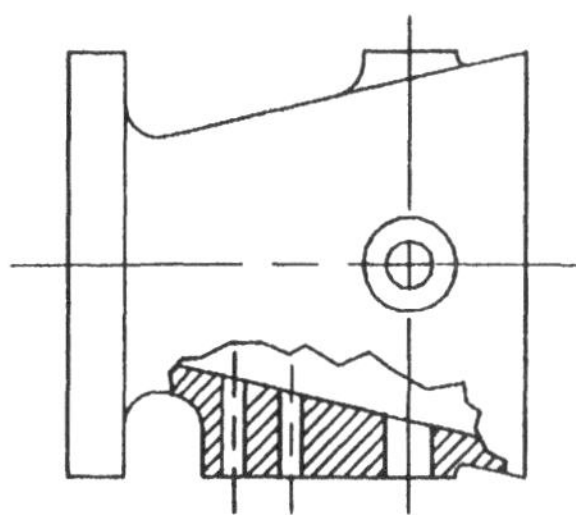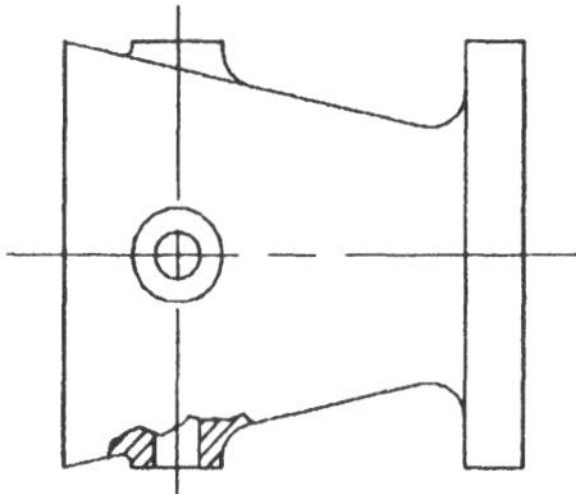

Bild 6.7. Gußgehäuse, rechte und linke Ausführung

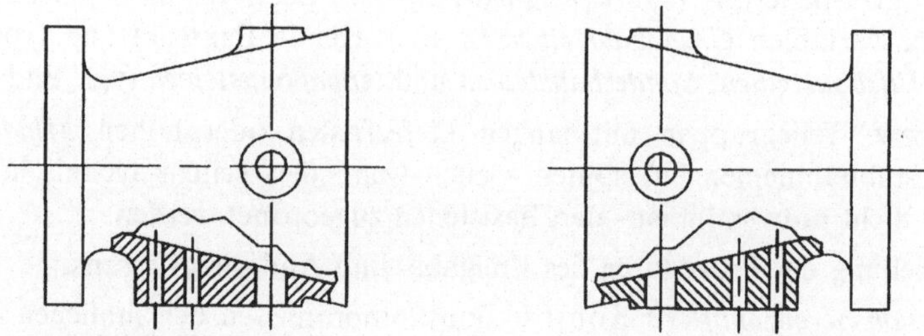

Bild 6.8. Kompromißlösung, linke Ausführung ist gleich rechter Ausführung

— Werden Baukastensysteme aufgrund eines Auftraggeberwunsches entwickelt,
  liegt also eine Auftragsentwicklung vor, so gelten zusätzlich folgende Gesichtspunkte:
    — „Wichtiger als die Zeichnung ist der Vertrag!"
    — Deshalb sollten die baukastenspezifischen Bauunterlagen nach ihrer Fertig-
      stellung unter Mitwirkung des Auftraggebers freigegeben werden und in je-
      dem Fall dem Änderungswesen unterliegen.
    — Vorbeugend sollen zu allen äußeren und inneren Nahtstellen der Baukasten-
      elemente rechtzeitige Überlegungen zu möglichen Änderungen und deren
      Konsequenzen für das Baukastenprinzip durchgeführt und dokumentiert
      werden.
    — Äußere Nahtstellen sind für das gesamte Baukastensystem in Form von
      Nahtstellenzeichnungen festzulegen.
    — Äußere Nahtstellen dürfen nach der Einführung eines Baukastensystems,
      d. h. während der Nutzungsphase, nicht geändert werden!
    — Innere Nahtstellen dürfen während der Nutzungsphase nur dann geändert
      werden, wenn sie keinen Einfluß auf äußere Nahtstellen haben.

6.3.3 Baukasten- und Mischsysteme

Technische Systeme haben in der Regel Gesamtfunktionen zu erfüllen, die sich bekanntlich in Teilfunktionen unterteilen lassen. Bei der Entwicklung von Baukastensystemen ist folgende Unterteilung zweckmäßig:

— Grundfunktionen
— Hilfsfunktionen
— Sonderfunktionen
— Anpaßfunktionen

Entsprechend der Erfüllung dieser Funktionen lassen sich auch die Bausteine
einteilen und nach den Grundsätzen der Baukastenentwicklung in das Gesamtsy-
stem eingliedern (vgl. Bild 6.9).

Je nachdem, ob ein Baustein in allen Varianten oder Alternativen eines Baukastensystems erforderlich oder nur erwünscht ist, wird die Gesamtheit aller Bausteine
in der Praxis häufig in *Muß*- oder *Kann-Bausteine* eingeteilt.

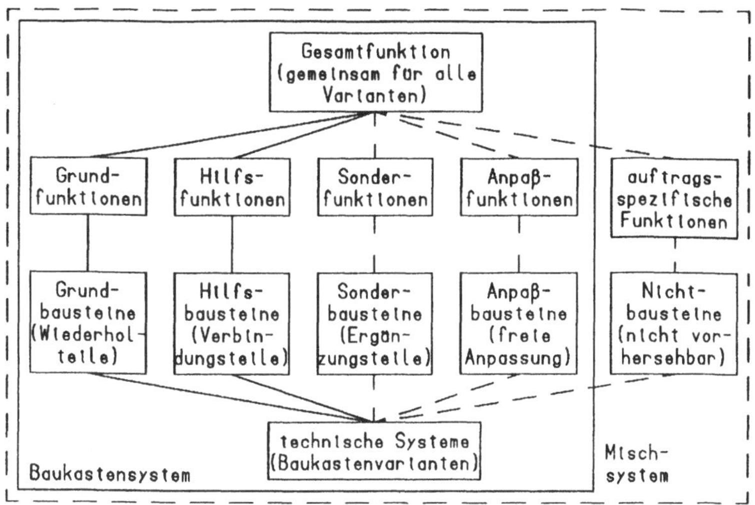

Bild 6.9. Funktions- und Bausteinarten bei Baukasten- und Mischsystemen(nach [14])

Die im vorangegangenen Kapitel behandelten Grundsätze zur Baukastenentwicklung schließen nicht aus, daß innerhalb von Baukastensystemen Kompromisse aufgrund von Auftraggeberwünschen geschlossen werden müssen, die den Definitionen eines reinen Baukastensystems widersprechen. Kompromisse zur Erfüllung auftragsspezifischer Funktionen werden durch *Nichtbausteine* verwirklicht. In einem solchen Fall wird das Baukastensystem zu einem *Mischsystem* (vgl. Bild 6.9).

6.3.4 Vorgehensweise bei der Einführung eines Baukastensystems

Voraussetzung: Der Marktbedarf ist vorhanden!

1. Marktsichtung

— um Typengrenzen zu erkennen (d. h., bis zu welcher Größenordnung ist ein Marktbedarf vorhanden)
— um Planzahlen zu ermitteln (Kundenbefragung oder/und Konkurrenzbeobachtung und Auswertung der Ergebnisse)

2. Basistyp bzw. Basiskonzept definieren

— als Prinzipskizze
— als Konzeptbeschreibung

3a. Funktionsgruppen- bzw. Baugruppenübersicht für den Basistyp erstellen

oder, falls bereits Variantenwünsche eines oder mehrerer Kunden bekannt sind,

3b. Funktions- bzw. Konstruktionsbausteine für das Basiskonzept erstellen

Die Funktions- bzw. Konstruktionsbausteine sollten in Form eines sogenannten *Produktstammbaumes* geplant werden. Aus diesem läßt sich anschließend für jede Variante eine Erzeugnisgliederung erstellen.

4. Typen bzw. Typenreihe festlegen

beispielsweise nach folgenden Gesichtspunkten:

— Funktion
— Leistung
— Geometrie

oder nach folgenden Kriterien:

— Lagerhaltung und Ersatzteilwesen
— Logistik
— Fertigungsmittelkonzept
— Baureihenstufung entsprechend einer ausgewählten Normzahlenreihe
— Marktanalyse

5. Übergeordnetes Lastenheft (Basislastenheft) erstellen

— mit aus den Punkten 1 bis 4 hergeleiteten Anforderungen, gegliedert nach wirtschaftlichen (z. B. für Kostenanalyse) und handelsnotwendigen Erfordernissen
   (z. B. Berücksichtigung von Komponenten mit langen Lieferzeiten, sogenannten
   Langläufern),
— mit Beschreibung der inneren Nahtstellen,
— mit Beschreibung bzw. Darstellung der äußeren Nahtstellen,
— mit einer Beschreibung der erforderlichen Nachweiskontrollen auf *konsequente*
   Einhaltung der unter Punkt 4 durchgeführten Typen- bzw. Typenreihen-Festle-
   gung.

6. Konstruktion des Baukastensytems

6.3.5 Vorteile und Nachteile der Baukastenkonstruktion

In einem Unternehmen mit ähnlichen Produktgruppen sollten folgende Vorteile, die
eine Baukastenkonstruktion bietet, schon aus Gründen einer möglichen Rationalisierung in vielen Arbeitsbereichen, nicht übersehen werden.

— Geringer Konstruktionsaufwand bei Baukasten-Erweiterungen.
— Geringer Aufwand bei der Fertigungsplanung, der Arbeitsvorbereitung und der
   Fertigungsmittelkonstruktion.
— Geringe Produktionskosten, deshalb
— preiswerte Möglichkeit der Produktion „auf Lager" und damit
— kurze Durchlaufzeiten (auch bei Baukasten-Erweiterungen).
— Bessere Ausnutzung der CAD-Technik.

Nachteile der Baukastenkonstruktion ergeben sich aus einer gewissen Einschränkung in der konstruktiven Beweglichkeit innerhalb einer festgeschriebenen
Typenreihe. Außerdem fällt ein gewisser anfänglicher Planungs- und laufend not-
wendiger Kontrollaufwand an, letzterer insbesondere dann, wenn keine systematische Kontrolle installiert wird, wie dies z. B. bei Einsatz eines CAD-Systems
möglich wäre.

6.3.6 Beispiel eines Baukastensystems

Ein Unternehmen entwickelt und produziert Bearbeitungsmaschinen zur spanenden Formgebung, die zum flexiblen Einsatz in Produktionsunternehmen auf dem Markt angeboten werden. Die Flexibilität betrifft einerseits die angebotene Palette unterschiedlicher Antriebsleistungen, Werkszeug- und Werkstückposition sowie Werkstückgrößen, andererseits sollen mehrere Bearbeitungsmaschinen zu komplexen Bearbeitungseinheiten (*-zentren*) auf einfache Weise zusammengeschaltet werden können.

Diese Flexibilität läßt sich nur durch ein Baukastensystem erreichen (vgl. Bild 6.10). Die einzelnen Bausteine sind:

— Grundkonsolen (1)
— Kreuzschlitten (2)
— Spindelgehäuseständer (3)
— Spindelgehäuse mit Getriebekasten und Antriebsmotor (4)
— Spindeln mit Werkzeugaufnehmer (5)

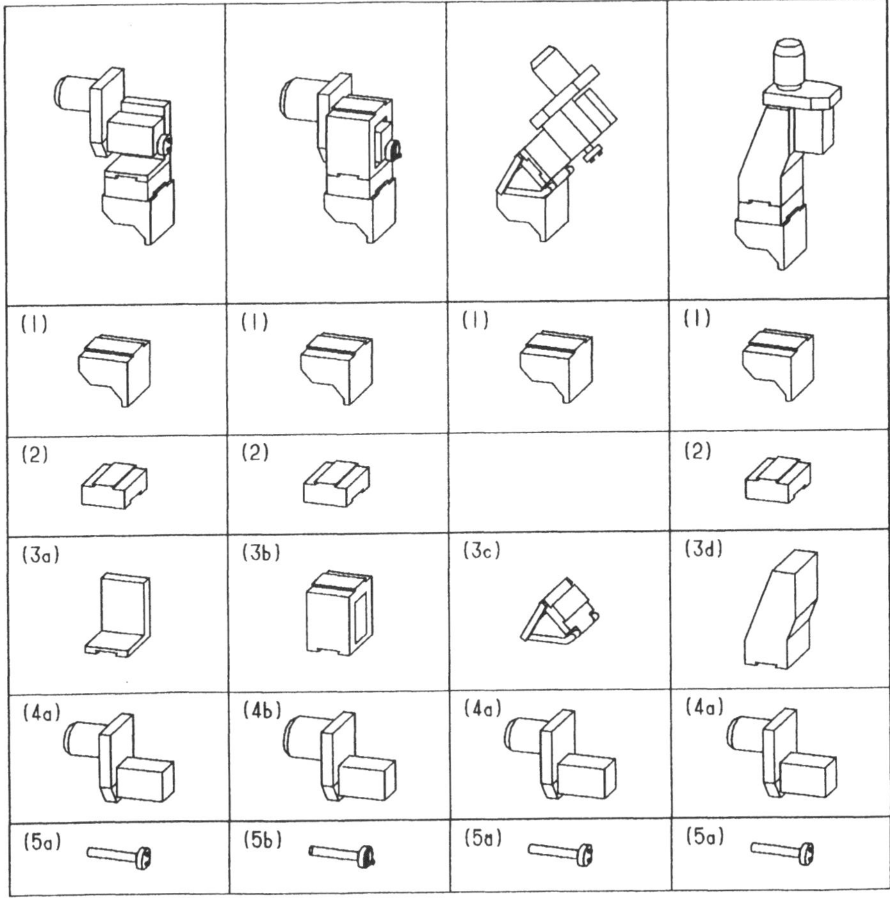

Bild 6.10. Bearbeitungseinheiten und deren „Bausteine" (Quelle: MIKRON, Lugano)

6.4 Typenreihen

Typenreihen bilden die Grundlage für das Angebot aller genormten und standardisierten technischen Systeme bzw. deren Komponenten. Sie vereinigen die Merkmale und Eigenschaften von Baureihen und Baukastensystemen und werden nach den gleichen Bildungsgesetzen entwickelt.

Klassische Typenreihen liegen vor in den genormten Maschinenelementen. Ihre kennzeichnenden Merkmale entsprechen häufig dem Baukastenprinzip und ihre Größenstufung folgt den Gesetzmäßigkeiten der Baureihen (vgl. Bild 6.11).

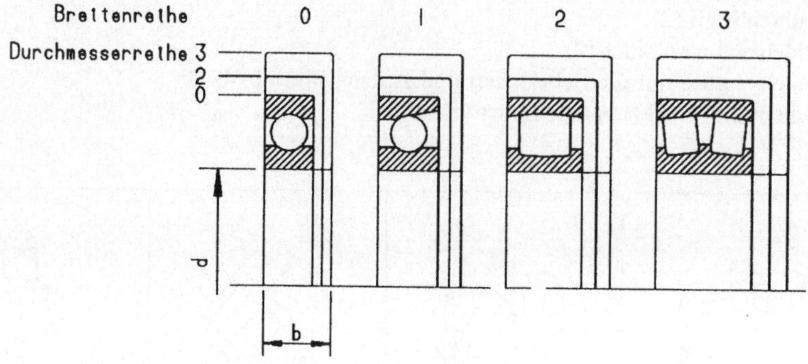

Bild 6.11. Wälzlagertypen und deren Größenstufung

7 Der Einsatz des Computers im Konstruktionsprozeß

7.1 Übersicht

Im Umfeld der Technik läßt sich die *elektronische Datenverarbeitung* (EDV) allgemein einsetzen als ein Mittel zur Unterstützung, Verbesserung und Sicherung von *geistigen Prozessen* und deren Dokumentation sowie zur Steuerung und Regelung von *technischen Systemen.*

In der Konstruktion dient ihr Einsatz in erster Linie der Produktverbesserung sowie der Erhöhung der Wirtschaftlichkeit. Diese Ziele können jedoch nur erreicht werden, wenn das *Wissen* um die Grundlagen der Konstruktionslehre und die Grundlagen der Informatik vorhanden sind. Deshalb werden in diesem Kapitel die wichtigsten grundsätzlichen Wege und Mittel sowie die Anforderungen für den Einsatz des Computers im Konstruktionsprozeß behandelt.

Bezüglich der in diesem Kapitel vorausgesetzten Kenntnisse der theoretischen Grundlagen zur elektronischen Datenverarbeitung wird auf die Vorlesungen und die Fachliteratur der *Informatik* hingewiesen.

7.2 Computerentwicklung und Einsatzbereiche in der Technik

Mit der Erfindung des elektronischen Rechners durch *G. R. Stibitz* im Jahre 1937 wurde die Entwicklung der elektronischen Datenverarbeitung eingeleitet. *Stibitz* erkannte die Notwendigkeit einer Rechnerentwicklung infolge der Beobachtung von sich immer wiederholenden Rechenoperationen zur Berechnung der zahlreichen Netzwerkprobleme in den *Bell Telephone*-Laboratorien, bestehend aus Addition, Subtraktion, Multiplikation und Division komplexer Zahlen.

Da das Wort Rechner in der deutschen Sprache sowohl als Begriff für die Maschine als auch für den rechnenden Menschen stehen und somit zu Mißverständnissen führen kann, wurde schon bald das englische Wort *Computer* als die treffendste Bezeichnung eingeführt.

Bereits 1941 gelang es *K. Zuse*, im Auftrag der *Deutschen Versuchsanstalt für Luftfahrt* einen programmgesteuerten Relais-Rechner (Z3) fertigzustellen. Die Programmiersprache war geboren, und im Jahre 1944 wurde der erste naturwissenschaftlich-technische Prozeßrechner in den Dienst der Vermessungstechnik gestellt.

Die Erfindung der elektronischen Datenverarbeitung ließ den Menschen bald erkennen, welche Möglichkeiten sich ihm bei der Speicherung und Verarbeitung von Informationen boten. Was noch als Notstand zur Erfindung des elektronischen Rechners durch *Stibitz* führte, wurde bald ein Notstand für den Rechner. So wurde die rasche Entwicklung der Computertechnologie durch den wachsenden Bedarf an administrativen und organisatorischen Problemlösungen beschleunigt, was wiederum zur raschen Weiterentwicklung von Rationalisierung und Distribution (hier von Informationen) führte.

In der Anfangsphase des Rechnereinsatzes waren die Anforderungen an die Quantität der Rechenoperationen höher als an deren Qualität. Sie genügte Verwaltungsaufgaben und den mathematisch anspruchsloseren Rechenoperationen des Finanz- und Versicherungswesens. Erst mit wachsender Qualität der Operationen wurde der Rechner in den Dienst technischer Entwicklungs- und Konstruktionsprozesse gestellt. Die Zuordnung einiger Bereiche der Informationsverarbeitung zu den Kriterien Qualität und Quantität der Operationen zeigt Bild 7.1.

Anfänglich diente der Rechner nur der Problemlösung umfangreicher Berechnungen auf den Gebieten der Festkörpermechanik, insbesondere der Belastungsmechanik und der Kinematik. Mit der Entwicklung der *Methode der Finiten Elemente* (FEM) in den fünfziger und sechziger Jahren wurde er zum unverzichtbaren Hilfsmittel bei der Dimensionierung komplexer Konstruktionen. Fast gleichzeitig wurden auf dieser Basis Berechnungsprogramme zur Lösung fluid- und thermomechanischer Aufgaben entwickelt.

Um der Gefahr zu begegnen, ungenügend oder falsch analysierte und dimensionierte Maschinen bzw. -komponenten für die Produktion freizugeben, was schließlich eine Frage des Ausbildungsstandes, der Wissensaktualisierung, ja sogar der Tagesverfassung des Ingenieurs ist, wurde parallel zu diesen Arbeiten eine Vielzahl sogenannter *wissensbasierter Systeme* und *Expertensysteme* entwickelt.

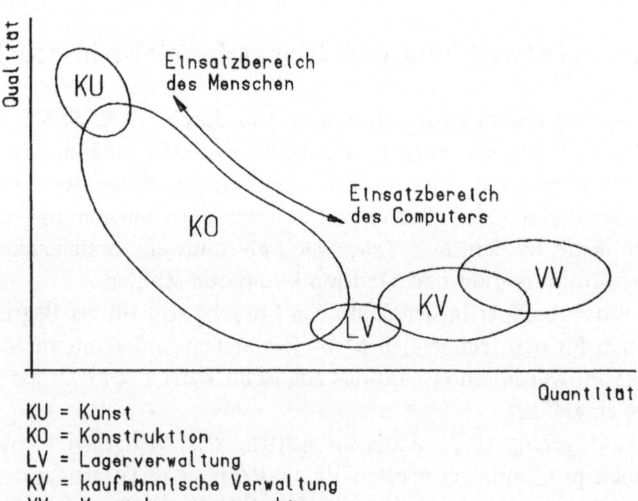

Bild 7.1. Verhältnisse von Quantität und Qualität einiger Informationsverarbeitungsbereiche [12]

In der Zeit zwischen 1955 und 1959 wurde am *Massachusetts Institute of Technology* (M.I.T.) unter der Leitung von *D. T. Ross* das Programmiersystem *Automatically Programmed Tools* (APT) entwickelt, mit dessen Hilfe die computergestützte Programmierung von NC-Maschinen (NC: *Numerical Controled*) durch die Beschreibung von Werkzeugwegen und dem Einsatz von Hilfsmitteln (z. B. Kühlmittel) ermöglicht wurde. Während dieser Entwicklung ergab sich, ebenfalls am M.I.T., die Idee, anstatt des Werkzeugweges das herzustellende Werkstück selbst innerhalb des Programmsystems zu beschreiben. Das *Computer Aided Design* (CAD) war geboren, wenn auch noch nicht im heute gebräuchlichen Sinn der laufenden Rechnerunterstützung als interaktiver Prozeß.

Die Entwicklung der Computertechnologie erforderte enorme Anstrengungen der beiden Fachbereiche Informatik und Elektronik.

Die Informatik entwickelte sich als eigenständiger Bereich aus der Mathematik. Sie ist zuständig für die Beschreibung der mathematisch-logischen Zusammenhänge in sogenannten *Programmiersprachen* und zwar sowohl für die als *Software* bezeichneten maschinenorientierten Programme der Betriebssysteme, welche die Übersetzung (*Assemblierung*) und Abwicklung der auszuführenden Programme steuern und überwachen, als auch für die problemorientierten Programme, die aus Anweisungen für die Durchführung mathematischer Lösungswege bestehen.

Die Elektronik entwickelte sich als eigenständiger Fachbereich innerhalb der Elektrotechnik und behandelt hauptsächlich die Technologie elektrischer Stromkreise und Schaltungen auf der Basis nichtmechanischer und somit trägheits- und reibungsfreier Funktionsträger. Damit ist die Elektronik zuständig für die Leitung, Verschiebung, Verknüpfung und Verzweigung der vom Betriebssystem ausgehenden Operationssignale. Die Bauteile und ihre Verbindung mit mechanischen Funktionsträgern bilden die sogenannte *Hardware*.

Mit der Reife der elektronischen Datenverarbeitung wurden auch Wege aufgezeichnet, wie die unterschiedlichsten Abläufe innerhalb des Konstruktionsprozesses mit Hilfe von Rechenprogrammen dargestellt werden könnten. Als Vorläufer im Sinne planerischer und begleitender Darstellungen nicht nur von Konstruktionsprozessen, sondern ganzer Entwicklungsvorhaben, ließe sich die in den siebziger Jahren aufkommende computergestützte Netzplantechnik nennen. Diese wurde notwendig, weil ohne planerische Hilfsmittel eine Übersicht über die Abläufe und deren Verknüpfungen bei der Entwicklung komplexer technischer Systeme (beispielsweise der Raumfahrttechnik) unmöglich geworden war.

In den Jahren zwischen 1970 und 1988 wurden keine nennenswerten Erfolge in der Entwicklung computergestützter Konstruktionsprozesse erzielt. Erst in den letzten Jahren wurde durch die technologisch ermöglichte Vergrößerung permanenter Datenspeicher der Grundstein zu sogenannten *Datenbanken* gelegt, die eine Speicherung und Verwaltung großer Datenbestände zulassen. Diese aber sind neben der Entwicklung erforderlicher Algorithmen und deren sinnvolle Verknüpfung zu einem durchgängigen Prozeßablauf einschließlich der Unterstützung heuristischer Prozesse die wichtigste Voraussetzung für den computergestützten Konstruktionsprozeß.

7.3 Computerprogramme und Datenerfassung

Im Verlauf der Computerentwicklung haben sich folgende, durch wesentliche Zielsetzungen voneinander unterscheidende, Programmkategorien ergeben:

— *Routineprogramme*
— *wissensbasierte Programme*
— *Expertenprogramme*

Voraussetzung zumindest für die zweite und dritte Programmkategorie ist der Zugriff auf problemspezifische Datenbestände *aus* sowie die Speicherung neu erzeugter Daten *in* permanenten Datenspeichern. Zur Verwaltung dieser Datenbestände und deren Bereitstellung dienen Datenverwaltungsprogramme, die zur Kategorie der Routineprogramme zählen. Die Speicherung und Verwaltung der Daten erfolgt in sogenannten *Datenbasen* von Datenbanken.

Die Verknüpfung einzelner Programme und deren sequentielle Zugriffsmöglichkeiten führen zu sogenannten *Programmsystemen*, weshalb sich die Begriffe *Wissenssysteme*, *Expertensysteme* und *Datenbanksysteme* eingebürgert haben.

1. Routineprogramme

Sie liefern unter Anwendung feststehender Algorithmen in einem vorbestimmten Rahmen die gewünschten Ergebnisse. Zu diesen Programmen zählen:

— Berechnungsprogramme mit alphanumerischer Datenein- und -ausgabe ohne und mit Dialogführung wie beispielsweise

  — Auslegungsprogramme für Maschinensysteme, also Wellen-, Lager-, Getriebeauslegungen usw.,
  — Programme für die Berechnung statisch bestimmter und unbestimmter Strukturen,
  — Programme zur Berechnung von Massedaten, also Gewichten, Schwerpunktlagen, Massenträgheitsmomenten usw.,

— CAD-Programmsysteme zur Erzeugung geometrischer und nichtgeometrischer Daten mit interaktiv unterstützter Dateneingabe an graphischen Bildschirmen über Tastaturen und verschiedenartigen Interaktionsmitteln sowie Datenausgabe über graphische Bildschirme oder verschiedenartige Datenträger,

— Programme mit interaktiv unterstützter Datenein- und -ausgabe auf CAD-Basis für die Berechnung von Beanspruchungen, fluid- und thermomechanischen Vorgängen usw. mit Hilfe *finiter Elemente*.

Routineprogramme dienen also in erster Linie der Entlastung von Routinearbeiten wie Rechnen, Zeichnen, Tabellieren usw..

Werden die mit diesen Programmen erzeugten Ergebnisse in permanente Datenspeicher innerhalb des Computers gespeichert, kann auf diese Datenbestände beliebig oft zwecks Information oder Weiterverarbeitung zurückgegriffen werden.

2. Wissenssysteme

Wissensbasierte Programmsysteme, kurz *Wissenssysteme* genannt, sind Routineprogramme mit zusätzlichen Algorithmen, die den Zugriff und die Verarbeitung auf das in Form von Daten aufbereitete und in einer Datenbasis gespeicherte Wissen ermöglichen. Zu dieser Kategorie gehören beispielsweise

— Berechnungsprogramme mit Zugriff auf problemorientierte Daten und programmierter Prüfung und Bewertung auf Anwendbarkeit im Rahmen der gewünschten Problemlösung wie
    — Berechnungs- und Auswahlprogramme für Maschinenelemente und -komponenten,
    — Toleranzprüfprogramme,
    — Herstellkostenberechnungsprogramme (vgl. Bild 3.22),
    — Bewertungsprogramme,
    — Risikoanalyseprogramme,

— Steuerungs- und Lösungsprogramme computergestützter Konstruktionsprozesse mit beliebigem Zugriff auf merkmal- bzw. eigenschaftsorientierte Daten aller *konstruktionstechnischen Mengen* nichtgeometrischer und geometrischer Informationen, ihrer Verknüpfung sowie Prüfung und Bewertung auf Verwendbarkeit als konstruktive Lösung (vgl. Bild 7.5.5),

— Konstruktionssysteme für verschiedenartige Fertigungsverfahren (vgl. Bild 7.2),

— Organisationsprogramme für die rechnergestützte Bauunterlagendokumentation, -verwaltung, -freigabe und -änderung.

Wissenssysteme dienen also dazu, vorhandenes, in Form von Daten aufbereitetes Wissen unmittelbar durch interaktiv gesteuerte Routineprogramme zu nutzen.

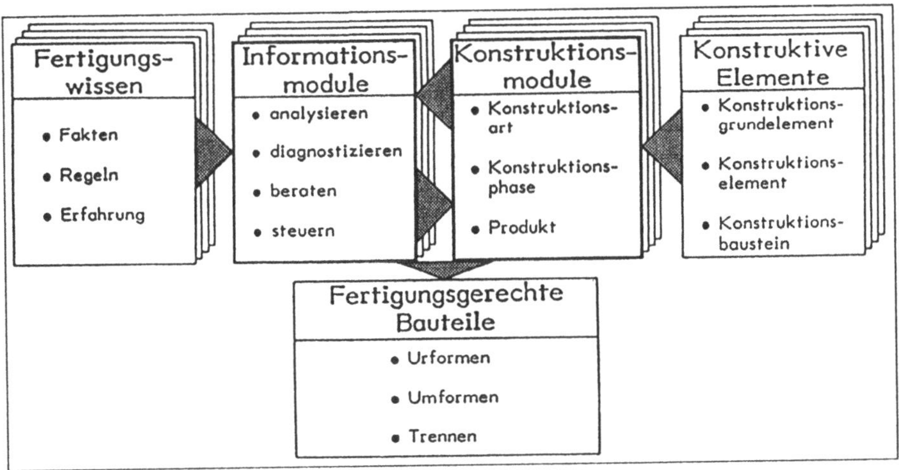

Bild 7.2. Aufbau eines Konstruktionssystems
    (Quelle Institut für Maschinenelemente und fertigungsgerechtes Konstruieren, „mfk", Universität Erlangen)

3. Expertensysteme

Hierunter fallen alle Wissenssysteme, die außer dem Zugriff auf Daten wegen der Größe möglicher Suchräume und der möglichen Unbestimmbarkeit von sicherem und unsicherem Wissen *intelligentes* Verhalten zeigen.

Unter intelligentem Verhalten (künstliche Intelligenz) eines Programms sind folgende Fähigkeiten zu verstehen:

— Ziehen logischer Schlüsse.

— Anwenden und Bewerten von vagem Wissen.

— Anwenden heuristischer Methoden.

— Verwenden und Bewerten von Erfahrungswerten.

— Einbeziehen von Faktenänderungen während des Problemlösungsvorganges.

— Interpretieren zeitabhängig mehrdeutiger Daten.

— Lernen aus Faktenänderungen und logischen Schlußfolgerungen und Bereitstellen des neuen Wissens bei neuen Problemstellungen.

Zur Kategorie der Expertensysteme zählen beispielsweise

— Fehlersuchprogramme in technischen Geräten,

— Programme für Diagnose und Behandlungsvorschläge bei Krankheiten,

— Programme zur Zusammenstellung von Elementen zu komplexen technischen Systemen (Konfigurierungsprogramme),

— Vorhersageprogramme,

— Programme zur Interpretation von Daten in chemischen Anlagen oder Kernkraftwerken.

Im Gegensatz zu Wissenssystemen stellen Expertensysteme also nicht nur Informationen bereit, sondern erzeugen aus vorhandenen Informationen neue, speichern diese in Datenbasen ab und stellen sie für weitere Problemlösungsaufgaben zur Verfügung.

4. Datenbanken

Der für die Anwendung wissensbasierter Programmsysteme und Expertensysteme erforderliche Datenbestand beinhaltet sämtliche zu Daten erklärten Informationen, die benötigt werden, um zu einer gestellten Aufgabe mindestens eine Lösung zu finden.

Die Speicherung und Verwaltung der Daten erfolgt in sogenannten *Datenbanken*. Ihre allgemeingültige Definition lautet:

Eine Datenbank ist eine selbständige, auf Dauer und für flexiblen und sicheren Gebrauch ausgelegte Datenorganisation, umfassend einen Datenbestand (*Datenbasis*) und die zugehörige Datenverwaltung.

Schematisch läßt sich eine Datenbank entsprechend Bild 7.2 darstellen.

Die Daten müssen in einer Form beschrieben werden, die es erlaubt, vom Computer für jeden vom Datenbankbenutzer vorgesehenen Zweck eingelesen, identifiziert, verändert, verglichen, verknüpft bzw. gesichert, angezeigt, ausgedruckt, gespeichert oder gelöscht zu werden.

Zur Beschreibung von Datenbeständen ist eine geeignete Datenbeschreibungssprache, die sogenannte *Data Definition Language* (DDL), erforderlich. Diese wird auch als *Datenmodell* bezeichnet. Von den drei bisher in der Entwicklung von Datenbanken sich als besonders erfolgreich erwiesenen Modellen, nämlich

— das hierarchische Modell,
— das netzwerkartige Modell,
— das tabellarische Modell,

hat sich für die Anwendung in der Technik und insbesondere der Konstruktionswissenschaften das *tabellarische Datenmodell* als das geeignetste herausgestellt. Der Grund für diese Erkenntnis liegt in der übersichtlichen Zusammenfassung von Daten gleichartiger Merkmale in Tabellenform. Da die Daten einer jeden charakteristischen Datenmenge und diese Mengen wiederum untereinander in tabellarischer Beziehung stehen, wurde für diese Datenmengen der Begriff *Relationen* und für das entsprechende Datenbankmodell der Begriff *relationale Datenbank* geprägt (vgl. Kapitel 7.5.3.3).

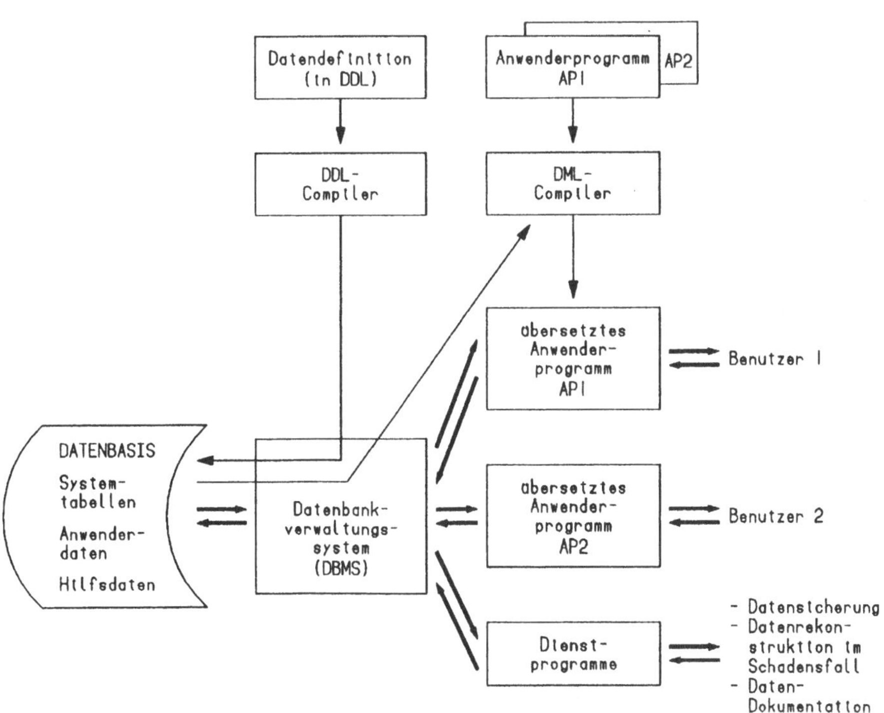

Bild 7.3 Schematische Darstellung einer Datenbank (nach [21])

7.4 Die Anwendung des Computers im entwicklungstechnischen Gesamtprozeß

Werden entwicklungstechnische Gesamtprozesse sowie die sich normalerweise anschließenden Produktionsprogramme einschließlich aller erzeugten und vorhandenen Daten durch die elektronische Datenverarbeitung unterstützt, so lassen sich beispielsweise innerhalb eines Unternehmens sämtliche Daten zwischen den einzelnen Fach-, Verwaltungs- und Organisationsbereichen in einem Datenbanksystem speichern und verarbeiten. Der Vorteil einer beispielsweise projektbezogenen Datenbasis liegt in der einmaligen Erzeugung der Daten durch die hierfür jeweils ver-

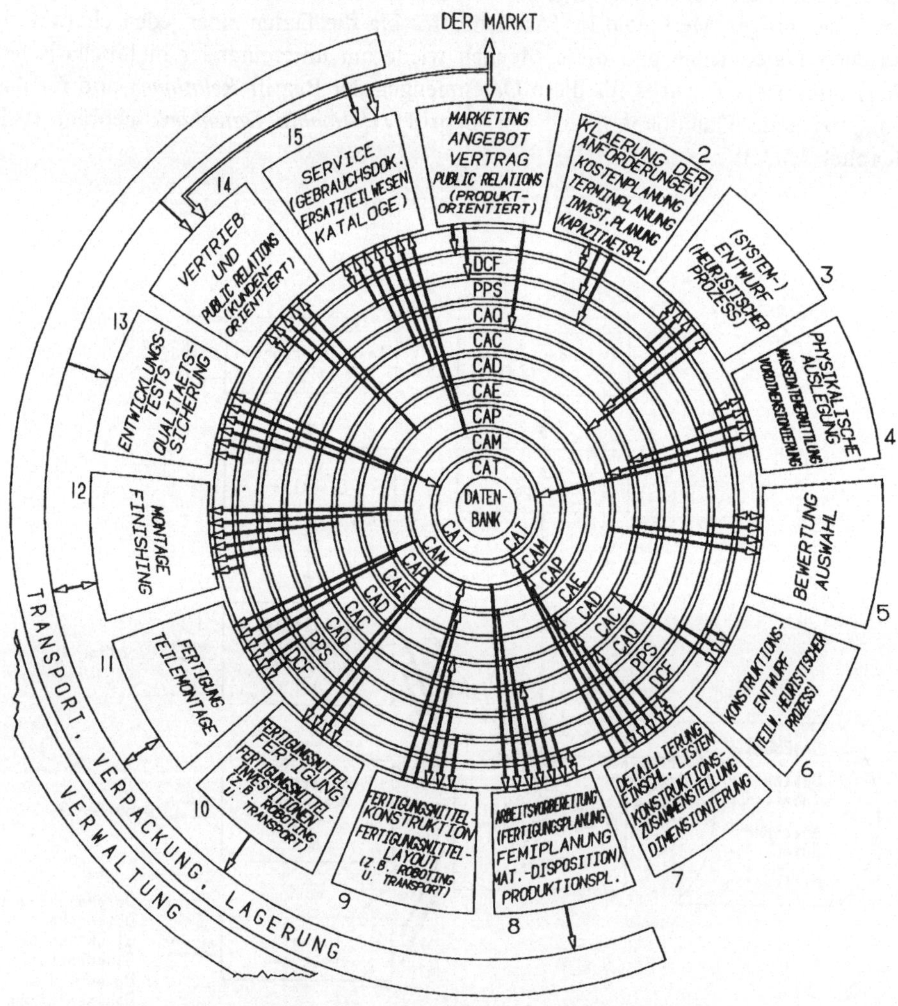

Bild 7.4   Computerunterstützter entwicklungstechnischer Gesamtprozeß

antwortliche Stelle und die anschließende Verfügbarkeit überall dort, wo diese Daten entweder zur Information oder zur Weiterverarbeitung benötigt werden. *Datenbankverwaltungssystem* (DBMS) und eine geeignete Datenmanipulationssprache, bekannt als *Data Manipulation. Language* (DML), gewährleisten eine gesicherte Datenverwaltung, die Widerspruchsfreiheit (*Konsistenz*) von Daten und verhindern *Mutationsanomalien* aufgrund von Daten*redundanzen*. Durch computergestützte Autorisations-, Freigabe- und Änderungsprozeduren unterstützt, lassen sich somit Fehler in Entwicklung und Produktion auf ein Minimum reduzieren. Bild 7.4 vermittelt eine Vorstellung von einem durch ein Unternehmen durchgängiges Modell zur Computerunterstützung entwicklungstechnischer Gesamtprozesse. Die Pfeile stellen den jeweils sinnvollen Transfer erarbeiteter, gespeicherter und weiterverwendeter Daten zwischen den Prozeßgliedern und der Datenbasis dar.

Die Realisierung eines derartigen Modells hat selbstverständlich seine wirtschaftlichen Grenzen und ist in diesem Umfang für die meisten Unternehmen aufgrund deren Entwicklungs- bzw. Produktionsprogramm bzw. deren Umsatz nicht vertretbar. Allerdings werden mehr und mehr Teillösungen dieses Modells realisiert. So ist die Zusammenfassung der Prozeßelemente 8 bis 13 in verschiedenen Varianten unter dem Begriff *Computer Integrated Manufacturing* (CIM) bekannt.

7.5 Computergestützte Konstruktionsprozesse

7.5.1 Übersicht

Während die CAD-Technik als ein interaktives Werkzeug zur Erzeugung technischer Dokumente, also zur Erzeugung von Geometrie- und Nichtgeometrie-Daten im Rahmen der Konstruktion technischer Systeme unterstützt, läßt sich die Theorie einer möglichen Computerunterstützung bei der Suche nach Lösungen im Rahmen des Konstruktionsprozesses sowie die sich auf bestimmte Lösungsprobleme konzentrierenden Konstruktionssysteme zwecks Unterscheidung zur CAD-Technik mit dem Begriff *Computer Integrated Design*, also CID-Technik, beschreiben und zwar analog der Unterscheidung zwischen CAM (*Computer Aided Manufacturing*) und CIM. Die Theorie zur Problemlösung computergestützter *heuristischer* Prozesse, also Prozesse innerhalb der Entwurfsphase, wird in diesem Kapitel beschrieben.

Das Ziel einer solchen Computerunterstützung ist es, aus vorhandenem, in Datenbasen abgespeichertes Wissen durch logische Verknüpfungen, Vergleiche und Bewertungen aufgrund vorgegebener Aufgabenstellungen und Anforderungen zu neuen Konstruktionslösungen zu kombinieren. Dieses Wissen liegt in Form verbaler Begriffe sowie Nichtgeometrie- und Geometrie-Daten in beliebiger Darstellungsart (Drahtmodell, Flächenmodell, SOLID ...) vor.

Die durch Datenbanksysteme gebotenen Möglichkeiten, *alle* Materialien und ihre Kombinationen in *all* ihren Zuständen und in Kenntnis *all* ihrer Eigenschaften und deren möglichen Veränderungen in *allen* verträglichen Verfahren funktionsgerecht zu gestalten oder betriebsgerecht einzusetzen und *alle* gültigen Berechnungs-, Näherungs- und Schätzverfahren einschließlich *aller* zur Lösung erforderlichen Randbedingungen anzuwenden, bieten der Entwicklung computergestützter Prozeßabläufe einschließlich der Ausgabe möglicher Entwurfs- bzw. Konstruktionslösungen einen großen Spielraum. Der diese Informationen einschließlich ihrer gegenseitigen Beziehungen (*Relationen*) umfassende Datenbestand wäre allerdings enorm groß, im Grenzfall entspräche er dem gesamten für die Technik nutzbaren Wissen, und die Programmentwicklung entspräche derjenigen eines Expertensystems.

Dieser Aufwand ist jedoch allgemein nicht notwendig, da sich der Datenbestand systemspezifisch, branchenspezifisch oder gar nur unternehmensspezifisch eingrenzen läßt. Um darüberhinaus die Anzahl von möglichen Lösungsvarianten bzw. -alternativen zu einer gestellten Konstruktionsaufgabe in überschaubaren Grenzen zu halten, ist eine sequentielle Bewertung aller Zwischenergebnisse bei vorherbestimmbaren Gütegrenzen und bei Außerachtlassung aller Zwischenergebnisse, die diese Gütegrenzen nicht erreichen, erforderlich. Mit diesen Einschränkungen führt die nachfolgend beschriebene Theorie zu wissensbasierten Programmsystemen.

Die für den Einsatz des Computers zur Unterstützung heuristischer und gestaltender Prozesse wichtigsten Voraussetzungen sind

1. die Kenntnisse über den allgemeingültigen Ablauf eines Konstruktionsprozesses,
2. die Aufbereitung des für das Lösen von Konstruktionsaufgaben erforderlichen Wissens und
3. die graphische Darstellung konstruktiver Elemente und deren zu Lösungen verknüpften Kombinationen.

Die Entwicklung von *Software*produkten, und um solche handelt es sich auch bei Programmentwicklungen zu computergestützten Konstruktionsprozessen, läßt sich sinnvollerweise analog der Vorgehensweise des konventionellen Konstruktionsprozesses durchführen. In der Informatik werden die in der Entwurfsphase eines Softwareproduktes durchgeführten Arbeiten unter dem Begriff *Systementwurf* zusammengefaßt. Die nachfolgenden Kapitel vermitteln beispielhaft die erforderlichen Arbeiten für den Systementwurf eines Programmes zum computergestützten Entwerfen.

7.5.2 Der Systementwurf des computergestützten Entwerfens

7.5.2.1 Die Anforderungen

Die vorrangige Anforderung ist in der Aufgabenstellung explizit dadurch gestellt, daß für die Führung durch die Prozeßphasen ein Routineprogramm zu entwickeln ist, das den interaktiven Zugriff auf die konstruktionstechnischen Mengen nichtgeometrischer und geometrischer Informationen ermöglicht. Implizite Anforderungen an das Programm sind:

— Benutzerfreundlichkeit
— Zuverlässigkeit
— Wartungsfreundlichkeit
— Lesbarkeit der Programme
— Effizienz, insbesondere bezogen auf die Rechenzeit
— Portabilität, also Verwendung von Programmen auf anderen Computern

Für die Aufbereitung von Daten für Datenbasen gelten allgemein folgende Anforderungen:

— Die Datenmenge muß so strukturiert sein, daß Redundanzen vermieden werden.
— Die Datenmenge muß beliebig ausbaubar sein.
— Die Datenmenge muß unabhängig vom Programm verwaltbar und verfügbar sein, damit dieses den im Laufe der Zeit eventuell sich ändernden Randbedingungen angepaßt werden kann.
— Die Datenmenge sollte für verschiedene Anwendungen zur Verfügung stehen.
— Die Datenmenge muß über einen längeren Zeitraum mehreren Benutzern gleichzeitig zur Verfügung stehen.

Diese Anforderungen werden größtenteils von Datenmanipulationssprachen wie beispielsweise dem IBM-Produkt *Structured Query Language* (SQL) durch deren innere Programmstruktur erfüllt.

7.5.2.2 Funktion und technologisches Prinzip des computergestützten Entwerfens

Die Aufgabenstellung läßt sich ebenso wie bei jedem anderen zu entwickelnden technischen System durch ein Funktionsdiagramm abstrahieren (vgl. Bild 7.5).

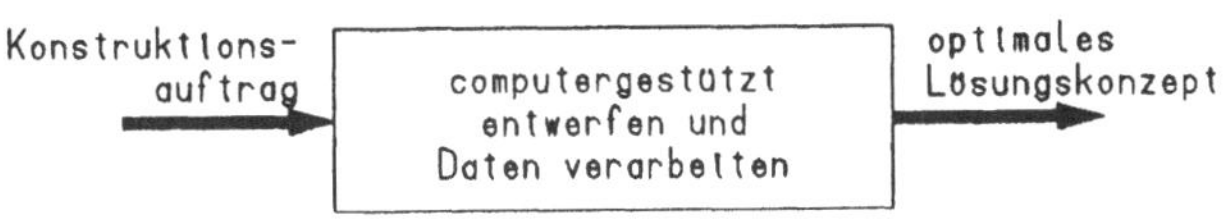

Bild 7.5. Abstrakte Darstellung der Gesamtfunktion

Wird die in diesem Funktionsdiagramm ausgewiesene Gesamtfunktion auf der Ebene der Teilfunktionen hierarchisch gegliedert, ergibt sich die Funktionsstruktur des computergestützten Entwerfens (vgl. Bild 7.6).

7.5.2.3 Der technische Prozeß des computergestützten Entwerfens

Der technische Prozeß des computergestützten Entwerfens läßt sich unter Vernachlässigung der vom Arbeitsablauf grundsätzlich möglichen und größtenteils erforderlichen Wiederholungen (Schleifen) ebenfalls als Blockdiagramm darstellen (vgl. Bild 7.7).

Unter Einbeziehung der für den Programmablauf erforderlichen Operatoren *Mensch* sowie *Ein- und Ausgabegeräte* ergibt sich bereits das Programmkonzept, dessen Strukturierung den nächsten Entwurfsschritt darstellt.

7.5.2.4 Der Entwurf der Programmstruktur

Nach Vorlage des technischen Prozesses erfolgt die Erstellung der Funktionsstruktur. Dieser Begriff wird bei einer Programmentwicklung sinngemäß durch den Begriff *Programmstruktur* ersetzt. Die einzelnen, sich immer wiederholenden Strukturblöcke lassen sich folgendermaßen einteilen:

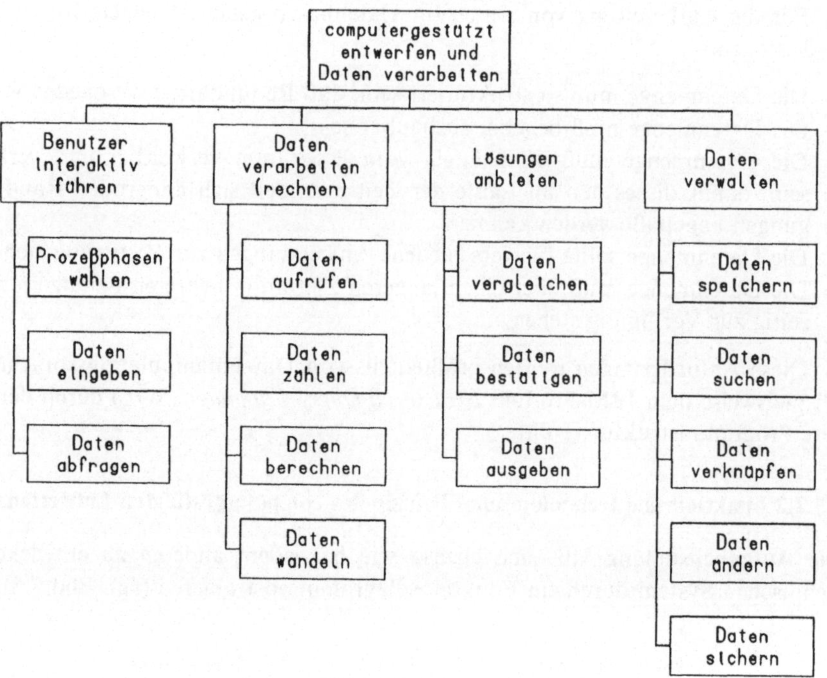

Bild 7.6. Hierarchische Funktionsstruktur des computergestützten Entwerfens

1. Führungsalgorithmen zur interaktiven Führung des Anwenders durch den gesamten Entwurfsprozeß.
2. Eingabealgorithmen zur Eingabe aller Daten, die zur programmierten Lösungsfindung erforderlich sind.
3. Datenverwaltungsalgorithmen für das Einlesen neuer Daten, das Abfragen benötigter Daten und das Ändern von Daten.
4. Suchalgorithmen zum Suchen nach Begriffen oder Geometrien innerhalb der Datenbasen.
5. Vergleichsalgorithmen zum Vergleichen von Daten aufgrund logischer Anweisungen.
6. Arithmetische Algorithmen zur Ausführung normaler Rechenanweisungen.
7. Ausgabealgorithmen zur Ausgabe aller gewünschten Daten, insbesondere der Lösungsdaten.

Das Zusammenwirken dieser Algorithmen ermöglicht zwar die Führung durch einen computergestützten Entwurfsprozeß, führt aber noch nicht zu dem eigentlichen Ziel, Lösungen durch Vorgabe von zu erfüllenden Funktionen unter Berücksichtigung vorgegebener Anforderungen zu finden oder Lösungshilfen zu stellen. Dies wird erst möglich durch die wissensbasierten Informationen aus einer vom Programm angesteuerten und manipulierten Datenbank.

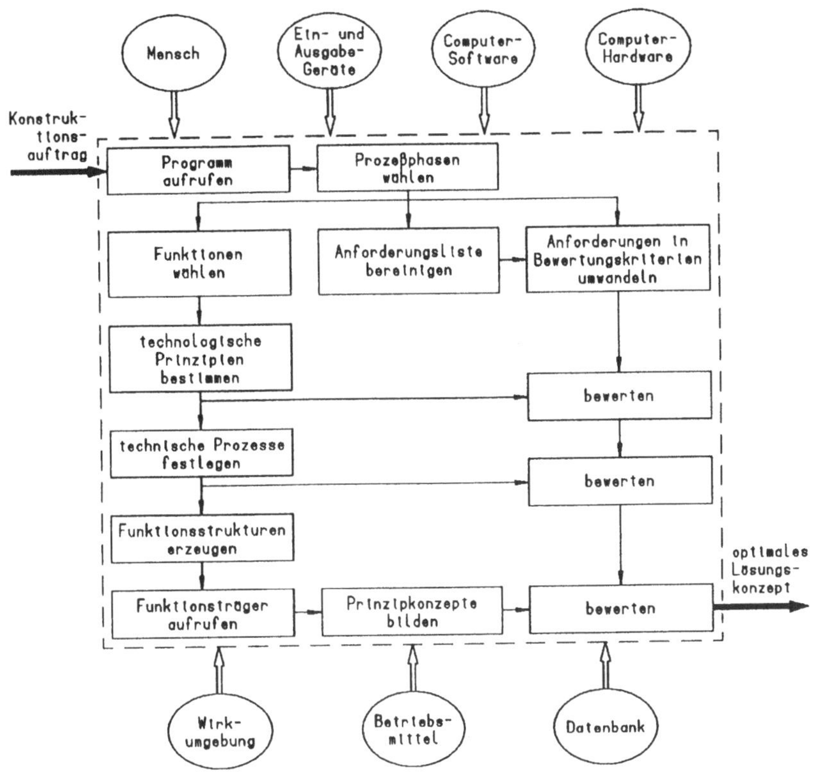

Bild 7.7. Vollständiges Blockdiagramm des technischen Prozesses zum computergestützten Entwerfen

7.5.3 Der Entwurf einer Datenbasis zum computergestützten Entwerfen

7.5.3.1 Die Aufbereitung des Wissens

Die Aufbereitung des für die Lösung von Konstruktionsaufgaben erforderlichen Wissens stellt das Kernproblem für alle Ingenieure und Informatiker dar, die sich dem Gebiet computergestützter Konstruktions- bzw. Entwurfsprozesse widmen.

Die wichtigsten Voraussetzungen für die Aufbereitung vorhandenen Wissens durch den Computer sind

— die Erfaßbarkeit des vorhandenen Wissens,
— die exakte Beschreibbarkeit des vorhandenen Wissens,
— die Ordnung und Klassifizierung vorhandenen Wissens in Detailwissen, sogenannten *Wissensbausteinen*,
— die Verknüpfbarkeit der einzelnen Wissensbausteine untereinander,
— die exakte Beschreibbarkeit der einzelnen Verknüpfungen,
— die Darstellbarkeit der den einzelnen Wissensbausteinen zugeordneten Geometrien (falls vorhanden) und ihrer möglichen Kombinationen.

Das Gesamtwissen, das beispielsweise zur Lösung einer Konstruktionsaufgabe erforderlich ist, setzt sich aus einer Fülle von Detailwissen, eben den sogenannten Wissensbausteinen, zusammen. Ein Wissensbaustein beinhaltet beispielsweise die exakte Beschreibung einer für den Konstrukteur möglicherweise wichtigen Grundkenntnis konstruktionswissenschaftlicher Aussagen.

Zur Darstellung konstruktionswissenschaftlicher Aussagen müssen Modellvorstellungen entwickelt werden, in denen die Zusammenhänge in der Art und Weise dargestellt werden können, daß sie sich für die Verwendung in computergestützten heuristischen Prozessen eignen.

7.5.3.2 Die Bildung von Datenmengen

Ein geeignetes Modell für die Bildung von Datenmengen ist beispielsweise das *Mengenmodell* im Sinne der *Cantor'schen* Mengenlehre und seine graphische Abbildung in Form von *Venn*-Diagrammen (vgl. Kapitel 6, Bild 6.2), denn im Ablauf eines Entwurfsprozesses lassen sich in jeder Phase spezifische Begriffsmengen bilden, wie z. B. Menge der Anforderungen, Menge der zu erfüllenden Funktionen, Menge anwendbarer technologischer Prinzipien usw..

Bild 7.8 zeigt eine tabellarische Übersicht über die für den heuristischen Prozeß wichtigen Mengen verschiedener für den Konstrukteur erforderlichen wissenschaftlichen Aussagen.

Somit läßt sich jede Anforderung, jede Funktion, jedes technologische Prinzip, jeder technische Prozeß, jeder Funktionsträger und jede Lösung als ein Element aus einer entsprechenden Gesamtheit, also aus einer *Menge*, betrachten und nach den mengentheoretischen Gesetzmäßigkeiten behandeln.

So läßt sich beispielsweise die Menge aller *Anforderungen* in die Teilmengen der Anforderungsklassen, -typen, -gruppen usw. einteilen (vgl. Bild 7.9).

Dieses Bild läßt jedoch unschwer erkennen, daß die *zweidimensionale* Darstellung in Form von *Venn*-Diagrammen ihre Grenzen hat. Denn würde beispielsweise noch die Einteilung der Anforderungen entsprechend ihrer Anforderungsarten, also qualitative und quantitative Anforderungen, und ihrer Anforderungsfamilien, also Funktionsanforderungen, Betriebsanforderungen usw. in diesem Diagramm erforderlich sein, so müßte für jede zusätzlich zu erfassende Menge eine weitere Dimension eingefügt werden. Die Erweiterung der Mengen auf eine dritte Dimension läßt sich noch unschwer vorstellen (vgl. Bild 7.10), während jede weitere Dimension die zeichnerischen Mittel ihrer Darstellbarkeit und damit auch eine gedankliche Vorstellung unmöglich macht.

Die Mittel der EDV-Programmiertechnik helfen hier weiter, indem mehrdimensionale Felder vereinbart oder Verschachtelungen eindimensionaler Felder vorgesehen werden können, wie beispielsweise

INTEGER *Entity* (I,J,K,L,M,N,Z)

READ/WRITE(KANAL,'(*FORMAT*)') [A(I), {B(J), (C(K), {D(L), … , L = 1,l} K = 1,k) J = 1,j} I = 1,i]

Jede Teilmenge wiederum beinhaltet Elementarmengen, zu denen ein bestimmtes Elementarwissen gehört.

Menge aller Anforderungen	unterteilt in Teilmengen der
	  Anforderungsklassen
	  Anforderungstypen
	  Anforderungsarten
	  Anforderungsgruppen
	  Anforderungsfamilien
	  Einzelanforderungen

Menge aller Funktionen	unterteilt in Teilmengen der
	12 Stammfunktionen
	  Erzeugen
	  Vernichten
	  Speichern
	  Entleeren
	  Leiten
	  Sperren
	  Ändern
	  (Rück)ändern
	  Wandeln
	  (Rück)wandeln
	  Verknüpfen
	  Verzweigen

Menge aller technologischen Prinzipien (Wirkprinzipien) einschließlich der ihnen zugrunde liegenden Naturgesetze	unterteilt in die Teilmengen
	  physikalischer Prinzipien
	  chemischer Prinzipien
	  biologischer Prinzipien

Menge aller technischen Prozesse	unterteilt in branchenabhängige Lösungsteilmengen

Menge aller Funktionsträger	unterteilt in die Teilmengen
	Mechanische Verbindungen
	  Stoffschlüssige Verbindungen
	    Schweißverbindungen
	    Lötverbindungen
	    Klebeverbindungen
	  Form- und kraftschlüssige Verbindungen
	    Nietverbindungen
	    Schraubenverbindungen
	    Formschlußverbindungen
	      Keilverbindungen
	      Bolzenverbindungen
	      usw.
	    Reibschlußverbindungen
	      Querpreßverbindungen
	      Längspreßverbindungen
	      usw.
	    usw.
	  usw.
	usw.

Menge aller Bewertungskriterien	analog der Menge aller Anforderungen

Menge aller Lösungen	unterteilt in Teilmengen ihrer Darstellung und zwar
	  in Form von Prinzipskizzen
	  in Form von Organstrukturen
	  in Form von Baustrukturen
	  (einschl. aller Fertigungsunterlagen)

Bild 7.8. Konstruktionstechnische Mengen

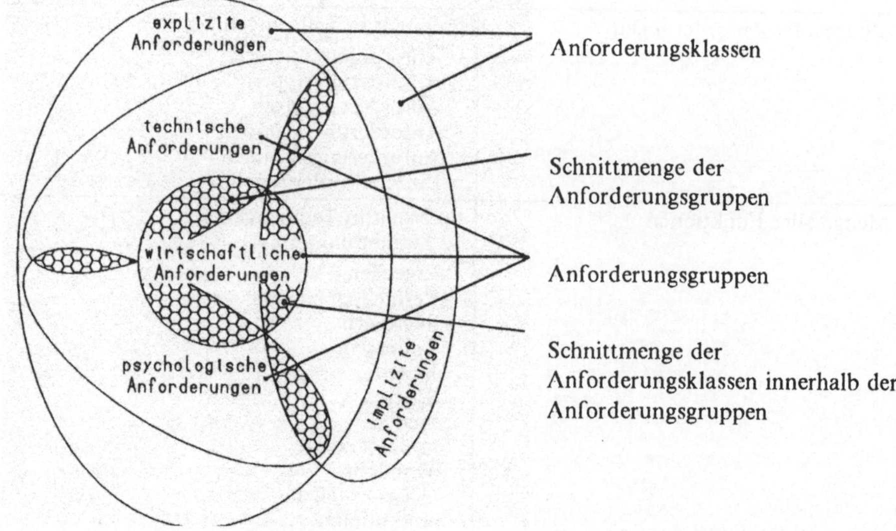

Bild 7.9. Menge aller Anforderungen

Bild 7.10. Dreidimensionale Mengendarstellung

So gehört beispielsweise zu jedem Element der Elementarmenge *federnde Verbindungen* aus der Teilmenge aller *Verbindungen* der wiederum übergeordneten Menge *Funktionsträger* ein entsprechender Wissensbaustein.

Die für den Konstrukteur wichtige Grundkenntnis zu diesem Wissensbaustein besteht auszugsweise aus folgendem *Elementarwissen*:

1. Definition der Verbindungen
2. Definition der *federnden* Verbindungen
   (technologisches Prinzip, mechanisches Gesetz, Funktionalität usw.)
3. Unterscheidungsmerkmale aller federnden Verbindungen gegenüber allen anderen Verbindungen
4. Eigenschaftsunterschiede zu den übrigen Verbindungen
5. Abgrenzung zu anderen Element-Mengen
   (z. B. zu Achsen, Wellen, Rädern, Getrieben)
6. Gemeinsamkeiten mit anderen Element-Mengen
   (z. B. mit der Menge aller Energiespeicher)

Es gibt unmittelbar verknüpfbare, mittelbar verknüpfbare und nicht verknüpfbare Mengen.

So läßt sich beispielsweise die präzise Anforderung *elastisch verbinden* aus der Menge *Technische Anforderungen* unmittelbar durch die Menge der Funktionsträger *federnde Verbindungselemente* erfüllen und mit diesen unmittelbar verknüpfen. Die Anforderung *korrosionsbeständig* läßt sich über Materialwahl, Materialpaarung, Hohlraumversiegelung, galvanische Oberflächenveränderung, galvanische Schutzüberzüge, Schutzanstrich usw. durch die Auswahl nach Merkmalen und materiellen Eigenschaften von Funktionsträgern nur mittelbar verknüpfen.

Die überbegriffliche Anforderung *Trennen* hingegen läßt sich *nicht* unmittelbar durch Funktionsträger erfüllen. Es muß bekannt sein, *was* getrennt werden soll. Diese Information ist wesentlicher Bestandteil des technischen Prozesses, deren mögliche Arten bereits in Kapitel 1, Bilder 1.23 bis 1.26, dargestellt wurden.

Alle Mengen, die im Sinne des Entwurfsprozesses voneinander abhängig sind, müssen in logischer Weise miteinander verknüpft werden können. Dazu benötigen sie *Verbindungselemente*. Diese verbindenden Elemente bestehen aus den datentechnischen Beschreibungen von Merkmalen und/oder Eigenschaften der einzelnen zu einer beliebigen Menge zugehörenden Elemente. Die Erfassung von Zuständen eignet sich nicht, da diese ihrer Definition gemäß zeitlich begrenzt (*temporär*) sind.

Trennen von Stoff	fest	spröde elastisch plastisch	reißen brechen schneiden sägen	Zerreißmaschine Biegemaschine Schere Säge
	flüssig		unterbrechen	Absperrorgan
	gasförmig		unterbrechen	Absperrorgan
Trennen von Energie	mechanisch thermisch elektrisch usw.		unterbrechen unterbrechen unterbrechen	Kupplung Absperrorgan Schaltschütz
Trennen von Information	optisch akustisch elektronisch usw.		unterbrechen unterbrechen unterbrechen	Blende Schalldämmung Relais

Bild 7.11. Konstruktionstechnische Mengen, verschiedenen Stammfunktionen zugehörig

7.5.3.3 Die Aufbereitung der Daten in der Datenbasis

Jedes Element der Datenmenge kann sowohl der *realen* als auch der *abstrakten Welt*, also der Vorstellungswelt, angehören. Da es bestimmte Merkmale bzw. Eigenschaften hat, läßt es sich auch durch seine dadurch bestimmte Charakteristik beschreiben.

Als zusammenfassender Begriff für ein Element hat sich das Wort *Entität* ([*lat.-mlat.*]: das Seiende) eingebürgert. Dementsprechend wird die Datenmenge mit gleicher Charakteristik auch als *Entitätsmenge* bezeichnet.

Die zur Beschreibung der Eigenschaften einer Entität erforderlichen Merkmale bzw. Eigenschaften werden *Attribute* genannt. Diese werden in Datentabellen zeilenmäßig als sogenannte *Tupel* erfaßt. Ein Tupel beschreibt jedoch nicht nur die Eigenschaften einer Entität, sondern definiert außerdem den zur Entitätsmengen*beschreibung* zugehörigen Wertebereich.

Beispiel: Eine Anforderung wird durch eine Ordnungsnummer, eine Identifikationskennziffer, eine verbale Benennung, eine Dimension und einen Zahlenwert beschrieben, also

Ordnungsnummer	Ident.-Schlüssel	Benennung	Dimension	Zahlenwert
105	100101 100000	Nenndruck	(HPa)	10

Das Attribut „Dimension" beschreibt hier einerseits eine bestimmte Eigenschaft innerhalb der Entitätsmenge ANFORDERUNGEN, andererseits definiert es die Rolle, die die Angabe 10 HPa als „Zahlenwert" in der Beschreibung dieser Entitätsmenge spielt.

Bei Einhaltung der im Datenverarbeitungsprogramm getroffenen Vereinbarungen bezüglich der Datentypen und der Formatbeschreibung werden die Attribute gleichen Typs spaltenweise zusammengefaßt.

Da die so zusammengefaßten Entitäten einer jeden Entitätsmenge damit in einer tabellarischen *Beziehung* stehen, wurde für diese Einheit der Begriff *Relation* geprägt (vgl. Bild 7.12).

Relation DATEN

ENTIT#	ATTRIB1	ENTIT-NAME	ATTRIB2	ATTRIB3	
105	100101 100000	NENNDRUCK	(HPA)	10	← *Tupel*

↑
Attribut

Bild 7.12. Darstellung einer Relation

Jede Entitätsmenge wird durch eine Relation und darin durch eine Gruppe ihrer Attribute repräsentiert. Gehören bestimmte Entitäten gleichzeitig zu mehr als einer Entitätsmenge, so liegen überlappende Entitätsmengen vor (vgl. Bild 7.13).

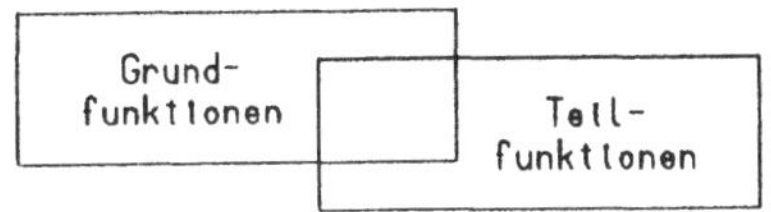

Bild 7.13. Überlappende Entitätsmengen

In solchen Fällen läßt sich *immer* eine weitere Entitätsmenge definieren, welche die sich überlappenden Entitätsmengen umfaßt (vgl. Bild 7.14).

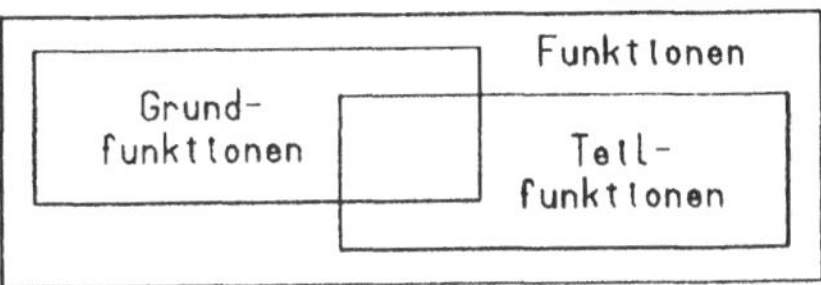

Bild 7.14. Bildung einer übergeordneten
          Entitätsmenge

Die Zusammenfassung aller einen Problembereich umfassenden Relationen bilden schließlich die Datenbasis. Die Datenbank, die derartige tabellarische Datenmodelle beinhaltet, ist die sogenannte *relationale Datenbank*. In ihr müssen die Beziehungen aller Daten der konstruktionstechnischen Mengen geregelt sein. An die Daten und ihre gegenseitigen Beziehungen bestehen zwei grundsätzliche Anforderungen:

1. Die Daten müssen eindeutig *manipulierbar* sein.
2. Die Daten müssen ohne Beeinflussung der Nachbardaten oder deren Manipulierbarkeit *abänderbar* sein.

Die Manipulierbarkeit der Daten wird dadurch erreicht, daß sie identifizierbar, also an ihren Merkmalen bzw. Eigenschaften erkennbar, gemacht werden. Dazu sind sogenannte *Identifikationsschlüssel* erforderlich. Diese entsprechen entweder merkmals- oder eigenschaftsneutralen Adressen, die eine Aufteilung der Mengen nach unterschiedlichen Gesichtspunkten erlauben wie z. B. bei der Menge aller Anforderungen (vgl. Bilder 1.9 und 1.10), oder aber die Merkmale bzw. Eigenschaften selbst oder ein Teil davon werden als Identifikationsschlüssel benutzt wie etwa bei der Menge aller Funktionen (vgl. Bild 7.18).

Der Identifikationsschlüssel ist also ein Attribut oder eine minimale Attributskombination, die jedes Tupel einer Relation identifiziert und deren Wert sich während der Existenz des Tupels nicht ändert. Die Beifügung *minimal* besagt, daß aus der Attributskombination kein Attribut ohne Verlust der eindeutigen Identifikation weggelassen werden kann.

Die Strukturierung der Relationen und die damit ermöglichten Entitätsbeziehungen innerhalb einer Datenbasis werden in einem sogenannten *Normalisierungsprozeß* der Attribute erarbeitet. Die dabei zu berücksichtigenden Regeln dienen der Vermeidung von Mutationsanomalien und gewährleisten die Konsistenz der zu verarbeitenden Daten. Da sich dieses Kapitel jedoch nur auf die wesentlichen Schritte zur Entwicklung computergestützter Konstruktionsprozesse und hier wiederum beispielhaft nur auf den Entwurfsprozeß beschränkt, wird bezüglich der Normalisierungsprozesse auf [21] verwiesen.

7.5.4 Die Verknüpfung der Daten zu Lösungsvorschlägen

7.5.4.1 Die Entitätsbeziehungen

Wenn die Relationen in manipulierbarer Form vorliegen, müssen die Beziehungen, die zur Verknüpfung ihrer Entitätsmengen erforderlich sind, geklärt werden. Zur Beschreibung einer Beziehung zwischen zwei Entitätsmengen EM1 und EM2 werden sogenannte *Assoziationstypen* herangezogen. Dabei legt eine *Assoziation* (EM1,EM2) fest, wieviele Entitäten aus der Entitätsmenge EM2 einer Entitätsmenge EM1 zugeordnet sein können. Dazu werden vier Assoziationstypen unterschieden (vgl. Bild 7.15).

Assoziationstyp (EM1,EM2)	Entitäten aus EM2, die jeder Entität aus EM1 zugeordnet sind
1 einfache Assoziation: c konditionelle Assoziation: m multiple Assoziation: mc multipel konditionelle Assoziation:	genau eine keine oder eine mindestens eine keine, eine oder mehrere

Bild 7.15. Assoziationstypen (nach [21])

Die Kombination einer Assoziation (EM1,EM2) mit ihrer *Gegen-Assoziation* (EM2,EM1) ergibt die Beziehung (*relationship*) zwischen den beiden Entitätsmengen EM1 und EM2 (vgl. Bild 7.16).

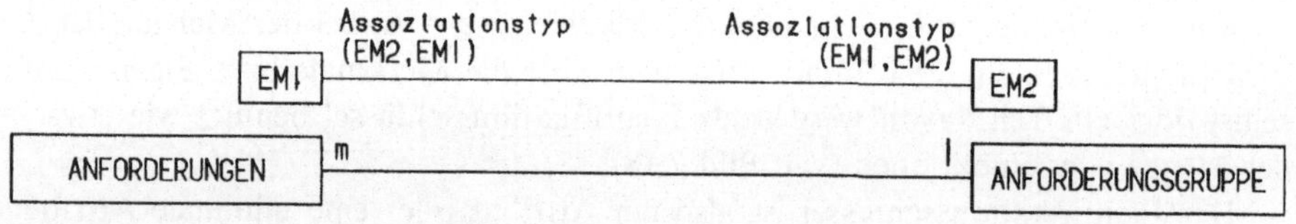

Bild 7.16. Darstellung von Entitätsbeziehungen am Beispiel ANFORDERUNGEN

Mit diesem Schritt werden grundsätzliche Konsistenzbedingungen geschaffen, welche die Voraussetzungen zur Manipulation der Datenbestände mit Hilfe einer Datenmanipulationssprache sind.

Werden alle Entitätsbeziehungen des computergestützten Entwerfens zusammengefaßt dargestellt, so ergibt sich das *Entitäten-Blockdiagramm* der für den computergestützten Entwurfsprozeß erforderlichen Datenbasis (vgl. Bild 7.17).

Beispiel: Gegeben sei folgende Aufgabenstellung:

„In einer verfahrenstechnischen Anlage ist die Förderung einer Flüssigkeit bei Abfall des Förderdruckes automatisch zu unterbrechen."

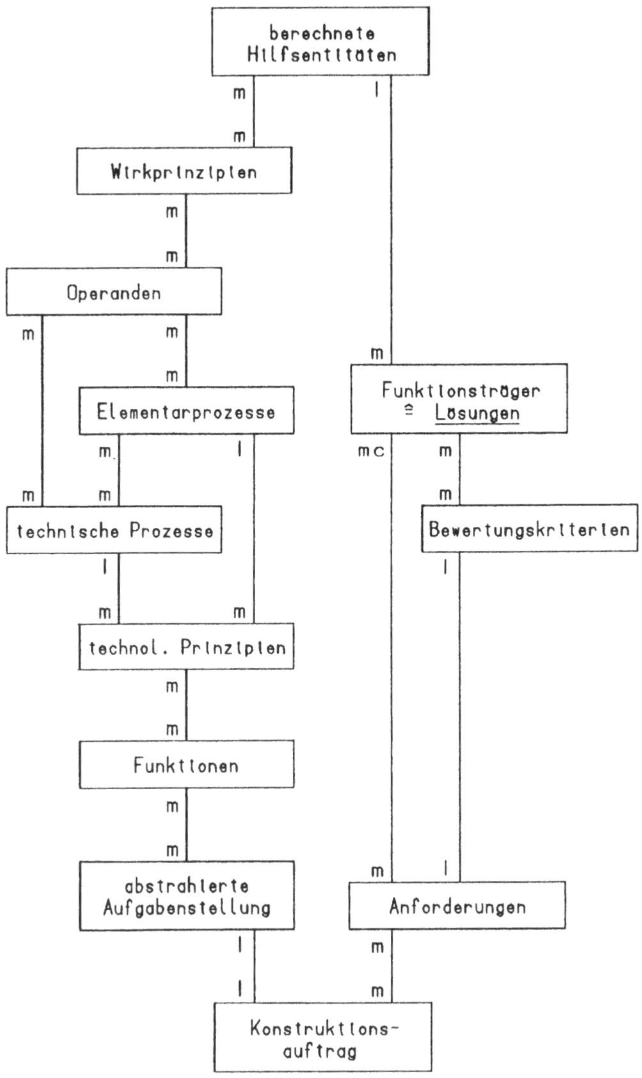

Bild 7.17. Entitäten-Blockdiagramm der Datenbasis des computergestützten Entwurfsprozesses

Die Grundfunktion lautet hier *Absperren* und entspricht einer Entität der Relation FUNKTIONEN. Jede Funktion dieser Relation enthält Attribute, durch die sich ihre Zusammenhänge mit anderen Relationen in der abstrakten und realen Welt der konstruktionstechnischen Mengen beschreiben lassen.

Der zunächst wichtigste Zusammenhang ergibt sich aus dem Identifikationsschlüssel, der jede Funktion mindestens einer Stammfunktion zuordnet (vgl. Bild 7.18).

Relation: FUNKTIONEN

NFU#	NA	NB	NC	ND	NE	NF	NG	NH	NI	NJ	NK	NL	TP	UE	US	UI	FUNAME
001	0	0	0	0	0	1	0	0	0	0	0	0	1	00	01	00	ABDECKEN
002	0	0	0	1	0	0	0	0	0	0	0	0	0	00	00	00	ABGEBEN
003	0	0	0	0	0	0	1	1	0	0	0	0	0	01	00	01	ABGLEICHEN
004	0	0	0	0	0	0	0	0	1	1	0	0	0	01	01	01	ABGREIFEN
065	0	0	0	1	0	0	0	0	0	0	0	0	1	00	01	00	ABLASSEN
006	0	0	0	0	0	0	0	0	0	0	0	1	0	01	00	00	ABNEHMEN
007	0	1	0	0	0	0	1	0	0	0	0	1	0	00	01	00	ABNUTZEN
008	0	0	0	0	0	0	1	0	0	0	0	0	0	00	01	00	ABPRESSEN
009	0	0	0	0	0	1	0	0	0	0	0	0	1	01	00	01	ABSCHALTEN
010	0	0	0	0	0	1	0	0	0	0	0	0	1	01	00	01	ABSCHIRMEN

Bild 7.18. Relation FUNKTIONEN; tabellarischer Auszug
(Identifikationsschlüssel unterstrichen)

Werden im Zuge der computerinternen Funktionsentitäten sämtliche Attribute des Elementes einer bestimmten Menge mit allen Attributen des Elementes der gleichen oder einer anderen Menge verglichen und wird eine Übereinstimmung bei einem bestimmten Attribut festgestellt, so handelt es sich offensichtlich um *den* Identifikationsschlüssel, durch den beide Elemente innerhalb der Datenbasis einer Menge oder mehreren Mengen zugeordnet werden können. Die Identifikationsschlüssel stellen somit die entsprechenden Verbindungselemente dar, von denen bereits die Rede war.

Beispiel: In Bild 7.18 bilden die Attribute, welche die Zugehörigkeit der Funktionen zu den Stammfunktionen kennzeichnen, gemeinsam den Identifikationsschlüssel in Bezug auf die Stammfunktionen (vgl. Bild 7.19). Die Entitäten ABDECKEN, ABSCHALTEN, AB-SCHIRMEN, ABSCHLIESSEN ... gehören beispielsweise zum Identifikationsschlüssel 000001 000000. Dieser aber identifiziert die Stammfunktion SPERREN. Die Funktionen ABGLEICHEN, ABGREIFEN, ABLASSEN ... gehören, wie aus den Identifikationsschlüsseln ersichtlich, mehreren Stammfunktionen an.

Relation: STAMMFUNKTIONEN

```
100000 000000 ERZEUGEN
010000 000000 VERNICHTEN
001000 000000 SPEICHERN
000100 000000 ENTLEEREN
000010 000000 LEITEN
000001 000000 SPERREN
000000 100000 AENDERN
000000 010000 (RUECK)AENDERN
000000 001000 WANDELN
000000 000100 (RUECK)WANDELN
000000 000010 VERKNUEPFEN
000000 000001 VERZWEIGEN
```

Bild 7.19. Relation STAMMFUNKTIONEN in Form der Datenablage

In gleicher Weise lassen sich alle weiteren konstruktionstechnisch benötigten abstrakten und realen Begriffsmengen der Relationen ANFORDERUNGEN, BEWERTUNGSKRITERIEN, WIRKPRINZIPIEN usw. zusammenfassen, von denen in der Folge zwei weitere betrachtet werden.

7.5.4.2 Die Bildung neuer Identifikationsschlüssel

Die Verknüpfung der Daten dient der Bildung derjenigen Identifikationsschlüssel, die Bestandteil eines jeden Tupels in der Relation FUNKTIONSTRÄGER sind. Diese Identifikationsschlüssel entsprechen gleichzeitig den technischen Prozessen oder deren Teil- bzw. Elementarprozessen und müssen somit ein Abbild der zugehörigen Funktionsdiagramme in abstrakter Form sein (vgl. Kapitel 1, Bild 1.17).

Die der Aufgabenstellung entsprechenden Attribute der Entitäten werden teils interaktiv, teils programmgesteuert zu technischen Prozessen in der bereits als Blockdiagramm bekannten Form zusammengesetzt (vgl. Bild 7.19).

Beispiel: In Fortsetzung der Aufgabe, eine Flüssigkeit abzusperren, wird zur Grundfunktion *Absperren* zunächst die Stammfunktion SPERREN aufgerufen, über die nun alle Tupel weiterer Sperrfunktionen zusammen mit der zuerst eingegebenen Grundfunktion in einen temporären Arbeitsspeicher geschrieben werden. Durch interaktive Abfrage und Beantwortung aus verschiedenen, in der Datenbasis gespeicherten Relationen werden anschließend folgende weitere Entitäten aufgerufen.

Eingangsoperanden ($1n$):   Ausgangsoperanden ($2n$):

```
11  ENERGIE                        21  ENERGIE
11  ENERGIE                        23  INFORMATION
12  STOFF                          21  ENERGIE
12  STOFF                          22  STOFF
13  INFORMATION                    23  INFORMATION
```

Bild 7.20. Grundoperanden und ihre Identifikationsschlüssel


```
01 FEST
02 FLUESSIG
03 DAMPFFOERMIG
04 GASFOERMIG
   .
   .
   .
09 VAKUUM(foermig)
```

Bild 7.21. *Stofformen* und ihre Identifikationsschlüssel

```
Eingangszustand             Zustandsver-          Ausgangszustand
(Eingangsoperand)           aenderung durch       (Ausgangsoperand)
---------------------       ----------------      -----------------------------

1 ENERGIE       01 MECHANISCH    01 ERZEUGEN      1 ENERGIE      01 MECHANISCH
                02 HYDRAULISCH   02 VERNICHTEN                   02 HYDRAULISCH
                03 PNEUMATISCH   03 SPEICHERN                    03 PNEUMATISCH
                04 THERMISCH     04 ENTLEEREN                    04 THERMISCH
                .. .....         05 LEITEN                       .. .....
2 STOFF         01 FEST          06 SPERREN       2 STOFF        01 FEST
                11 ELASTISCH        ABDECKEN                     11 ELASTISCH
                21 SPROEDE          ABSCHIRMEN                   21 SPROEDE
                31 PLASTISCH        ABSCHLIESSEN                 31 PLASTISCH
                .. .....            ABSPERREN                    .. .....
                02 FLUESSIG         ARRETIEREN                   02 LFUESSIG
                12 NIEDERVISKOS     .....                        12 NIEDERVISKOS
                22 HOCHVISKOS     07 AENDERN                     22 HOCHVISKOS
                .. .....          08 (RUECK)AENDERN              .. .....
                03 DAMPFFOERMIG   09 WANDELN                     03 DAMPFFOERMIG
                04 GASFOERMIG     10 (RUECK)WANDELN              04 GASFOERMIG
                .. .....          11 VERKNUEPFEN                 .. .....
                09 VAKUUM         12 VERZWEIGEN                  09 VAKUUM
3 INFORMATION   01 OPTISCH                        3 INFORMATION  01 OPTISCH
                02 LASEROPTISCH                                  02 LASEROPTISCH
                03 AKUSTISCH                                     03 AKUSTISCH
                04 MAGNETISCH                                    04 MAGNETISCH
                05 ELEKTRISCH                                    05 ELEKTRISCH
                .. .....                                         .. .....
```

Bild 7.22. *Prozeßelemente* und ihre Identifikationsschlüssel

Die Zusammensetzung der technischen Prozesse erfolgt hier durch die programminterne Verknüpfung der Identifikationsschlüssel der Eingangszustände (Eingangsoperanden), der als Funktionen oder technologische Prinzipien definierten Zustandsveränderungen und der Ausgangszustände (Ausgangsoperanden) zu einem neuen Identifikationsschlüssel FT#. Dieser ist dann all jenen Funktionsträgern gemeinsam, deren Merkmale bzw. Eigenschaften dazu geeignet sind, den interaktiv gebildeten technischen Prozeß zu erfüllen. Eine programminterne Verknüpfung der Attribute zu einem neuen Identifikationsschlüssel ergibt sich dabei durch die Operation

```
FT# = UMSAE × 1E7 + UMFOE × 1E5 + STFU × 1E3 + UMSAA × 1E2 + UMFOA
```

Damit ergibt sich:

```
FT# =        2          00          00          0          00
   +         0          02          00          0          00
   +         0          00          06          0          00
   +         0          00          00          2          00
   +         0          00          00          0          02
=================================================================
FT# =        2          02          06          2          02
```

Bild 7.23. Bildung des Identifikationsschlüssels FT# für das Auffinden der verwendbaren
          Elemente aus der Relation FUNKTIONSTRÄGER

Die berechneten Identifikationsschlüssel FT# dienen dem Aufruf aller Funktionsträger, welche die mögliche Menge aller technischen Prozesse erfüllen.

Unter Umständen können einem Identifikationsschlüssel mehrere Funktionsträger zugewiesen sein. Da den Funktionsträgern deren Eigenschaften, gleichermaßen
als Bewertungskriterien, in Form von Attributen beigefügt sind, erfolgt ihre Auswahl durch Vergleich zwischen Anforderungen und Merkmalen bzw. Eigenschaften.
So können beispielsweise die in Kapitel 4, Bild 4.31 dargestellten Absperrorgane,
deren Bewertungskriterien und die in Relation zueinander stehenden qualitativen
Maßzahlen als Tupel in eine Datenbasis eingegeben werden, um für eine im Rahmen des computergestützten Entwurfsprozesses durchzuführende Bewertung als Be-
wertungsmaßstäbe zu dienen.

Die Darstellung der Lösungen kann entweder verbal (in Listenform) oder, sofern eine entsprechende geometrische Datenbasis besteht, als geometrische Darstellungen, beispielsweise in Form von Prinzipskizzen, am Bildschirm eines CAD-Systems erfolgen.

Eine Auflösung der Grundfunktion in Einzelfunktionen bis hinunter zu elemen-
taren Funktionen der Physik, Chemie, Biologie usw. bietet die Gewähr für eine
breitgefächerte Palette von Lösungen, wie sie beispielsweise jeder Teilfunktion innerhalb einer morphologischen Matrix zugeordnet werden können. Auch deren
Darstellung sowie die Verknüpfung der jeder Teilfunktion zugeordneten Symbole
zu Prinzipskizzen am Bildschirm ist generell möglich.

Beispiel: Alle Absperrorgane, deren Identifikationsschlüssel dem berechneten entsprechen,
lassen sich am graphischen Bildschirm in Form von Bildtabellen (vgl. Bild 7.24) anzeigen.

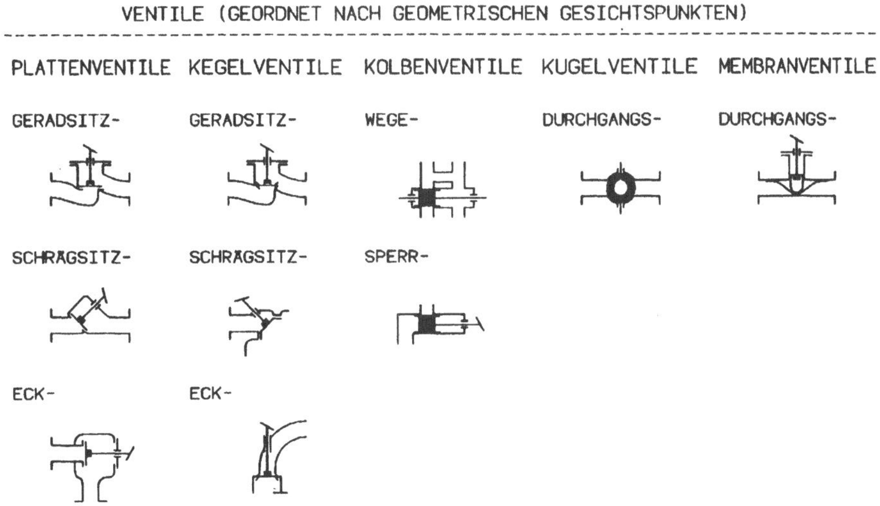

Bild 7.24. Prinzipskizzen von Ventilen, Auszug aus einer CAD-Symboldatenbasis

7.5.4.3 Bewertung und Auswahl von Lösungen

Werden sämtliche Lösungen der jeweiligen Funktionsebenen miteinander verknüpft, steht am Ende der Entwurfsphase unter Umständen eine unüberschaubare Menge aller möglichen, d. h. sinnvollen und unsinnigen Gesamtlösungen zur Verfügung, gebildet aus den geometrisch darstellbaren *Entwurfsentitäten* und deren als *Attribute* zugeordneten Merkmale bzw. Eigenschaften nach den Gesetzen der morphologischen Matrix.

Aus dieser Lösungsmenge können die wenig erfolgversprechenden Lösungen, eventuell auch bereits mehrmals im Prozeßverlauf (vgl. Bild 7.25), mit Hilfe der Menge aller vorgegebenen Anforderungen durch die Anwendung eines im Programm eingebetteten *Bewertungsalgorithmus* eliminiert werden. Zu empfehlen ist die Festsetzung einer Wertigkeitsgrenze, unterhalb der alle Lösungen unterdrückt oder gelöscht werden. Die verbleibenden Lösungen können dann in ihrer Rangfolge, beispielsweise gemessen an einer definierten Idealkonstruktion, präsentiert werden.

Die Menge der verbleibenden Lösungen liegt abschließend in ihrer an den Zielvorstellungen der Konstruktionsaufgabe gemessenen Rangfolge vor. Diese Lösungsmengen können sowohl in unterschiedlicher Komplexität, also beispielsweise als

— funktionsbezogene Formelemente
— Maschinenelemente
— Maschinenelementegruppen (Baugruppen)
— Maschinen, Apparate und Geräte

als auch in unterschiedlichen Darstellungsformen wie

— Prinzipskizzen
— Organstrukturen
— Baustrukturen, also
  – grobmaßstäbliche Handskizzen
  – maßstäbliche Konstruktionsentwürfe
  – Bauunterlagen

vorliegen. Diese Auswahl gibt jedem Anwender die Möglichkeit, computergestützte Entwurfs- bzw. Konstruktionsprogramme auf die eigenen Belange hin mit den für ihn wichtigen, beispielsweise *branchenbezogenen* Geometrie- und Nicht-Geometriedaten, zu entwerfen.

Allerdings erfordert gerade die Lösung einer solchen Aufgabe drei wesentliche Fähigkeiten, die jedoch allgemein von einem Ingenieur erwartet werden:

— *Wissen* aller erforderlichen technischen Zusammenhänge.

— *Phantasie* bei der Beschreitung unkonventioneller Wege.

— *Logisches Denken* bei allen Entscheidungen.

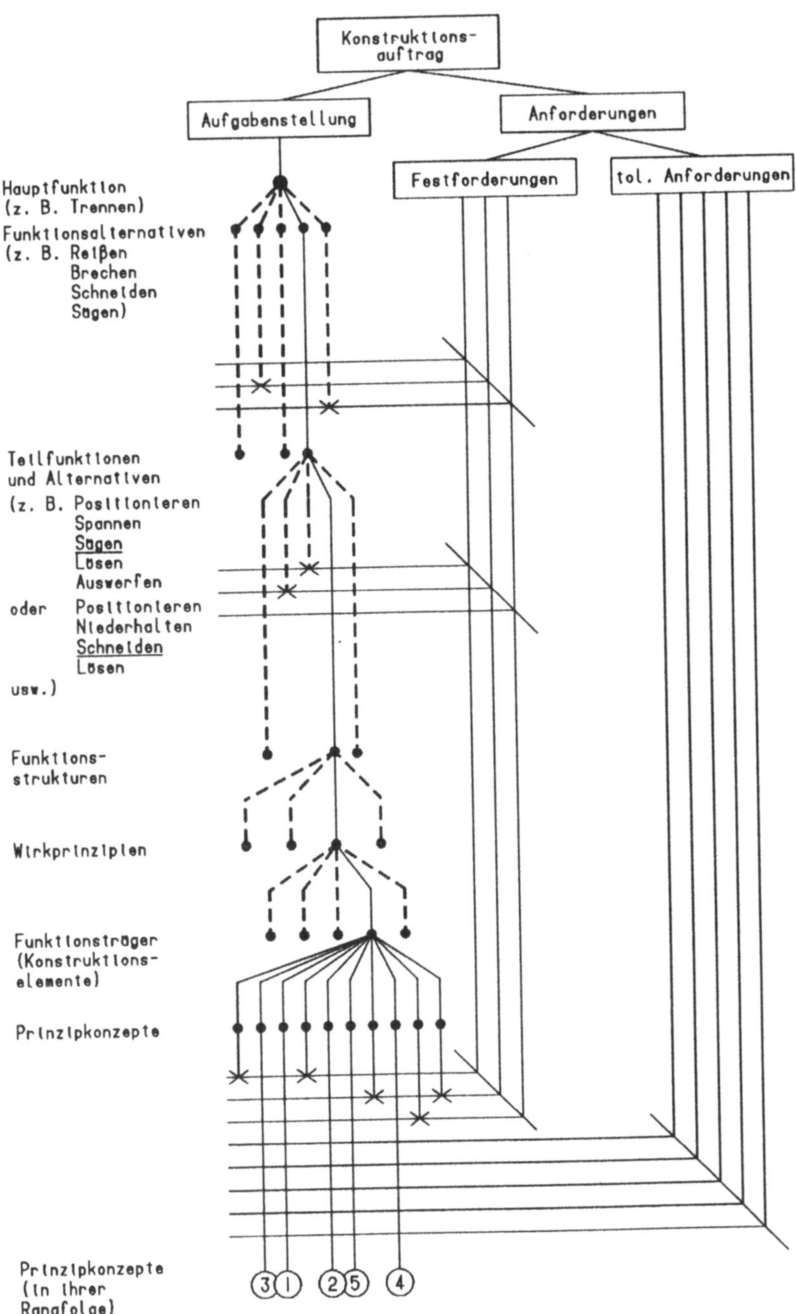

Bild 7.25. Bewertung im computergestützten heuristischen Prozeß

8 Entscheiden

8.1 Übersicht

Entscheidungen zu treffen ist grundsätzlich nur demjenigen zuzugestehen, der bezüglich der anstehenden Fragen kompetent ist oder im Falle unklarer oder fehlender Entscheidungsgrundlagen auch die Verantwortung für eine mögliche Fehlentscheidung mit allen Konsequenzen tragen kann.

Innerhalb eines Unternehmens sind Entscheidungskompetenzen entsprechend der Arbeitsbereiche und der damit verbundenen Personalstruktur in mehreren Ebenen hierarchisch oder stabsmäßig gegliedert.

- Konstrukteure entscheiden sich Detail für Detail für die nach ihrem Wissen und ihrer Erfahrung gestalteten Lösung einer Konstruktionsaufgabe hauptsächlich nach konstruktionswissenschaftlichen und praktischen Gesichtspunkten.
- Projektleiter oder Mitglieder eines Projektmanagementes entscheiden unter Beachtung des mit dem Konstruktionsauftrag geschlossenen Vertrages bezüglich technischem Gesamtkonzept, Kosten und Terminen.
- Programm- und Marketingverantwortliche entscheiden nach kundenspezifischen Gesichtspunkten.
- Die Unternehmensleitung schließlich entscheidet nach betriebswissenschaftlichen und firmenstrategischen Erfordernissen.

Aber auch außerhalb eines Unternehmens sind Entscheidungen zu treffen, deren Bedeutung oftmals sehr viel weitreichender sind als unternehmensinterne Entscheidungen. So müssen beispielsweise von privatrechtlichen oder öffentlichen Auftraggebern Entscheidungen nach privatwirtschaftlichen, volkswirtschaftlichen sowie ökologischen, psychologischen und anderen gesellschaftspolitischen Gesichtspunkten getroffen werden.

Jede Entscheidung muß sich dabei nach den anfänglich gesteckten oder sich im Laufe einer Lösungsfindung festgeschriebenen Zielen, d. h. nach der Aufgabenstellung einschließlich der damit verbundenen Anforderungen richten.

Die wichtigsten Entscheidungshilfen für den Konstrukteur sind

- Allgemeinwissen,
- fachliches Grundwissen,
- Expertenwissen,
- Anwendung von Konstruktionsstrategien und -hilfsmitteln,
- Kostenermittlung und -verfolgung,
- Terminplanung und -verfolgung,
- Bewertungsmethoden.

Von all diesen Hilfen, die in den vorangestellten Kapiteln behandelt wurden, kommt der Bewertung als Entscheidungshilfe eine besondere Bedeutung zu, denn sie dient dem Zweck, aus einer bestimmten Menge von Lösungen diejenige auszuwählen, deren Weiterverfolgung - in welchem Stadium auch immer - dem optimalen Ziel eines Vorhabens am nächsten kommt.

Doch nicht immer ist die Lösung mit dem besten Bewertungsergebnis die wirklich beste Lösung, da ja sämtliche qualitativen Annahmen subjektiver Natur sind und die quantitativen Werte ebenfalls toleranz- oder gar fehlerbehaftet sein können.

Eine Lösung zu wählen, die offensichtlich nicht das beste Bewertungsergebnis erreicht hat und darüberhinaus weit entfernt von einer möglichen Ideallösung liegt, wäre selbstverständlich unklug. Dies würde nur von Voreingenommenheit zeugen, beispielsweise für das politische Durchsetzen vorgefaßter Meinungen, gekränkte Eitelkeit oder Stolz, wenn die selbst eingebrachte Lösung nicht zum Kreis der *Favoriten* zählt.

In Fällen, in denen Varianten in ihren Wertigkeiten nahe beieinander liegen, besteht zwar die Möglichkeit. daß ihre aufgrund rechnerischer Anstrengungen ermittelte Rangfolge objektiv falsch sein kann, trotzdem wäre in diesem Fall eine Entscheidung für die optisch beste Lösung im allgemeinen kein Risiko.

Dieses wächst jedoch, wenn zwischen den Wertigkeiten der besten und den folgenden Lösungen eine große Differenz besteht. Berechnungsfehler ausgeschlossen, könnten hier starke subjektive Kräfte zu dieser Lösung geführt haben. Besteht dieser Verdacht, sollte die Bewertung durch eine zweite Bewertergruppe, in der kein Mitglied der ersten Gruppe sitzt, wiederholt werden. Kommt diese Gruppe zum gleichen Ergebnis, kann die Entscheidung zugunsten der wertigkeitshöchsten Lösung fallen. Ansonsten muß eine Plausibilitäts- oder/und Sensibilitätsanalyse (vgl. Kapitel 4.5.10) die Gründe für die entstandene Unstimmigkeit aufzudecken helfen.

In jedem Fall müssen die Mitglieder von Entscheidungsinstanzen am Prozeß der Lösungssuche und am anschließenden Bewertungsprozeß beteiligt werden, um innerhalb der Entscheidungsphase die Entscheidungsfolgen abschätzen zu können. Sind diese in Bezug auf Funktionalität, Wirtschaftlichkeit, gesellschaftliche oder politische Akzeptanz usw. unsicher, liegt ein sogenanntes *Entwicklungs-* bzw. *Produktionsrisiko* vor. Derartige Risiken lassen sich u. a.

— nach den Gesetzmäßigkeiten der Wertanalyse (vgl. Kapitel 5),
— nach der Methode der *Risikoanalyse*,
— durch Berechnung der Ausfall- bzw. Überlebenswahrscheinlichkeit
— durch Sicherheitsanalyse
— durch Simulation,
— durch Entwicklungsversuche

u. a. abschätzen.

Die Berechnung von Ausfall- bzw. Überlebenswahrscheinlichkeit, Sicherheitsanalyse und weitere Methoden zur entscheidungsbeeinflussenden Risikoabschätzung werden eingehend in [4] behandelt.

8.2 Die Risikoanalyse

Die Risikoanalyse beruht auf folgender Fragestellung:

„Mit welcher Wahrscheinlichkeit W tritt der Risikofall A, B ... ein?"

Zur Benotung der Wahrscheinlichkeit W muß eine Punkteskala, beispielsweise von 0 bis 4 oder 0 bis 10, vorgegeben werden. Dabei bedeuten z. B. bei der Vergabe von maximal 4 Punkten in Bezug auf die Wahrscheinlichkeit für das Eintreten eines Risikofalls:

nicht vorhanden = 0
gering   = 1
mittelgroß   = 2
groß   = 3
sehr groß   = 4

Die Tragweite T, mit der im Falle eines Risikoeintritts gerechnet werden muß, wird ebenfalls durch eine Punkteskala, beispielsweise von 0 bis 4 bzw. 0 bis 10 ausgedrückt, also z. B.:

keine Auswirkung   = 0
geringe Auswirkung   = 1
mittlere Auswirkung (Störfall)   = 2
große Auswirkung (Betriebsschaden)   = 3
äußerst große Auswirkung (Katastrophe)   = 4

Das Risiko je Risikofall und betrachteter Lösungsvariante V_i errechnet sich aus

$$R_\mathrm{V} = W_\mathrm{V} \cdot T_\mathrm{V}. \tag{8.1}$$

Das Gesamtrisiko für jede Variante ergibt sich aus der Summe ihrer n Einzelrisiken R_V, also

$$R_\mathrm{ges} = \sum_{V=1}^{n} R_\mathrm{V}. \tag{8.2}$$

Ordn. Nr.	Risikofälle	Varianten								
		V1			V2			V3		
		W_1	T_1	R_1	W_2	T_2	R_2	W_3	T_3	R_3
1	2	3	4	5	3	4	5	3	4	5
A	Undichtigkeit bei hohen Temperaturen	4	3	12	1	3	3	2	3	6
B	Lieferschwierigkeiten von Unterlieferanten	2	1	2	3	1	3	2	1	2
Gesamtrisiko		./.	./.	14	./.	./.	6	./.	./.	8
normiertes Gesamtrisiko		./.	./.	1.00	./.	./.	0.43	./.	./.	0.57

Bild 8.1. Tabelle zur Ermittlung des Gesamtrisikos der Verschlußmechanismen für den Autoklavdeckel

Beispiel: Bild 8.1 zeigt die tabellarische Ermittlung des Gesamtrisikos der drei bestbewerteten Varianten zum Verschlußmechanismus des Autoklavdeckels (vgl. Bild 1.25). Als Punkteskala sowohl für die Wahrscheinlichkeit W als auch für die Tragweite T wurde 1 bis 4 festgelegt.

Bei Version V1 liegt damit das größte berechnete Risiko vor. Ein Vergleich mit den Bewertungsergebnissen Bild 4.52 zeigt, daß diese Version auch dort den 3. Rang einnimmt.

8.3 Simulation und Entwicklungsversuche zur Risikominderung

Im Rahmen einer Entwicklung müssen Simulationen und/oder Entwicklungsversuche in der Regel immer dann durchgeführt werden, wenn neue Technologien angewendet werden sollen, zu denen keine bereits erarbeiteten und bewiesenen Ergebnisse vorliegen. Kosten und Termine derartiger Arbeiten werden normalerweise bereits zur Angebotserstellung geplant und sind durch die Auftragsvergabe gesichert.

Ergeben sich jedoch bei der Bewertung zwischen einer technologisch neuartigen Variante und konventionellen Varianten große Wertigkeitsdifferenzen zugunsten der neuartigen Variante, so ist bei einer Entscheidung das Risiko abzuschätzen, das sich aus der Unsicherheit mangelnder Erfahrung ergibt. Ist das rechnerische Gesamtrisiko der neuartigen Variante gegenüber den konventionellen Varianten sehr hoch, darf sie ohne Absicherung eventueller Schadensregulierung nicht weiterverfolgt werden. Andernfalls müssen die technologischen Unsicherheiten durch entsprechende Simulationen oder Entwicklungsversuche abgebaut werden.

9 Literaturverzeichnis

[1] W. Beitz
    K.-H. Küttner
Dubbel, Taschenbuch für den Maschinenbau
Springer-Verlag, Berlin Heidelberg New York Tokyo 1986

[2] A. Breiing
Bewertung von Konstruktionsvarianten technischer Systeme
Schweizer Maschinenmarkt 90, Hefte 9 und 12
Fachpresse Goldach 1990

[3] P. Ferreirinha
Kurzbeschreibung zur Herstellkostenberechnung (HKB)
Firma MIRAKON, St. Gallen 1987

[4] M. Flemming
    L. Baraf
Autografie „Spezielle Probleme der Konstruktion"
Umweltgerechtes Konstruieren
Institut für Konstruktion und Bauweisen an der ETH Zürich
Zürich 1992

[5] R. Gutsch
Entscheidungshilfe durch Systemtechnik
Lehrgang der Technischen Akademie Esslingen 1972

[6] R. Haberfellner
    P. Nagel
    M. Becker
    A. Büchel
    H. von Massow
System Engineering
Methoden und Praxis
Verlag Industrielle Organisation, Zürich 1992

[7] V. Hubka
    P. Ferreirinha
Rechnergestützte Vorkalkulation im Maschinenbau
Schweizer Maschinenmarkt 85, Heft 6
Fachpresse Goldach 1985

[8] F. Kesselring
Bewertung von Konstruktionen
Deutscher Ingenieur-Verlag GmbH, Düsseldorf 1951

[9] F. Kesselring
Die starke Konstruktion
Z.VDI 86 (1942)

[10] R. Knosala
Objektivierung des Bewertungsprozesses beim Konstruieren
Konstruktion 43, S. 344 - 352
Springer-Verlag, Berlin 1991

[11] R. Koller
Konstruktionslehre für den Maschinenbau
Grundlagen des methodischen Konstruierens
Springer-Verlag, Berlin Heidelberg New York Tokyo 1985

[12] P. Krumhauer
Rechnerunterstützung für die Konzeptphase
der Konstruktion
Dissertation an der TU Berlin, 1974

[13] A. Osborn
Applied Imagination;
Principles and Procedures of Creative Thinking
New York 1953

[14] G. Pahl   Konstruktionslehre
      W. Beitz   Springer-Verlag,
                       Berlin Heidelberg New York London Paris Tokyo 1986

[15] B. Rohrbach   Kreativ nach Regeln - Methode 635
                       Absatzwirtschaft, 1. Oktoberausgabe 1969

[16] K. Roth   Konstruieren mit Konstruktionskatalogen
                       Springer-Verlag, Berlin Heidelberg New York 1982

[17] A. Schalitz   Kupplungsatlas
                       AGT-Verlag, Ludwigsburg 1969

[18] Siemens AG   Organisationsplanung - Planung durch Kooperation
                       Siemens AG, Berlin München 1974

[19] R. Wenzel   Entscheidungsfindung in Theorie und Praxis
      J. Müller   VDI-Seminar, Stuttgart 1971

[20] C. Zangemeister Nutzwertanalyse in der Systemtechnik
                       Wittemannsche Buchhandlung, München 1970

[21] C. A. Zehnder   Informationssysteme und Datenbanken
                       Verlag der Fachvereine an den Schweizerischen
                       Hochschulen und Techniken, Zürich
                       B. G. Teubner, Stuttgart 1989

[22] DIN 323   Normzahlen und Normzahlreihen
                       Beuth-Vertrieb GmbH, Berlin

[23] DIN 6763   Nummerung
                       Beuth-Vertrieb GmbH, Berlin

[24] DIN 6771   Zeichnungen, Vordrucke und Stücklisten
                       Beuth-Vertrieb GmbH, Berlin

[25] SN 210381   Zeichnungs- und Stücklisten-Vordrucke
                       Normenbüro des VSM, Zürich

[26] VDI 2222, Blatt 1 Konstruktionsmethodik;
                       Konzipieren technischer Produkte
                       VDI-Verlag GmbH, Düsseldorf 1977

[27] VDI 2225   Konstruktionsmethodik;
                       Technisch-wirtschaftliches Konstruieren
                       Anleitung und Beispiele
                       VDI-Verlag GmbH, Düsseldorf 1977

[28] VDI 2235   Wirtschaftliche Entscheidungen beim Konstruieren;
                       Methoden und Hilfen
                       VDI-Verlag GmbH, Düsseldorf 1982

[29] VDI 2801   Wertanalyse;
                       Begriffsbestimmungen und Beschreibung der Methode
                       VDI-Verlag GmbH, Düsseldorf 1970

Springer-Verlag und Umwelt

Als internationaler wissenschaftlicher Verlag sind wir uns unserer besonderen Verpflichtung der Umwelt gegenüber bewußt und beziehen umweltorientierte Grundsätze in Unternehmensentscheidungen mit ein.

Von unseren Geschäftspartnern (Druckereien, Papierfabriken, Verpackungsherstellern usw.) verlangen wir, daß sie sowohl beim Herstellungsprozeß selbst als auch beim Einsatz der zur Verwendung kommenden Materialien ökologische Gesichtspunkte berücksichtigen.

Das für dieses Buch verwendete Papier ist aus chlorfrei bzw. chlorarm hergestelltem Zellstoff gefertigt und im ph-Wert neutral.